层序地层学

纪友亮　周勇　编著

中国石化出版社

图书在版编目（CIP）数据

层序地层学/纪友亮，周勇编著. —北京：中国
石化出版社，2019.4
ISBN 978 - 7 - 5114 - 5252 - 8

Ⅰ.①层…　Ⅱ.①纪…②周…　Ⅲ.①地层层序 -
地层学　Ⅳ.①P539.2

中国版本图书馆 CIP 数据核字（2019）第 050898 号

中国石化出版社出版发行

地址:北京市东城区安定门外大街 58 号
邮编:100011　电话:(010)57512500
发行部电话:(010)57512575
http://www. sinopec-press. com
E-mail:press@ sinopec. com
北京富泰印刷有限责任公司印刷
全国各地新华书店经销
*
787 × 1092 毫米 16 开本 16.75 印张 1 插页 355 千字
2020 年 1 月第 1 版　2020 年 1 月第 1 次印刷
定价:68.00 元

前　言

PREFACE

　　起源于被动大陆边缘盆地的层序地层学自产生以来，在国内外油气勘探实践中，特别是在岩性地层油气藏勘探中得到了广泛的应用，为含油气盆地的地层分析和盆地规模的储层预测提供了坚实的理论基础和技术手段。目前，关于层序地层学研究方面的文章和专著众多，既有系统的理论体系和技术方法，也有成功的研究实例和应用模式，并且形成了多个不同观点的学派。自层序地层学引入中国以来，国内学者对陆相湖盆层序地层学做了大量研究，并结合各自的认识和实践形成了许多有价值的观点和看法，建立起具有真正理论意义的陆相层序地层学，对层序地层学理论进行了完善。但陆相盆地与海相盆地有着很大的差异，因此在我国陆相层序地层学研究中应结合陆相盆地的自身特点具体问题具体分析。

　　早在1998年，为满足高校层序地层学课程的教学需要，作者编写了《层序地层学模式及其成因机制分析》（石油工业出版社），2005年在此基础上又出版了《层序地层学》（同济大学出版社），系统归纳了层序地层学的基本原理、各层序地层学学派的观点以及海相盆地、陆相湖盆、冲积环境的层序形成机理和发育模式。近年来，作者针对我国东部典型断陷湖盆层序地层学、西部前陆盆地层序地层学开展了深入研究，积累了丰富的基础资料和成功的应用实例，提出了新的层序地层发育模式。基于此，非常有必要针对我国陆相含油气盆地特色，完善层序地层学课程教材，探索和建立一套适合中国含油气盆地特点的层序地层学理论及技术方法。

　　本书共分为三篇：第一篇层序地层学基本原理，主要介绍了层序地层学的基本概念和术语、层序地层学各级单元的形成机制以及层序地层学的研究内容和方法；第二篇层序地层学其他学派观点，主要介绍了 Cross 高分辨率层序地层学、Galloway 成因层序地层学、构造层序地层学、T－R 旋回层序地层学等不同学派的观点和研究内容；第三篇陆相层序地层学，主要介绍了陆相湖盆层序地层学研究基础、层序形成机制，最后结合典型实例，建立了断陷湖盆、前陆盆地和坳陷湖盆的层序发育模式。

全书共分为十五章。第一章～第四章、第六章、第七章、第十五章第一节由纪友亮编写；第八章、第十四章由张世奇编写；第九章～第十一章由胡光明编写；第五章、第十二章、第十三章、第十五章第二节和第三节由周勇编写。全书由纪友亮、周勇统稿。

本书的特色是将基础理论知识与实际应用相结合，注重反映国内外层序地层学研究的前沿动态。从层序地层学的基本原理入手，系统介绍了层序各要素的基本概念及特征，并总结了不同学派层序地层学的基本理论和概念体系。从方法上，强调了如何综合利用露头、钻井、测井、地震资料、古生物、地球化学等资料进行层序地层分析；从应用上，结合我国东、西部典型盆地研究实例，分别建立了不同类型盆地层序发育模式，阐明了地层岩性圈闭分布与层序地层格架的关系，努力使层序地层学研究与生产实践紧密结合起来；在形式上，图文并茂，言简意赅，充分利用国内外的实例和最新研究成果的精美图件和图片，使抽象内容具体化，更易于读者理解与学习。

本书是作者利用教学和科研的空余时间编写的，由于时间仓促，加之编者水平有限，谬误之处在所难免，敬请广大读者不吝指正。

目 录

CONTENTS

第二篇　层序地层学其他学派观点

第三篇 陆相层序地层学

第一篇

层序地层学基本原理

第一章　绪　　论

第一节　层序地层学发展简史

一、"层序"概念的提出

层序作为一种以不整合面为边界的地层单位早在 1948 年就由 Sloss 在一个关于 "Sedimentary Facies Geological History" 的专题讨论会上提出，标志着 "层序" 这一概念的萌发。Wheeler 在这一时期也做出了显著的贡献，提出了以区域性不整合为界的沉积幕的概念。Siclen（1958）提供了一个大陆边缘相对于海平面变化和沉积物供应变化的地层响应图解，它同当今的层序模型非常类似。Sloss（1963）在北美克拉通晚前寒武纪至全新世地层之间，以区域不整合为界划分出 6 大地层单位，称这些地层为 "层序"，并把层序定义为 "比群、大群和超群级别更高的、在一个大区域内可追踪的、以区域不整合为界的岩石地层单元"。而且用层序作为实际地层单位进行编图。他还认为这样的一些层序具有年代地层学意义。然而，由于这样的层序单位所代表的时间跨度太大，不能满足详细分层对比的需要，因此，Sloss 等提出的 "层序" 概念在 20 世纪 70 年代前未能被广泛接受。

二、地震地层学阶段

P. R. Vail 等 1977 年在第 26 集 AAPG（Association of American Petroleum Geology）杂志上发表了地震地层学论文集，这是层序地层学的萌芽阶段。在论文集中，作者们提出并强调了海平面升降的概念，并认为大多数地质学家普遍见到的旋回性沉积作用基本上或完全受全球性海平面升降变化的控制，为层序地层学的诞生播下了种子。

以后至 1987 年的 10 年间，P. R. Vail 和埃克森（Exxon）石油公司的学者们在一系列论文中，又对层序作出精确的分析、修改和扩展。Mitchum 把 "层序是由不整合面为边界的地层单元" 扩展为 "层序是由有内在联系的相对整合的地层序列所组成的地层单位，而它们的顶、底界面为不整合面或与之相对应的整合面"。

P. R. Vail 在另外两个重要方面修改了 Sloss（1963）对层序的应用。首先 Vail 和 Mitchum 的层序比 Sloss（1963）的层序所包括的时间更短。他把最初的 6 个克拉通层序进行了重要的次级划分。这样，Sloss 的层序便成为埃克森（Exxon）旋回图上的超层序。其次，Vail 提出了海平面升降作为层序演化机理的主导因素。这一观点已经引起很多的争论。

此间十年可称为层序地层学的孕育阶段。这十年间，地震地层学的迅速发展和成熟为层序地层学的诞生奠定了基础。1987 年，P. R. Vail 及 J. C. Wagoner 在 AAPG 上发表的论文中明确使用了"层序地层学"这一新的概念。

1. 地震层序的划分

地震地层学是由地震资料向地层学解释迈出的重要一步。地震层序的划分是联系地震分层和地质分层的桥梁。地震层序的划分使得利用地震资料进行地层研究和沉积学研究成为可能。

地震地层学应用反射波的终止或消失现象划分层序。这些反射终止现象可划分为削蚀、顶超、上超和下超。一个理想的地震层序内的反射终止现象见图 1-1、图 1-2。

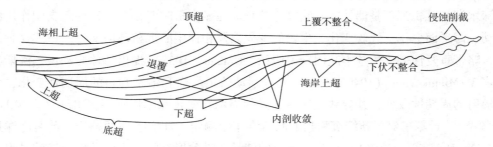

图 1-1　地震层序内部反射终止示意图（据 Brown，1979）

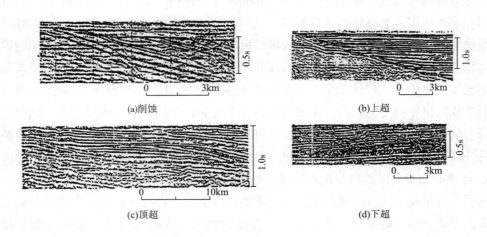

图 1-2　地震剖面中的削蚀、顶超、上超和下超现象（据 Mitchum，1977）

2. 地震层序的分级

按照地震层序规模的大小，可把沉积层序详细划分为三级，即超层序、层序和亚层序。

（1）超层序：从水域最大到最小时期沉积的地层层序。它往往是区域性的，并包括几个层序。据 Vail 等分析，大部分超层序是在海面相对变化的二级周期（超周期）期间沉积的。

（2）层序：是超层序中的次一级地层单元，水域相对扩大和缩小，它可以是区域性的，也可以是局部的。

（3）亚层序：层序中最小一级地层单元，它可以是局部的或三角洲的一个朵叶。

3. 海平面周期性变化的意义

任何长期从事地质工作的人都有这样的经历，他们在野外露头剖面中，经常看到规模不等的具有某种规律性重复出现的岩性剖面。他们在测井曲线中，经常看到某些规律性的电性重复。"旋回""韵律"已经成为地质人员的常识。此外，地史学还告诉人们，奥陶系全球广泛发育的碳酸盐岩，石炭系、二叠系广泛发育的煤层，白垩系广泛发育的海相沉积和深水湖相沉积都不是偶然的。它寓意着全球在显生宙时期存在着某种起支配作用的构造运动、海平面变化、气候变化、生物的变异以及相伴生的沉积环境变化。造成这种周而复始，略带重复性变化的基本起因众说纷纭。Grabau（1938）提出地球脉动说。南斯拉夫数学家 M. Milankovitch（1940）提出，地球运动轨道参数和地轴倾角的周期性变化，引起太阳辐射的周期性改变，并导致全球性气候的周期性变化和冰川的多次出现（即 Milanko-vitch 频率）。近年来对更新统沉积物的同位素年龄测定，证实了他的结论。著名海洋地质学家 R. W. Fairbridge（1961）认为，冰川的消长、洋盆形态的变化以及极地迁移是引起全球海平面升降和气候变化的起因。T. M. Guidish 等（1984）认为，海平面的变化起因于：①冰川和消冰作用；②海底扩张速度的变化；③海水被从大陆剥蚀下来的沉积物所排替；④大型盆地的干涸或水淹；⑤局部或区域性板块运动。除此之外，还有许多其他的说法和地球体积的胀缩变化说（Е. Е. Миданоvский，1989）等。尽管说法不同，有一点却是肯定的，即地质历史中，全球性海平面确实发生过周期性变化，并伴随着周期性全球气候变化。由于我们研究的是沉积物，而沉积物的产生与变异总是和水体密切相关。因此，在构造沉降、气候变化、洋盆容积的改变、冰川的消长、地球体积的胀缩变化、全球性绝对海平面的升降等因素中，反映这诸多变化中的最敏感因素是相对的海平面升降变化。

4. 海平面相对升降周期曲线和地层框架图的编制

地质人员早就采用过反映古水深和古环境的古生物、岩石、矿物、化学元素标志研究海平面的变化，但一般来说都是定性的。直到 1977 年，Vail 等才正式提出一种利用地震剖面中反射界面上超点的转移幅度研究海平面升降的半定量方法，我们可以称它为"上超点法"，其作法见图 1－3。

图 1－3 中（a）代表由地震剖面解释得来的地层横剖面，其中包括 5 个层序，各层序之间具有上超、下超、顶超、削截等接触关系。图中"×21"代表"×"处地层的同位素年龄为 21Ma。（b）为同一剖面的年代地层剖面，或叫年代地层框架，用以表示各地层层序的时空分布，图中竖线区代表沉积间断。（c）为海平面升降周期曲线（或上超曲

线），其纵坐标为地质时间（以距今百万年计），横坐标为上超点向上或向下转移的垂向幅值，由构造横剖面中量出，用以代表海平面的相对升降。横坐标中的零值取原始的陆棚边缘高程或者取现代的平均海平面高程。图中根据（a）将地层划分为 3 个超周期（A、BCD 和 E）、5 个周期（A、B、C、D、E）。

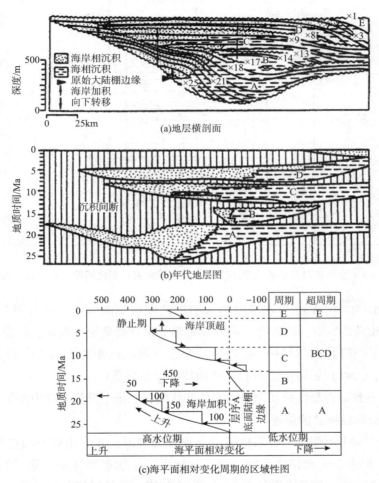

图 1－3　海平面升降周期曲线及年代地层框架图的编制（据 Vail 等，1977）

　　Vail 等（1977）利用上述原理，根据世界各地的资料（包括地震、古生物、古地磁、同位素年龄测定资料），编制出显生宙以来一、二级海平面升降周期曲线和中生代以来的三级周期曲线。图 1－4 为显生宙以来全球性海平面相对升降周期曲线。图中右侧为二级周期曲线，共 14 个周期，每个周期的持续时间为 10～80Ma。左侧为由二级曲线平滑得来的一级曲线，共两个周期，每个周期延续时间 2 亿～3 亿年。

　　当 Vail 等（1977，实际上是 20 世纪 60 年代）把上述理论和曲线推出之后，引起了地质界内一场轩然大波。但是，多数人认为总的结论是正确的，问题在于过分简单和对细节研究得不够。

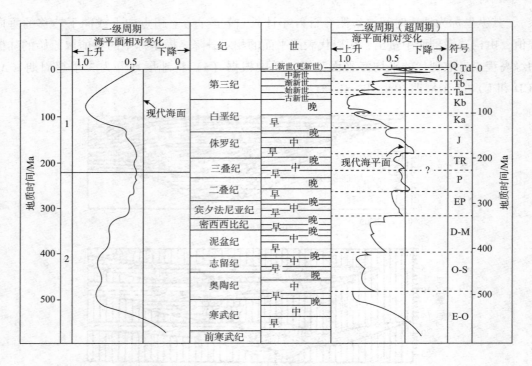

图 1-4 显生宙时期的一级和二级全球性海平面相对变化周期（据 Vail，1977）

在以后的 10 年中，Vail 等在汲取别人的批评性意见的同时，致力于对更多的露头、测井、海洋地质及地震资料的研究，进一步完善了原有的理论与概念，推出了第二代 Vail 曲线，并提出了一门新的学科——层序地层学。三叠纪以来的新的海平面升降周期曲线（Haq、Vail 等，1987）见附图。新的 Vail 曲线有以下特点。

（1）曲线形状不再是锯齿状而是圆滑的波状曲线。每个升降周期中海平面上升最高的波峰处恰好是密集段所处的位置。

（2）曲线中每个周期的顶底都标明了不整合的类型，并标出周期内部的低水位（或陆棚边缘楔）、海进和高水位体系域。图中除标出层序顶底界面及密集段的地质年龄外，还按层序及各界面大小和重要性分为大、中、小三级，总的层序数目比第一代曲线多了几倍，年代测定值也作了相应的改正。

（3）将海平面升降周期划分为巨周期组（Mega cycle set）、巨周期、超周期组（Supercycle set）、超周期和周期五级，并根据 Sloss（1963）提出的术语，重新定名（如 Tejas、Zunl、Absarona 等）。

（4）曲线中引用了更多的古生物、古地磁资料。除曲线中表现的项目外，Vail 等还多次在其他场合（1987、1988、1989）讲述了利用测井资料、露头资料进行层序地层学研究和编制海平面升降曲线的具体方法。

三、层序地层学的产生

第二代 Vail 海平面变化曲线推出后，地震地层学发展到了一个新的阶段，即层序地层学阶段。Moore 等 (1989) 在美国大西洋沿岸陆棚海底峡谷所作的海平面周期变化曲线与之相差甚小 (Kerr，1987)。Kanffman 等根据美国中部白垩系的化石和地层特征，用自己的概念与方法作出的海平面升降曲线与第二代 Vail 曲线相比，细节都一一对应。海洋地质学家 Mayer 等在太平洋赤道地区对 8 个反映深海事件的沉积物作了同位素年龄测定，结果与第二代 Vail 曲线吻合良好，误差不超过 0.5Ma。目前，越来越多的人承认在过去的地质历史中，确实发生过多次全球性海平面的变化和全球同时发生的重大事件。据此作出的海平面变化曲线有如下用途：①结合海平面变化的影响改进地层和构造分析；②在钻井之前估计地质年代；③研究全球性的地质年表系统。

在地震层序和区域性海平面变化分析之后进行的区域性地层研究中，比较区域性和全球性海平面曲线，有助于预测缺乏控制资料的层序的年代和填补区域性海平面曲线中的空缺。把区域性曲线与全球性曲线上的不整合面、低水位期和高水位期的时间相对比，有助于预测各层序的沉积相和分布。此外，区域性曲线与全球性曲线的偏离，指示了异常的区域性影响，如大地构造的沉降或抬升。

在很少或者没有井点控制的地区内，钻井之前估计地层时代，是地震地层学的最常见的用途。在有井和确定了生物地层分带的地区，可以把它们和地震层序相结合，精确地定出整个地震测网地区的地层年代。如果在地震测网上没有井点控制，可以根据地震资料建立一个区域性的海平面相对变化曲线图，并与全球性曲线进行比较，从而推断地质年代（图 1-5）。其精度可以根据得自露头或者远处的钻井资料予以改进，这些远处井的资料有助于确定盆地内已知地层的一般年代。

全球性周期曲线最有潜力的用途之一是把它当作研究地质年代的一个工具。全球性周期是一个单一的标准定义的地质年代单位——这个标准就是海平面的相对位置在整个地质历史中的全球性变化。这些周期的确定取决于从许多地质学分支中得来的资料的综合分析。例如在显生宙曲线图上，某些情况下，全球性周期的界面和标准的世、纪界面配合不起来；还有一些界面是人为加上的，而且目前仍有争论。但是利用全球性周期曲线，就可以提出一套国际通用的地质年代系统。

海平面的变化导致了地层层序的产生，而全球海平面变化是统一的，因此根据海平面变化可以在全球范围内进行层序的划分和对比，这就是层序地层学的基础。

1988 年后，J. C. Wagoner 主编了 SEPM 层序地层学特刊；P. R. Vail 及 J. B. Sangree 主编了《层序地层学工作手册》和《层序地层学基础》。这两部著作的问世则宣告了一门新的学科——层序地层学的诞生。

1988 年以后，国外掀起了层序地层学研究的热潮。

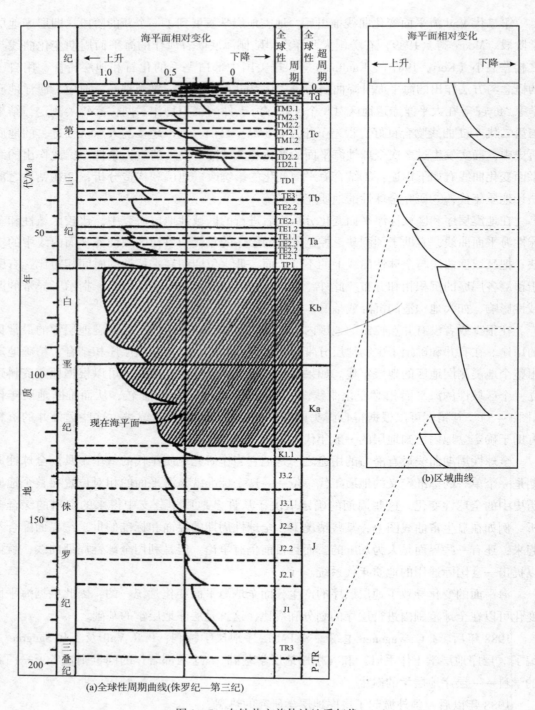

(a)全球性周期曲线(侏罗纪—第三纪)

图1-5　在钻井之前估计地质年代

四、层序地层学发展趋势

层序地层学的概念提出以后得到了迅速的发展。人们以层序地层学理论作指导，运用高分辨率地震资料、测井曲线和露头岩性，对许多复杂的长期未得到解决的地质问题得出崭新的认识。特别是在石油勘探领域和油田开发领域，层序地层学的概念更是得到广泛的接受和迅速的应用。针对层序地层学目前存在的问题及现今油气勘探需要，层序地层学的未来发展趋势和研究重点集中在以下几个方面。

（1）深水层序地层学研究。充分利用新技术，如高精度地震资料反演、近海底高精度地震资料等地球物理方法，综合伽马能谱分析与地球化学元素含量的旋回分析，对不整合面相应的整合面进行准确识别，对深水泥页岩、滑塌块体沉积等科学地建立等时地层格架，包括在海相泥页岩及湖相黑色泥页岩等非常规油气勘探领域的应用。

（2）碳酸盐岩层序地层学研究。包括海相和湖相碳酸盐岩，特别是湖相，因其在地质历史中的分布比较少等原因，对其研究程度远远不如海相碳酸盐岩。对湖相碳酸盐岩的成因机理和分布演化规律等方面的研究相对比较薄弱，亟需一些新理论和方法。

（3）层序地层标准化。层序地层标准化将是未来层序地层学研究的一个重要方向，对我国陆相沉积盆地来说，断层活动大都比较复杂、相带变化频繁，在进行层序学研究时，同一研究区不同学者建立的层序格架会不相同。虽然目前已经建立了一些陆相盆地层序地层学模式，但仍然无法在各盆地推广，原因就是缺乏统一的划分标准和规范，层序分级比较乱，很难采用统一的时间区间对层序进行分级，亟需进行层序地层标准化方面的研究。

（4）层序地层模拟研究。将会使层序的研究由定性向半定量、定量发展，揭示层序发育的主要控制因素，增强对有效储层的预测。

（5）层序地层学研究技术手段创新。除了传统的露头、岩心、测井和高精度地震资料以外，地震资料的三维可视化、古生物方法、地球化学方法、数值分析和计算机模拟等将会在层序地层学未来的研究中发挥很大的作用。

（6）岸线轨迹与体系域的识别方法研究。岸线轨迹的迁移可以暗示海平面的升降，有效指示层序界面和内部的体系域界面，结合层序地层学模拟，岸线轨迹研究可以对层序及体系域进行定量划分和识别。

第二节　层序地层学的概念和基本术语

一、层序地层学概念

层序地层学是根据地震、钻井及露头资料，结合有关的沉积环境及岩相古地理解释，对地层层序格架进行综合解释的科学。恢复地层演化过程及空间分布格局是其主要目的。

层序地层学的解释过程，就是为以地层不连续面为界面的、成因上有联系的、并具有旋回性的地层建立一个年代地层学框架（空间分布格局）的过程。这种地层不连续面可以是剥蚀成因的，也可以是无沉积作用造成的。在有些情况下，与这种不连续面相对应的整合面也可以作为层序边界。

层序地层学中主要有四个控制变量，它们控制了地层单元的几何形态、沉积作用和岩性。它们是：

①构造沉降（升降），控制沉积物可容空间；②全球海平面变化，控制地层和岩相的分布模式；③沉积物供应，控制沉积物的充填和古水深；④气候，控制沉积物的类型。

构造沉降与海平面的变化结合在一起可以决定沉积可容空间，即沉积物充填到海平面控制的高度为止时，盆地所能容纳沉积物的能力。

构造沉降、海平面升降及相对于盆地边缘的海平面（海岸线）的位置及三者相互间的因果关系是层序地层学的基础问题。这三个因素及其相互间的关系基本上决定了盆地内地层的演化及空间分布格局，亦即决定了盆地内的层序及其次级单元的发育和分布。

二、基本术语

1. 层序（Sequence）

层序是层序地层学分析的基本地层单位。它是由不整合面或与不整合面相对应的整合面作为边界的、一个相对整合的、有内在联系的地层序列。一个层序可以是一级层序、二级层序和三级层序。准层序和准层序组是层序的地层构成单元。

2. 准层序（Parasequence）

它由一个海（湖）泛面或与之相对应的界面为边界的、相对整合的、有内在联系的岩层或岩层序列所组成。海（湖）泛面是一个将新老地层分开，其上下水深明显地急剧变化的一个界面。

3. 准层序组（Parasequence set）

一系列具有明显叠加模式的、有内在联系的准层序系列称为准层序组。在大多数情况下，以主要海（湖）泛面以及与之相应的界面为边界。

4. 不整合（Unconformity）

是一个将较新和较老地层分开的面。沿此面，有地表剥蚀和削蚀的证据；在某些地区，还有相应的海（湖）底侵蚀或地表暴露的证据，并具有明显的沉积间断。

5. 沉积体系（Sedimentay system）

一组在沉积环境和沉积作用上有成因联系的沉积相的三维组合。

6. 体系域（System tract）

指的是一个同期沉积体系的组合。实际划分体系域时，常常遇到5种不同的类型，即低水位体系、陆架边缘体系、海（湖）侵体系、高水位体系和非湖泊体系域。

7. 缓慢沉积段（Condensed section）

是由薄层的深海（湖）或半深海（湖）沉积物所组成的地层。这类沉积物是在准层序逐步向岸推进，而盆地又缺少陆源沉积物的时期沉积的。在这种缺少陆源物质的层段内，动物群的分异度和丰度在整个层序内都是最大的。尽管缓慢沉积段一般很薄，沉积物聚集速率很低，且经历了很长时间，但该层段内的沉积作用却是连续的。

第三节 经典层序地层学沉积单元和地层单元的划分

一、层序地层学沉积单元的划分

纹层、纹层组、岩层及岩层组为沉积体的组成部分。这些地层单位是准层序的基本组成单位。它们的定义及详细特征见表1-1、表1-2。

表1-1 纹层、纹层组、岩层及岩层组的详细特征

地层单位	定义	地层单位特征	沉积过程	边界面特征
岩层组	一组相对整合的有内在联系的岩层层序。它以侵蚀面、不整合面或与它们相关的整合面为边界（岩层界面）	界面上、下岩层成分、结构或沉积构造不同	幕式的或同期性的（同下岩层）	（同下岩层同）①岩层系及岩层系界面所代表的地质年代较岩层长；②通常在横向上比岩层面分布更广
岩层	一组相对整合、有内在联系的纹层或纹层系序列，以侵蚀不整合或与之有关的整合面为界面	不是所有的岩层都包含纹层系	幕式或周期性的事件沉积，包括风暴沉积，泛滥沉积、泥石流及浊流沉积，周期性沉积，包括由于季节或气候变化的沉积	①形成迅速，从几分钟到几年；②在层序范围内，将所有新老地层分开；③相带变化以岩层面为边界；④对某种环境下的年代地层学有用；⑤岩层界面所代表的时间较岩层面所代表时间长；⑥分布范围变化大，从数平方英尺到1000mi^2（约2.59×10^9m^2）

续表

地层单位	定义	地层单位特征	沉积过程	边界面特征
纹层组	一组相对整合的、有内在联系的纹层序列，以侵蚀面、无沉积或与之有关的整合面为界面（纹层组界面）	由一组或一套整合的纹层组成，该纹层在岩层中具有明显的构造	事件性沉积通常发生在浪成或流水波痕岩层中，浊流、浪成波痕，发育有与丘状层理中或与流动波纹相反的交错层理，或前积层的波痕外缘	①形成迅速，几分钟到几天；②比岩层分布范围小
纹层	最小的肉眼可识别层	在组成成分及结构上一致，内部不分层	事件性沉积	①形成非常迅速，几分钟到几小时；②比岩层分布范围小

表 1-2　地层单位级序的定义和特征

地层单位	定义	厚度范围/in	横向分布范围/km²	形成的时间范围/a	技术精度
		300 30 3 0.3 0.03	26000 2600 260 26 2.6	10^6 10^5 10^4 10^3 10^2 10^1	传统方法
层序	一组有内在联系、相对整合的地层，它以不整合或与之相关的整合为顶、底界面(Mitchum 等，1997)				
准层序组	一组有内在联系的准层序，这组准层序形成一个明显的叠加模式，并通常以主要海泛面及其相应的界面为边界				地震勘探
准层序	一组相对整合的、有内在联系的岩层或岩层组，他们以海泛面及与之对应的界面为边界				
层组	(见表1-1)				
层	(见表1-1)				测井
纹层组	(见表1-1)				
纹层	(见表1-1)				岩心和露头

（1）纹层：最小的肉眼可识别的层。

（2）纹层组：一组相对整合的、有内在联系的纹层序列，以侵蚀面、无沉积面或与之有关的整合面为界面。

（3）岩层：一组相对整合的、有内在联系的纹层或纹层组序列，以侵蚀不整合或与之

有关的整合面为界面。

（4）岩层组：一组相对整合的有内在联系的岩层层序，它以侵蚀面、不整合面或与它们相关的整合面为边界。

上述四种地层单位在成因上相似，但它们在形成时间间隔及边界面延伸范围上有所差别，确定这些地层单位边界面的主要依据为：①结构变化；②地层尖灭；③由生物钻孔、根茎或土壤带为标志的拟整合。图1-6表示地层边界面分级标准。边界面有轻微侵蚀或无沉积，把新老地层分开。边界面的横向连续性可以从几平方厘米的纹层到几个平方千米的岩层或岩层组。这些边界面形成相对较快，从几秒钟到几千年，因此在其分布范围内基本上是同时的。另外，由这些边界面所代表的时间间隔要比由这些岩层本身所代表的时间间隔大得多。由于这些原因，岩层和岩层组通常用作在多种沉积背景下的大面积的年代地层对比。加密感应测井井距间隔0.8~3km，特别是在海相页岩或泥岩剖面中或连续露头以岩层或岩层组为基础的年代地层学分析能提供最详尽的数据。上述地层单位的一般性质如表1-1所示。

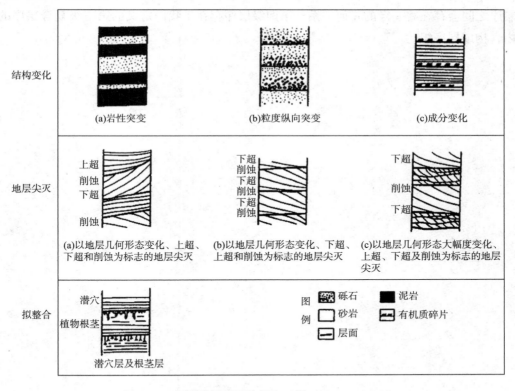

图1-6 识别岩层界面的标志（据 Wagoner，1990）

二、层序地层学地层单元的划分

1. 准层序

准层序是以海（湖）泛面或与其相应的界面为边界的一组有内在联系的相对整合的岩层或岩层组序列。准层序的一般性质见表 1 – 2。

2. 准层序组

一个准层序组是具有清晰叠加模式的一组有成因联系的准层序序列，它以主要海（湖）泛面及与之相当的界面为边界。准层序组的特征见表 1 – 2。

3. 层序

层序是一套成因上相关的、相对整合的、连续的地层序列，以不整合或与不整合相对应的整合为界。准层序和准层序组是层序的地层构成单元。层序的特征及性质见表 1 – 2。

4. 层序组

层序可以划分为一、二、三、四级层序，例如，单个第四级层序相互之间以及与第三级层序之间会存在着一定的几何关系。第四级层序存在于我们定义的第三级复合层序的组合内，构成层序组。

第二章　准层序

第一节　准层序的定义及其边界特征

一、准层序的定义

准层序是以海（湖）泛面或与其相应的界面为边界的一组有内在联系的相对整合的岩层或岩层组序列，在层序中有特定的位置，准层序可以以层序边界为顶界面或底界面。

一个准层序的厚度范围为十米到几百米，横向分布范围为几十至几千平方千米。形成时间范围为几百年至几万年。准层序在地震资料上难以识别出来，只能从测井、岩心和露头资料上识别。

二、准层序的形成环境

1. 易识别准层序的环境

在海（湖）岸平原、三角洲、海滩、滨浅湖、河口湾以及大陆架环境中，水体浅，水深的变化很容易对沉积物产生明显的影响。水体深度的每次增加，都形成一次易识别的海（湖）泛面，因此准层序易识别。

2. 不易识别准层序的环境

在河流沉积剖面中，没有海（湖）相和边缘海（湖）相的岩石出现，即沉积不受海（湖）水深度变化的直接影响，与海（湖）泛面对应的界面难识别；在陆架斜坡和深海盆地或深湖剖面中，沉积物位于海（湖）平面以下很深地带，因而其沉积特征不受水深增加的影响，因此，在这种环境中形成的准层序很难识别。

三、准层序的特征

准层序的特征在表 1-2 中已列出。绝大多数硅质碎屑岩准层序是进积序列，形成连续的新砂岩的前缘向前向盆地方向加积。这一沉积模式导致一个向上变浅的相带分布，形成新岩层组渐渐地沉积到浅水水域。有些硅质碎屑岩及大多数碳酸盐岩，准层序是加积序列，并且向上变浅。

  向上变粗及向上变细的地层层序示意的测井曲线及地层特征如图2-1~图2-4所示。在典型的向上变粗准层序中（图2-1~图2-3），岩层组变厚，砂岩颗粒变粗，砂岩、泥岩比例向上增加；在向上变细的准层序中（图2-4），岩层组变薄，砂岩颗粒变细（通常达到泥或煤的粒级），砂岩、泥岩比例向上减小。

  通过解释向上变粗及向上变细准层序中的垂向相带关系往往能够揭示水深逐渐变浅的历程。水深突然减小的迹象，如前滨岩层组明显地位于下临滨岩层组之上，在准层序内还没有观察到。同样，指示水深逐渐增加的垂向相带关系也没有在准层序内观察到。如果独立的"向上变深"准层序确实存在的话，它们在岩石记录中可能是稀少的。大多数"向上变深"的相带组合可能是由一个称为退积式准层序组的向后叠加准层序产生的。在有些环境中，硅质碎屑岩沉积致密，或水体太深，岩性变化不明显，因此在这种环境形成的准层序难以辨认。在这些剖面中，地层指示向上水深逐渐加深，只有细心的观察才能揭露标志准层序边界的海泛面的微弱证据。

  准层序中层组沉积的物源是在海岸线附近的河口区。准层序从盆地边缘向盆地中心充填、海岸线向盆地内部移动是通过准层序进积来完成的。

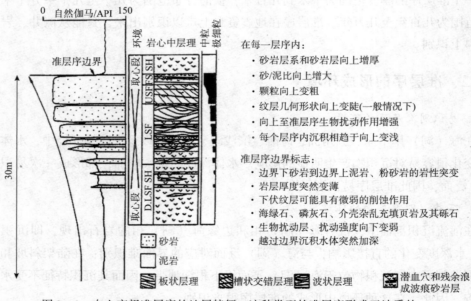

图2-1　向上变粗准层序的地层特征，这种类型的准层序形成于沙质的、
波浪或河流控制海岸的海滩环境中（据Wagoner，1990）
FS—前滨；USF—上临滨；LSF—下临滨；D. LSF—远临滨；SH—陆棚

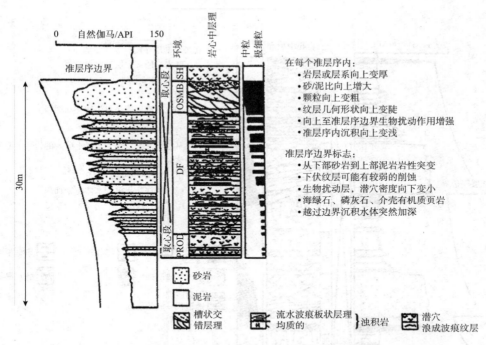

在每个准层序内：
• 岩层或层系向上变厚
• 砂/泥比向上增大
• 颗粒向上变粗
• 纹层几何形状向上变陡
• 向上至准层序边界生物扰动作用增强
• 准层序内沉积向上变浅

准层序边界标志：
• 从下部砂岩到上部泥岩岩性突变
• 下伏纹层可能有较弱的削蚀
• 生物扰动层，潜穴密度向下变小
• 海绿石、磷灰石、介壳有机质页岩
• 越过边界沉积水体突然加深

图2-2　向上变粗准层序的地层特征，这种类型的准层序形成于沙质的、
波浪或河流控制海岸的三角洲环境中（据 Wagoner, 1990）

OSMB—分支河口坝；DF—三角洲前缘；PROD—前三角洲；SH—陆棚

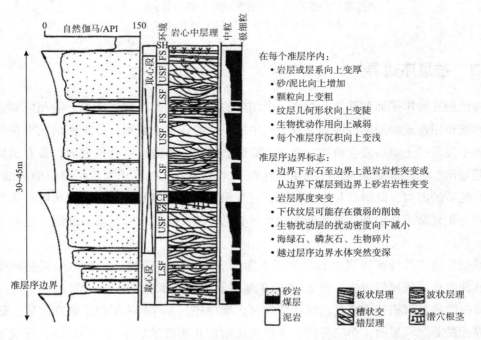

在每个准层序内：
• 岩层或层系向上变厚
• 砂/泥比向上增加
• 颗粒向上变粗
• 纹层几何形状向上变陡
• 生物扰动作用向上减弱
• 每个准层序沉积向上变浅

准层序边界标志：
• 边界下岩石至边界上泥岩岩性突变或
  从边界下煤层到边界上砂岩岩性突变
• 岩层厚度突变
• 下伏纹层可能存在微弱的削蚀
• 生物扰动层的扰动密度向下减小
• 海绿石、磷灰石、生物碎片
• 越过层序边界水体突然变深

图2-3　向上变粗的叠加准层序的地层特征，这些准层序形成于沙质的、
波浪或河流控制海岸的海滩环境中，该环境中沉积速度与沉降速度相等（据 Wagoner, 1990）

FS—前滨；USF—上临滨；LSF—下临滨；CP—海岸平原；SH—陆棚

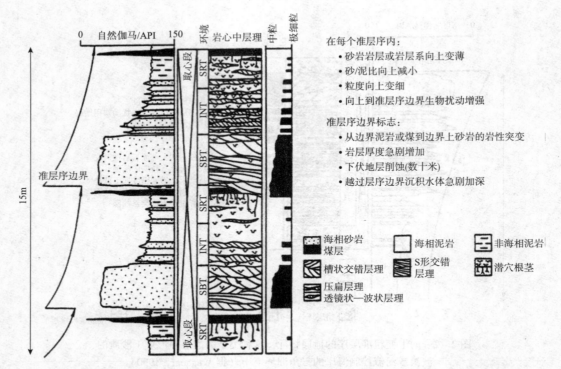

在每个准层序内：
- 砂岩岩层或岩层系向上变薄
- 砂/泥比向上减小
- 粒度向上变细
- 向上到准层序边界生物扰动增强

准层序边界标志：
- 从边界泥岩或煤到边界上砂岩的岩性突变
- 岩层厚度急剧增加
- 下伏地层削蚀（数十米）
- 越过层序边界沉积水体急剧加深

图2-4 两种向上变细的准层序的岩层特点，这些类型的准层序形成于泥质、
潮控海岸的潮汐浅滩到潮下环境（据 Wagoner, 1990）
SBT—潮下带；INT—潮间带；SRT—潮上带

四、准层序边界

海泛面在海岸平面和陆棚上都有一个相应的界面存在。在海岸平原上的相应界面可根据由河流作用造成的局部侵蚀和暴露大气中的原地的证据来鉴别，如正常情况下在海岸平原沉积中发现的土壤层或含植物根层等。陆棚上的相应界面是一个整合面，没有明显的沉积间断显示，它通过薄层的远洋或半远洋沉积来鉴别。这些沉积物包括薄层的碳酸盐岩、富含有机质的泥岩、海绿石和火山灰等，这表明陆源沉积物的缺乏，穿过相应界面的岩层水深的变化通常不易识别。在平静的深水环境里，如大陆坡或海盆底，准层序边界也不能识别出来。

准层序边界的特征表明它们是由于水深的突然增加而形成的。水体加深的速度足够快，从而阻止了沉积的发生。图2-5简单地说明了准层序边界的形成过程。

第一阶段：沉积速度超过水深增加速度，准层序（A）前积层组组成准层序，最新的层组界面是非沉积界面；第二阶段：水深迅速增加并淹没准层序（A）顶部，形成非硅质碎屑沉积面，也可能沉积薄层碳酸盐岩、海绿石、富含有机质的泥灰岩或火山灰；第三阶段：沉积速度超过水深增加速度，准层序（B）进积，准层序（B）层组下超到准层序

（A）边界上，越过准层序（A）的边界，水体急剧加深。

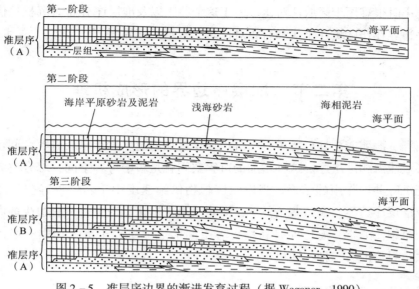

图 2-5　准层序边界的渐进发育过程（据 Wagoner，1990）

准层序边界通常可根据海进滞留沉积来识别。人们在岩心或露头上的与层序边界不一致的海泛面上发现少量海进滞留沉积。将海进滞留沉积定义为一种厚度通常小于 0.61m、相对粗粒物质的层状沉积，这些相对粗粒物质由生物介壳、介壳碎片、黏土撕裂碎屑、钙质结核和硅质碎屑砾石或卵石组成，它们来源于下伏岩层，是由于海进期间海岸带岩石受侵蚀所致。而且这种物质集中在海进面顶部形成不连续的地层，通常分布于内至外陆架上。在岩心或露头中观察海泛面可以用些沉积颗粒为标志进行边界识别。然而，当海侵滞留沉积出现在海泛面上时，则该沉积明显地来源于下伏岩层，如含砾砂岩顶部的薄层硅质砾石。

五、准层序边界的意义

位于区域层序边界框架中的准层序边界是利用测井和岩心进行地方性时间和岩相对比的最好界面，也是编制古地理图的重要界面，原因如下。

（1）准层序边界易于识别并能区分新老地层。

（2）这些边界形成迅速［其他学者也有类似的观测结果，如著名的 Wilson（1975）、Goodwin 和 Anderson（1984）］，也许数百年至数千年就能形成，这个近似的时间标志对于年代地层学很有用。

（3）层序边界在成因上与岩相组合有关，因而它能为层序内测井横剖面的岩相解释和对比提供一个基本格架。

（4）当准层序边界延伸范围很广时，能够在盆地内进行地方性井下地层对比。但是当钻井密度过小时很难用于区域性对比。由于这个原因以及准层序分布对沉积物供给十分敏感，准层序边界在作区域性年代和岩相对比时通常不是好界面。

第二节　准层序边界的形成机理

在三角洲、海滩或湖坪环境中，当沉积速率增加的速度大于岸线可容空间增加的速度时，就会形成浅海相准层序。这种增加的可容空间就是新增可容空间，综合解释为海平面升降与地壳沉降共同作用的结果。当岸线沉积物供给速度小于新增可容空间的形成速度时，则形成准层序边界。在这些条件下，海岸线通常迅速后退，并只有很少的海相沉积保存在地层记录中。通常，海泛面是新增可容空间形成速率大于沉积物供应速率的唯一标志。准层序边界形成有三种不同机理。

一、泥岩的压实作用

这是一种在地层中得到很好记录的机理，是随着三角洲分支河流的向前冲积，在三角洲朵体内由于底积泥岩的压实作用使水深相对快速增加而形成的。朵体的水侵产生一个截然的、水平的、有轻微侵蚀的界面，其上通常只有很少或没有保留海侵滞留层。这种准层序边界在面积上与朵体本身范围相当。Frazier 和 Osamik 指出，在美国路易斯安那州东南部的圣伯纳德全新世三个最新的三角洲的分布范围为 777 ~ 7770km²，朵体的前积速率为800 ~ 1400 年产生一个朵体。由于每个三角洲朵体的分界面分布范围广泛且形成迅速，从而给地下相对较大范围的年代地层和岩石地层分析提供了地区性时间分界线。

二、断层的活动

第二种准层序边界形成机理，是由于构造运动断层沉降使海平面相对迅速上升而形成的。例如，1964 年阿拉斯加地震和 1960 年智利地震，分别立刻产生了最大的海岸沉降 2m和 3m。Plafker 和 Savage 记录了沿智利海岸线长 963km、宽 112km 的沉降带。沿着低洼的海岸线，这样的沉陷会有快速的大面积海岸沉积，因而产生准层序边界。靠近海岸线附近或生长断层，在几千年内沉降速率的短期增加也能造成海平面地区性相对上升，而形成海岸沉积并产生准层序边界。

三、海平面的升降

准层序边界形成的第三种机理是海平面升降机理。地壳沉降与准层序、层序沉积作用之间的相互关系如图 2 - 5 所示。

第三节　准层序的岩相组合

一、准层序的纵向岩相组合

Wagoner 等（1990）对犹他州赫尔珀附近布克悬崖剖面上的晚白垩纪布莱克霍克组的准层序的纵向组合关系进行研究后发现，每个准层序的自然伽马测井曲线值都呈向上减小的趋势。表明准层序中砂岩比例向上增加，而且砂岩层或岩层组厚度向上增加，这一向上变粗变厚的垂向模式反映了准层序前积作用的特点。

准层序的下部为下临滨沉积，岩性为泥岩与具生物扰动和波状层理的砂岩互层，上部为上临滨与前滨沉积，由槽状和板状交错层理砂岩和水平纹层砂岩组成。准层序边界位于深水相黑色陆架泥岩与具生物扰动、低角度至水平纹层且没有海侵滞留沉积的砂层之间，界线十分清楚。

准层序边界都是由于水深突然增加造成的海泛面。这一水深增加可通过准层序边界上、下岩相关系有没有明显的间断来确定。

二、准层序的横向岩相组合

在海滩环境中沉积的准层序的横向组合关系见图 2 – 6。岩层组面是贯穿整个准层序的主要分层界面。在每一个岩层组内，相变是逐层发生的。由于每个准层序中每个岩层组的相带的变化类型是相似的，因此岩层组之间没有明显的年代地层间断。一个准层序被认为是由一组有内在联系的岩层或岩层组序列组成的。在海滩准层序中的一个单一岩层中，前滨向海轻微倾斜的、水平的和平行的纹层向盆方向变为上临滨的、陡的、具槽状交错层理的前积纹层。在准层序中，这些前滨和上临滨的储层构成了油气储层。具交错层理的上临滨岩层向海方向逐渐变成下临滨具波状层理的岩层。在最下面的岩层组，下临滨具波状层理的岩层组向海方向逐渐变为厚度只有几英寸的砂岩岩层组。

在向陆方向，准层序前滨及上临滨岩层组或突然相变为浪积扇（冲溢扇）。换句话说，也就是相变成海岸平原泥岩和薄层砂岩，或者被潮汐口削蚀。由于前积作用，组成准层序的整个垂直地层序列在一个准层序中很难在任何点都是完整的，如图 2 – 6 测井解释及岩心纵剖面图所示。

准层序向陆方向超覆并尖灭在层序边界上；或尖灭于向上倾斜的海岸或冲积平原的地区性河道侵蚀面上；或与层序边界一起尖灭在广阔的河道切口上。由于逐渐变薄、尖灭以及伴随地层变薄而下超到较老的准层序、准层序组或层序边界之上，从而准层序向着盆地方向失去了它们的可识别性。准层序可以从岸线向盆地内延伸数十千米并在测井间横剖面对比，直至准层序边界（如海泛面）变得不可辨认。

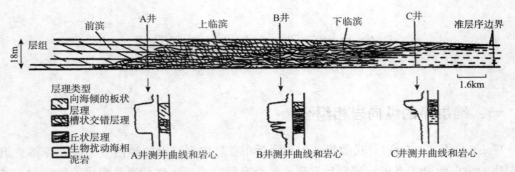

图 2−6　海滩准层序的横向岩相关系及重要的岩心和测井特征（据 Wagoner，1990）

地层特征：

（1）无沉积或轻微剥蚀的平坦、平行的、向海轻微倾斜的准层序边界。

（2）内部由向海倾斜、叠瓦状岩层组成，并以岩层组界面为边界。

（3）在每个岩层中层理类型按可预测的顺序向沿海变化。

（4）准层序中任何点上的地层垂直序列通常不完整。

（5）准层序由以下方式尖灭：①上超到一个层序边界；②由河道或大面积河道切割造成地区性侵蚀。

（6）准层序以变薄，页岩圈闭和下超到下伏准层序、准层序组或层序边界上的方式向下尖灭。

第三章　准层序组

第一节　准层序组的定义及其边界特征

一、准层序组的定义

准层序组是具有清晰叠加模式的一组有成因联系的准层序序列，它以主要海泛面及与之相对应的界面为边界。

一个准层序组的厚度大约在 10m 至数百米之间，分布范围大约 $10km^2$ 至数千平方千米，形成时间范围大约几千年到几十万年之间。其勘探精度可达到在地震勘探资料上识别，也可在测井、岩心和露头上识别（表 1-2）。

二、准层序组的边界

与准层序边界一样，准层序组边界也是海泛面及与之相对应的界面。图 3-1 表示一个具波状交错层理和生物钻孔的下临滨砂岩准层序组边界，其下与海岸平原岩系呈突变接触。

识别准层序组边界有如下意义：①把典型的准层序叠加模式分开；②可与层序边界一致；③可以是体系域的下超界面或边界。

第二节　准层序组的类型

根据沉积速率与新增可容空间速率之比，可将准层序组中的准层序叠加模式分为进积式、退积式或加积式。图 3-1 系统地表明了这些叠加模式及它们的测井特征。

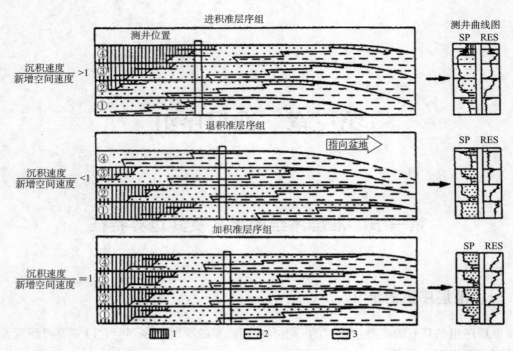

图 3 – 1　准层序组中准层序的叠加方式，横剖面和测井解释（据 Wagoner，1990）
1—海岸平原砂岩和泥岩；2—浅海砂岩；3—陆架泥岩；①~④—单个准层序

一、进积式准层序组

在一个进积式准层序组中，向着盆地方向较远的地方沉积一系列连续的新的准层序。这是由于沉积速率大于新增空间速率造成的。

二、退积式准层序组

在退积式准层序组中，以后退的方式向着陆地方向沉积一系列连续的新的准层序。这是由于沉积速率小于新增空间的增加造成的。尽管退积式准层序组中的每个准层序都是向海进积的，但这种准层序组以"海侵模式"的方式向上加深，并且海岸线向陆后退。

三、加积式准层序组

在加积式准层序组中，一系列新的准层序一个个叠加，而没有明显的横向移动，总之，新增可容空间速率大约等于沉积速率。

第三节 准层序组内的岩相组合

一、准层序组纵向岩相组合

准层序组可以从一个单井测井曲线中识别出来。在一个进积式准层序组中（图3－2），一系列新的准层序包含着沉积的浅海至海岸平原中的砂岩沉积，和下伏准层序相比沉积孔隙度大，砂岩比率高。井中最新的准层序可能全部由沉积在海岸平原环境中的岩石组成。另外，在这种准层序组中，新的准层序一般比老的准层序厚。

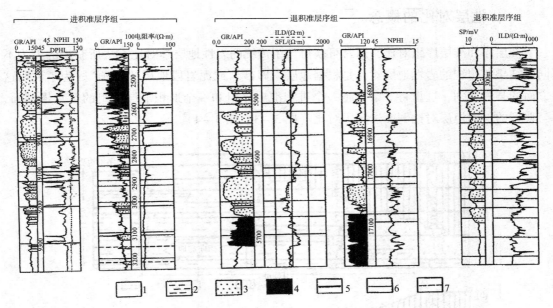

图3－2 准层序组的测井曲线特征（据 Wagoner, 1990）

NPHI—中子孔隙度；DPHI—密度孔隙度；GR—自然伽马；ILD—深感应；SFS—球形聚焦；1—河流相砂岩；2—海岸平原砂岩；3—浅海砂岩；4—陆架泥岩；5—准层序系边界；6—准层序边界；7—推测的准层序边界

在退积式准层序组（图3－2）中，一系列较新的准层序比下伏准层序含有更多沉积在深水海相环境中的页岩或泥岩。例如下临滨、三角洲前缘或陆架环境等准层序组中的最新的准层序全部由陆架上沉积的岩石构成。另外这种准层序组中较年轻的准层序一般比老的准层序薄。

在加积式准层序组中（图3－2），岩相、岩层厚度以及砂泥岩比几乎没有变化。

二、准层序组横向岩相组合

在单井测井曲线上，各种准层序组具有不同的垂向表现，其在横剖面上，亦具有特征的横向表现方式。

准层序以海泛面为边界，准层序组以主要海泛面为界。在一个准层序内，浅水沉积相总是逐渐向盆地方向迁移，直至发生海泛。

在准层序组中，不同的准层序组其沉积相的迁移方向不同。在进积式准层序组中，浅水相带逐渐向盆地方向迁移。而在退积式准层序组中，沉积相带逐渐向陆地方向迁移。在加积式准层序组中，沉积相带不发生横向变化。

第四节　准层序组对比的意义

一、地层对比的概念

准层序和准层序组对比，通常可获得与用传统的岩性地层学对比方法所获得的大为不同的结果。传统的岩性地层对比是根据地层，即砂岩或泥岩段地层的"顶"。为了说明这方面的某些差别，这里将一条穿越一个进积准层序组和一个退积准层序组的示意横剖面，与典型的岩性地层对比剖面进行了对比（图3-3、图3-4）。

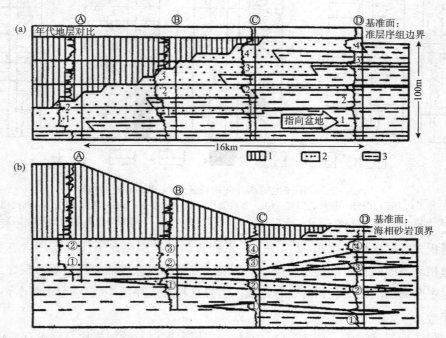

图3-3　进积式准层序组年代地层学对比方式（a）和岩性地层学对比方式（b）的比较

（据 Wagoner，1990）

1—滨海平原砂岩和泥岩；2—浅海砂岩；3—陆棚泥岩；Ⓐ~Ⓓ—井位；①~④—准层序编号

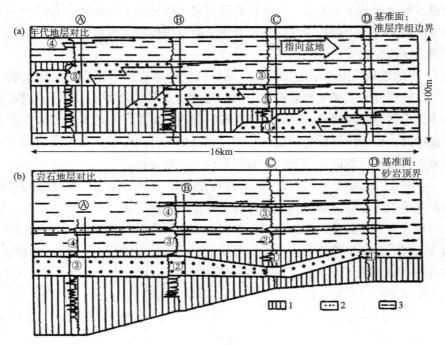

图3-4　退积式准层序组年代地层学对比方式（a）和岩性地层学对比方式（b）的比较

（据 Wagoner，1990）

1—滨海平原砂岩和泥岩；2—浅海砂岩；3—陆棚泥岩；Ⓐ～Ⓓ—井位；①～④—准层序编号

二、岩性地层对比与年代地层学对比的差异

图3-3中的岩性地层剖面是以浅海砂岩的顶（面）作为标志层而建立起来的，因为这种边界有3个明显的特点：①通常是煤沉积的场所，从而提供了一个良好的测井曲线标志；②在 SP 和伽马测井曲线上是最明显的界线；③在各种测井曲线上，如沉积相测井、孔隙度测井，均提供了类似的电阻率响应，因而每种块状、浅海砂岩中的流体也是类似的。

按常规做法，如果这种基准面一旦选定，并且通过连接砂岩顶进行岩相对比，那么储层的连通性就会被夸大了，不同成因的砂岩也就被连接起来，其结果是可能的浅海砂岩储层就会被解释为向上倾方向变为海相页岩和泥岩。

图3-4中的岩性地层横剖面，是以每口井中最新的主要浅海砂岩顶作为标志层而建立起来的。这种分界是明显的岩性中断。由于其通常以电阻率突变为标志，因而此界面在测井曲线上，在所有的井中，均形态相似且易于识别。应用这种界面进行测井曲线对比，可能会导致一个连续的、相对较薄的、浅海砂岩的解释结果。这样，储层的连通性被夸大了，而且可能的储集砂岩被错误地连成了具有统一油水界面的同一砂体。当开发资料表明，在这种储层中至少有两个油水界面的时候，地质学家通常加进一条断层，以解释开发

资料和地层解释之间的矛盾差异。就在该套砂岩之上的页岩中通常保存有底栖动物群。应用初次出现的底栖有孔虫类作为对比手段产生了与应用砂岩顶所获得的对比结论一样的对比结果，因为这些生物受制于沉积相。

图3-3中的进积式准层序组横剖面，是以准层序组边界为标志层而建立起来的。每个较新准层序的浅海和滨岸平原岩石均向上和向盆地方向逐次发育。浅海砂岩是有利的储集岩。由于许多砂体在泥岩中上、下是孤立的，因而保证了较差的垂向连通性并有可能隔开油-水接触面。由于滨岸砂岩的混合作用，在海相岩石向上倾尖灭而变为滨岸平原岩石的尖灭区附近，有些可能的储集岩仍具有较好的垂向连通性。

图3-4中的退积式准层序组横剖面是以准层序组边界为标志层而建立起来的。这种边界可以向盆地追入该套页岩中具有特征的电阻率测井标志层。在连续沉积的、较新的准层序中的海相岩石，向陆地逐步发育或退积。每个准层序都是进积的，每套浅海砂岩向上倾方向相变而成为滨海平原岩石。在海相泥岩中，浅海砂岩储层上、下是孤立的，且通常具有独立的油—水界面。

第四章　层　序

第一节　概念及术语

一、层序的概念

1. 层序

层序是一套成因上相关的、相对整合的、连续地层序列；以不整合或与不整合相对应的整合为界。准层序和准层序组是层序的地层构成单元。

2. 层序的体系域组成

根据客观标准（包括边界面类型、准层序组的分布以及其在层序内的位置）可将层序进一步分成体系域。体系域被定义为同期沉积体系的组合，而沉积体系是成因上相关联的沉积相的三维组合。本书定义了四种体系域：即低水位、陆棚边缘、海侵及高水位体系域。低水位和高水位是描述性的术语，指在层序内的位置；当指体系域时，这些术语不表示时间间隔或在海平面变化周期或相对旋回上的位置。

3. 层序类型

在岩石记录中识别出了两类层序，即第Ⅰ类型和第Ⅱ类型的层序。识别Ⅰ类、Ⅱ类层序的主要标志是：①层序边界的不整合类型；②层序边界之间的体系域组合。

第Ⅰ类型层序是由低水位体系域、海侵体系域和高水位体系域所组成；其下伏边界为第Ⅰ类型的不整合及其对应的整合，即Ⅰ型层序边界。

第Ⅱ类型层序由陆棚边缘体系域、海侵体系域或高水位体系域所组成；其下伏边界为第Ⅱ类型的不整合及其对应的整合，即Ⅱ型层序边界。

关于Ⅰ型、Ⅱ型层序边界的定义将在下面讨论。

二、与层序相关的术语

1. 不整合

将较新和较老地层分开的面；沿此面，有地表剥蚀和削蚀的证据；在某些地区，还有相应的海底侵蚀或地表暴露的证据，并具有明显的沉积间断。该定义似乎比 Mitchum 所用的不整合的定义更为局限。本节所用的不整合定义不包括局部的、短暂的剥蚀作用和与地质作用伴生的沉积作用，如点砂坝的发育或风成沙丘的移动。

2. 整合

分开较新和较老地层的面；沿此面没有任何侵蚀或停止沉积的证据；并且沿此面亦没有任何明显沉积间断的表现。因此包括这样的一些面：在这些面上，仅有很缓慢的沉积作用，或很低的沉积物聚集速率；非常薄的沉积物但代表很长的地质时期。

第二节　盆地类型

盆地的几何形态从根本上影响着第Ⅰ类型层序的地层格架；沉积于具有陆架坡折盆地的Ⅰ型层序和沉积于具有斜坡边缘盆地的Ⅰ型层序相比，具有不同的低水位沉积组合（形态）。

根据盆地的几何形态可以将盆地划分出以下两种类型。

一、陆架坡折边缘型盆地

陆架坡折边缘型盆地具有如下特点（图4-1）。

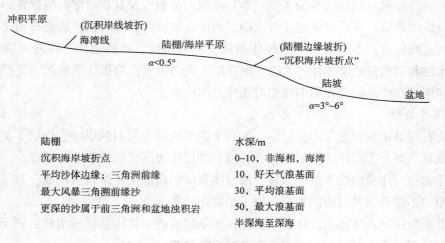

图4-1　陆架坡折边缘型盆地的形态

（1）具有界线分明的陆架、陆坡及盆底地形。

（2）陆架坡度小于0.5°，陆坡坡度3°~6°，沿海底峡谷壁坡度10°。

（3）具有相对突变的陆架坡折，把陆棚沉积物与陆坡沉积物分开。

（4）从浅水区到更深的水区有相对突变的过渡带。

（5）具（倾斜的）斜坡地形格架。

（6）如果海底峡谷一旦形成，在沉积岸线坡折以下具有与海平面下降相应的下切侵蚀作用。

（7）具可能的盆底海下扇和斜坡扇的沉积作用。

一个理想的Ⅰ型层序的低水位、海侵和高水位体系域内的准层序和准层序组的分布格局受盆缘特征的控制。形成这种类型的准层序还必须满足以下条件。

（1）足够大的河流体系，以切成峡谷并把沉积物供给盆地。

（2）足够的可容空间，以保存准层序组。

（3）海平面下降的速度和幅度足以能下降至或略微越过陆架坡折并在此处沉积低水位体系域。

二、斜坡边缘型盆地

斜坡边缘盆地的形态及沉积作用有以下特征（图4-2）。

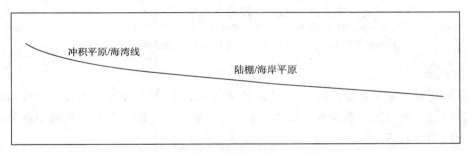

图4-2　斜坡边缘型盆地的形态

（1）平坦，具小于1°的低角度斜坡，最常见的坡度小于0.5°。

（2）叠瓦状至S形的倾斜形态。

（3）在缓坡和陡坡之间不存在一突变的坡折。

（4）从浅水区至更深水区，水体的深度没有突然的变化。

（5）因海平面相对下降，可使下切作用切至低水位滨岸沉积，但不会再向下进行。

（6）具有低水位三角洲及其他滨岸砂岩的沉积作用（盆地海岸扇及斜坡扇不大可能沉积在斜坡边缘上）。

第三节　体系域

体系域被定义为同期沉积体系的组合。根据体系域在层序内的位置，可进一步划分为低水位体系域、陆棚边缘体系域、海侵体系域及高水位体系域。

一、低水位体系域

低水位体系域（LST）处于层序的最低位置，底界为 I 型层序边界、顶界为初始海泛面。低水位体系域由盆底扇、斜坡扇，以及低水位楔状体所组成（图 4-3）。

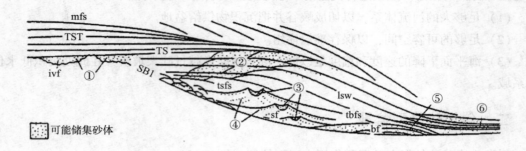

图 4-3　硅质碎屑岩低水位期沉积体系
①—下切河谷充填砂；②—海岸带砂体；③—水流/漫滩水道砂体；
④—漫滩砂体；⑤—盆底扇；⑥—低水位期前积楔状体的叠瓦状前端

1. 盆底扇

盆底扇（bf）主要是砂，由 Tab、Tac 和被削蚀的 Ta 鲍马序列所组成。盆底扇可能沉积在峡谷口处，也可能远离峡谷出口而广泛发育，峡谷也可能不明显。盆底扇在陆坡上或陆架上无同期的岩石。

2. 斜坡扇

斜坡扇（sf）由具天然堤的浊流沟道和漫滩沉积物所组成，它们上覆于盆底扇之上，并被上覆的低水位楔状体所下超。

3. 低水位楔状体

低水位楔状体（lsw）由一个或多个组成楔状体的进积式准层序组所组成，楔状体仅发育在陆架坡折的向海一侧（方向），并上超在先前层序的斜坡上。楔状体的近源部分由深切谷充填沉积物，及其陆架或上陆坡上的伴生沉积物所组成。楔状体的远源部分由厚而又多为页岩成分的楔状沉积单元所组成，该单元下超在斜坡扇上。楔状体准层序的测井曲线特征如图 4-4 所示。

区域地层分析表明，硅质碎屑岩层序中相当多的储层都发育在低水位体系域内。低水位体系域盆底扇、斜坡扇及前积复合体的测井曲线特征，见图 4-5 ～图 4-7。

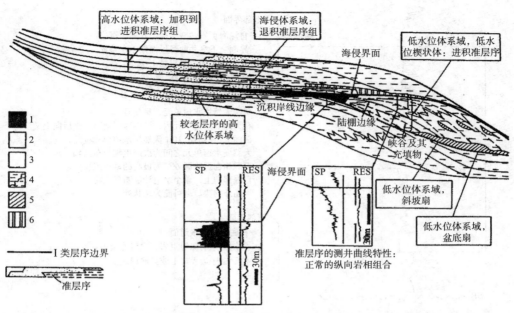

图 4 – 4　沉积于具陆架坡折盆地中的第 I 类型层序的地层格架（据 Wagoner，1990）

1—深切谷内的河流或河口湾砂岩；2—滨岸平原砂岩和泥岩；3—浅海砂岩；
4—陆棚和陆坡泥岩及砂岩；5—海底扇，天然堤—河道砂岩；6—缓慢沉积段沉积物

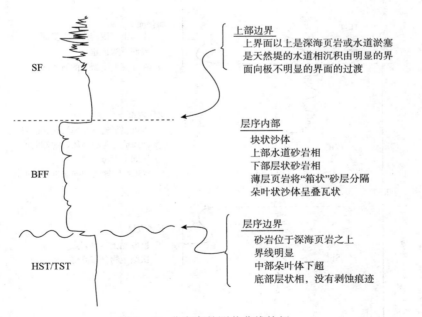

图 4 – 5　盆底扇的测井曲线特征

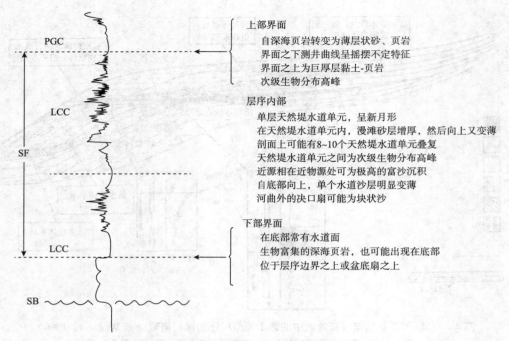

图 4 - 6　斜坡扇复合体的测井曲线特征

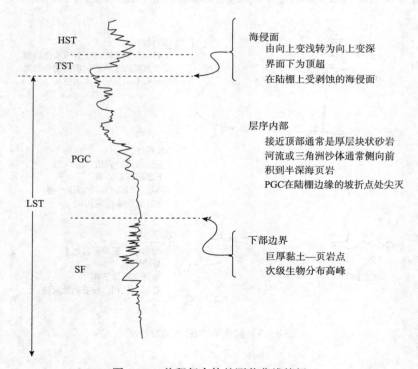

图 4 - 7　前积复合体的测井曲线特征

4. 深切谷

深切谷是下切的河流体系，其通过下切作用使河（沟）道向盆地延伸并切入下伏地层，以与海平面的相对下降相对应。在陆棚上，深切谷以层序边界为下边界，以首次主要海泛面为上部界界。图4-4左边的测井曲线是通过深切谷充填沉积物的常见的测井曲线形态；据测井曲线形态解释为辫状沟道；其与陆棚泥岩呈突变接触。这种沉积环境的异常垂向伴生组合叫做沉积相向盆地的迁移，它是通过海平面相对下降而形成的。

沉积相向盆地迁移既可以是过渡沉积相被侵蚀的结果，也可以是由环境的快速迁移而缺乏沉积作用的结果。

深切谷是海相层序底界最明显的标志之一。深切谷的宽度可以从几千米变到数十千米。其深度可从几十米变到几百米。深切谷的形成和充填分为两个阶段。第一个阶段由侵蚀作用、沉积物路过侵蚀谷以及在低水位岸线处的沉积作用所组成，对应于海平面的相对下降。第二阶段由谷内的沉积作用所组成，对应于海平面的相对上升，一般在低水位期晚期或海侵体系域发育时期。

因为深切谷是形成在这样两个不同的时间阶段，所以其充填物可由沉积于各种环境的不同岩石类型所组成。深切谷上游区域内的沉积环境及所共生的岩石类型包括：河口湾环境和辫状河砂岩、河流砂岩，潮汐水道砂岩或滨岸平原砂岩、泥岩或煤。这些沉积物，位于层序边界之上，一般直接沉积在层序边界之下的陆棚泥岩及薄层砂岩之上，同时层序边界之下没有沉积过渡性岩石或者被侵蚀了。这种沉积相的异常垂向组合则标志着沉积相向盆地的迁移。如果在低水位末期，粗粒沉积物的沉积速率相对低于海平面上升的速率，那么深切谷也可被海相泥岩所充填。

深切谷下游沉积环境及共生岩石类型包括：低水位三角洲及潮坪砂岩和泥岩，滨岸及河口湾砂岩。这些浅海相地层，若是在滨岸或三角洲环境的情况下，则多形成一个或多个进积式准层序。

深切谷的邻区侵蚀面过渡为地表暴露面，以土壤或根土层为标志。深切谷特征见图4-8、图4-9。

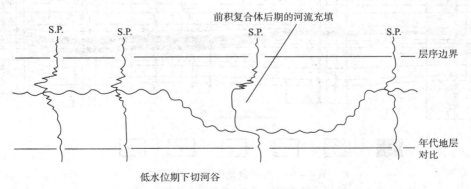

图4-8　下切水道充填形成的层序边界

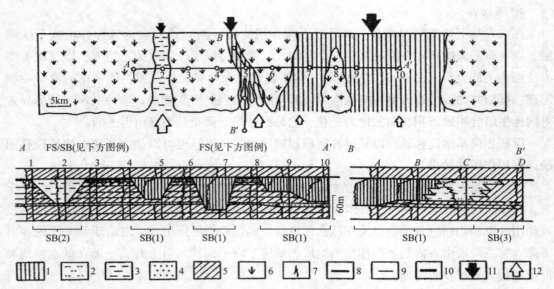

图 4-9 用地质图和横剖面解释陆架上各种不同特征的 I 类层序边界（据 Wagoner，1990）

1~3—深切谷充填物；1—辫状河砂岩；2—河口湾砂岩；3—海相泥岩；4—下临滨砂岩；5—陆棚泥岩；
6—出露地表；7—植物根层或土壤层；8—SB（即准层序边界）；9—FS（即海泛面边界）；
10—FS/SB（即海泛面与层序边界重合）；11—粗粒沉积物供给速度与方向；12—相对海平面上升速度与方向

为了正确地解释测井、岩心及露头的各种 I 类层序边界，必须弄清深切谷与支流河道的区别，从而建立一个准确的年代地层系统。图 4-10 将剖面中相的纵向组合特征解释为深切谷而不是分支河道或局部河道沉积，因为这个谷太宽，不可能是分支河道。深切谷边缘的地层，是远源海相砂岩和陆架泥岩，而不是三角洲前缘或河口坝沉积。谷地沉积物沿一定的界面，如层序边界充填，这种沉积物分布广泛，不限于一个三角洲朵体。

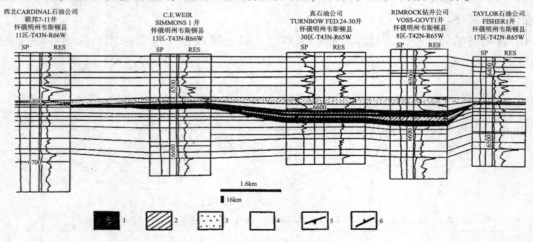

图 4-10 粉河盆地中的一个下切谷
该谷中的阿尔比阶泥质砂岩侵蚀到 Skull Greek 页岩中（据 Wagoner，1990）
1—河流或河口湾深切谷充填砂岩；2—非海相泥岩；3—浅海砂岩；
4—陆棚泥岩；5—层序边界和削蚀；6—层序边界和上超

在岩心和露头中心分支流河道和深切谷的一重要标志是：深切谷底部的层序边界在侵蚀与沉积之间有一明显的间断存在。在海泛并充填深积物之前，在低水位时深切谷底部可以形成根土层、土壤层、潜穴层等。而支流河道流量大时总是充满淡水，如果流量小就充满咸水，因此支流河道底部暴露地表的证据不明显。

在测井横剖面上或在一个相对连续的露头中，常根据河道宽度及横向相变关系分析来区分支流河道和深切谷。支流河道相对较窄，现代密西西比河支流河道宽度在 153 ～ 1673m 之间。深切谷宽度常为数千米，甚至宽度数十千米。

二、海侵体系域

海侵体系域（TST）下界为海侵面，上界为下超面或最大海泛面（MFS）。海侵体系域测井曲线特征见图4-4、图4-11。海侵体系域内的准层序逐次向陆退积。其水体向上逐渐变深。与海侵体系域中最新准层序的上界相一致的下超面是最大海泛面，即上覆高水位体系域的斜坡脚沉积合并在最大海泛面上且厚度非常薄，形成缓慢沉积层段。

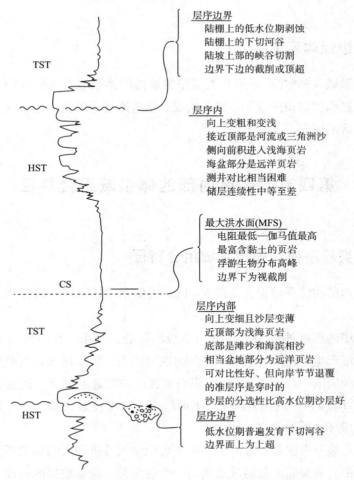

图4-11 海侵体系域、高水位体系域的测井曲线特征

缓慢沉积层段（CS）是由薄层的半远洋或远洋沉积物所组成；这类沉积物是在准层序逐步向陆退积，而陆棚区又缺少陆源沉积物的时期沉积的。我们发现，在这种缺少陆源物质的层段内的动物群的分异度和丰度是整个层序中最大的。尽管缓慢沉积层段一般很薄，沉积物聚集速率很低，且经历了很长时间，但该层段内的沉积作用却是连续的。

缓慢沉积层段的这些特征对地层分析有重要意义。缓慢沉积层段很薄，在利用露头、岩心或岩屑确定生物地层年代时很容易漏掉缓慢沉积层段，造成生物地层记录中出现明显的时间间断，从而导致地质学家在连续沉积的地层中解释出一个重要的不整合面。

三、高水位体系域

高水位体系域（HST）下界为下超面，上界为下一个层序边界。早期的高水位体系域通常由一个加积式准层序组所组成，晚期的高水位体系域由一个或多个进积式准层序组所组成。理想的高水位体系域如图4-4所示。在许多硅质碎屑岩层序中，高水位体系域明显地被上覆层序边界所削蚀，如果被保存下来，其厚度较薄且富含页岩。高水位体系域的测井曲线特征见图4-11所示。

四、陆架边缘体系域

陆架边缘体系域（SMST）是第Ⅱ类层序中最低的体系域，主要沉积在陆棚上，并由一个或多个轻微进积到加积的准层序组所组成，这些准层序组由上倾方向具滨岸平原沉积物的浅海准层序所组成。

第四节　层序内部的体系域组合特征

一、第Ⅰ类层序内部的体系域组合特征

第Ⅰ类层序内部的体系域组合见图4-11。由低水位体系域、海侵体系域和高水位体系域组成。

第Ⅰ类型层序的形成被认为是在沉积岸线坡折处，当海平面下降的速率超过沉降速率，并在那个区域产生了相对海平面下降的时期形成的。沉积岸线坡折是陆棚上的这样一个位置，该位置的向陆一侧（方向），沉积表面处于或接近基准面，通常是海平面；而该位置的向海一侧（方向），沉积表面在海平面以下。这个位置大体上与三角洲河口砂坝的向海一端或与滨岸环境的上临滨一致。

层序内的体系域分布在某种程度上取决于沉积岸线坡折和大陆架坡折之间的关系。大陆架坡折定义为由大陆架向大陆斜坡过渡的一个过渡带。陆架坡折的向陆一侧。坡度小于

1/1000，陆架坡折的向海一侧，坡度大于1/40。

在现今的高（海）水位期间，陆架坡折的水深变化为37～183m。在许多海盆中，在相对海平面下降时期，沉积岸线坡折离陆架坡折的向陆侧的距离为160km或更远一点。在另外一些海盆中，如果高水位体系域已进积到陆架坡折区，那么，在海平面相对下降时期，沉积岸线坡折可能位于陆架坡折处。

斜坡边缘型盆地和陆架坡折边缘型盆地的Ⅰ类层序内，海侵体系域和高水位体系域类似，但其低水位体系域不同。

图4-4和图4-12表示了第Ⅰ类型层序沉积作用的两个端元。在第一个端元中（图4-4），海平面的相对下降，足以把低水位岸线推移到沉积岸线坡折之外而到达陆架坡折，可能导致了峡谷和海下扇的形成。在第二个端元中（图4-12），也是海平面的相对下降，把低水位海岸线推移到了沉积岸线坡折之外，但没有到达陆架坡折，或在盆地中也根本就没有陆架坡折存在，因为这个边缘是一个斜坡，结果使得低水位体系域由相对较薄的楔状体所组成，而根本没有峡谷和海下扇形成。

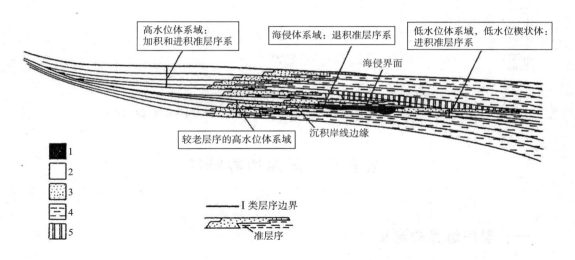

图4-12　沉积于具斜坡边缘盆地的第Ⅰ类型层序的地层格架（据Wagoner，1990）

1—深切谷内的河流或河口湾砂岩；2—滨岸平原砂岩和泥岩；3—浅海砂岩；4—陆棚泥岩；5—缓慢沉积段沉积物

二、第Ⅱ类层序内部的体系域组合特征

第Ⅱ类型层序中的准层序组及体系域的分布如图4-13所示。第Ⅱ类层序中最低的体系域是陆棚边缘体系域。陆棚边缘体系域的底界是第Ⅱ类型层序边界，而其顶界是陆棚上第一个明显的海泛面。第Ⅱ类型和第Ⅰ类型的海侵体系域和高水位体系域是类似的。

沉积在斜坡边缘上的第Ⅱ类型层序（图4-13）和第Ⅰ类型层序（图4-12）总体上类似；两者都缺少扇和峡谷，并且其两者初始的体系域（第Ⅱ类型层序的陆棚边缘体系域，及第Ⅰ类型层序的低水位体系域）均是在陆棚上沉积的。然而，第Ⅱ类型层序和沉积在斜坡边缘上的第Ⅰ类型层序不同,其在沉积岸线坡折处没有任何相对的海平面下降。因而第Ⅱ类型层序也就没有下切谷,并且其也缺少明显的侵蚀削蚀;第Ⅱ类型的层序边界被认为是在现序的(当时的)沉积岸线坡折处,在海平面下降时期,在海平面下降的速率略小于或等于盆地沉降速率时形成的。这意味着对第Ⅱ类型的层序边界来说,在沉积岸线坡折处,没有任何相对的海平面下降。

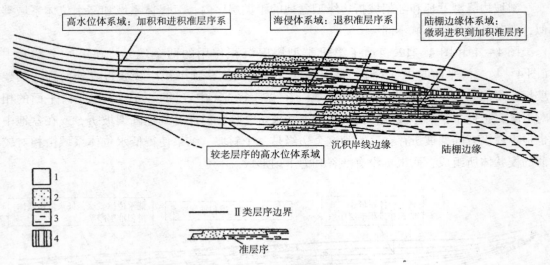

图 4 – 13　第Ⅱ类型层序的地层格架（据 Wagoner,1990）
1—滨岸平原砂岩和泥岩;2—浅海砂岩;3—陆棚和陆坡泥岩;4—缓慢沉积段沉积物

第五节　层序边界特征

一、层序边界的定义

层序边界是不整合及其对应的整合,是横向上连续广泛分布的面,这个面至少覆盖了整个盆地,并且可以同时发育在世界范围内的许多盆地中。层序边界把边界之下的所有地层与边界之上的所有地层分隔开来,具有年代地层学意义。

二、层序界面划分原则

层序地层分析是以沉积地层的时间单元为研究对象的,考虑到陆相层序的沉积特点,在进行层序单元划分和对比遵循如下原则。

1. 等时性原则

所划分和对比的各级层序应为同期沉积,为同一期幕式构造旋回形成的地质单元。为了确保等时性,层序划分和对比按由大到小的顺序逐级进行,并充分考虑各级层序展布规律。

2. 最大间断原则

应首先选择规模最大、间断持续时间最长的层序界面进行追踪对比。通常选择不整合面以及与之相对应的整合面。

3. 统一性原则

对已确定的不同级别、类型的层序进行横向追踪时，应考虑界面展布的统一性，超层序可在全盆地范围内统一，层序应在一个凹陷内统一，准层序组单元应在统一的构造带内统一，准层序及其以下的层序单元可能仅在同一沉积体系内统一。

4. 沉积旋回规模一致性原则

在同一体系域内，沉积旋回类型及分布是基本一致的。通过不同尺度的沉积旋回体划分和对比，可建立目的层段的层序格架。

三、层序边界的识别标志

层序边界的形成代表了在某一时间段内，控制层序发育的基本因素对层序地层单元和地层叠加样式的综合影响发生了突变。尽管不同级别层序界面的成因、性质存在差异，但各级层序界面在地震相、岩相、测井相、古生物、地球化学、盆地构造体系和充填方式等方面存在着极为相似的识别标志，在沉积与地层特征上的表现可以概括为以下几个方面。

（1）单一相物理性质的垂向变化，如岩性的突变面。

（2）相序与相组合的垂向变化。

（3）旋回叠加样式的改变，如准层序组叠加样式的突变。

（4）地层几何形态与接触关系的改变。

上述特征均反映了可容空间和沉积物供应量比值的变化，在层序界面上表现为沉积突变或沉积间断。层序边界上下沉积岩层在岩性、沉积相组合、地震反射特征、电测曲线上等都会产生一些特殊的响应，这些响应可以独立或多个一起作为识别层序边界的良好标志。利用这些特殊的响应可以识别层序边界，划分地层层序，建立层序地层格架。

（一）地震剖面上不整合识别标志

在地震地层学上，地震反射界面反映的是地层沉积表面的年代地层界面，地层不同形式的尖灭在地震资料上表现为对应不同的地震同相轴反射终止类型。用地震资料进行层序地层学的分析正是利用了地震反射终止来识别层序、体系域等地层单元。运用地震资料解释层序的发育以及空间展布是一种最直观、最有效的研究方法，尤其在勘探早期钻井资料少的情况下更是如此。

Vail（1989）根据层序边界在地震剖面上的反射终止现象建立了地震层序的基本识别标志，划分为上超、下超、顶超和削蚀四种接触关系（图4-14），其中，上超、削截和顶超是层序界面识别的重要判断标志。

1. 削截（削蚀）现象

地震剖面上削截反射是识别层序界面、反映地层被剥蚀产生不整合最直接可靠的标志和最直接的证据。削截是层序顶部的反射终止方式，它既可以是下伏倾斜地层顶部与水平或倾斜地层的终止方式，也可以是水平地层顶部与上覆地层沉积初期因河流下切而造成的下伏地层的反射终止方式。它代表一种侵蚀作用，说明在下伏地层沉积之后经过了强烈的构造运动或切割侵蚀。

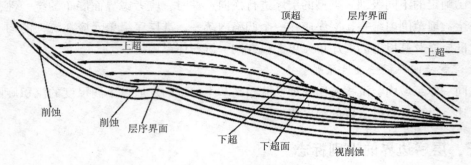

图 4 – 14　反射终止类型示意图（据 Vail 等，1989）

2. 上超现象

表现为一套水平（或微倾斜）地层逆着原始倾斜界面或不整合面向上超覆尖灭，它是水域不断扩大时的逐步超覆沉积现象，是老的层序结束后新的层序开始发育的标志。根据距离物源远近，上超又可以区分为近端上超和远端上超。靠近物源称近端上超，远离物源称远端上超，但只有当盆地比较小而物源供应充分时，沉积物才可能越过凹陷中心而到达彼岸，形成远端上超。

3. 顶超现象

由无沉积作用的上界面形成的反射终止，见于层序的顶界面，通常以很小的角度，逐步收敛于上覆层序底面反射上，这种现象在地质上是一种时间不长、由于沉积基准面太低而产生的沉积物过路现象，代表无沉积作用或水流冲刷作用的沉积间断，故顶超面是一种不连续面。

下超面的产生是由于沉积速度大于沉降速度，沉积物向盆地推进的结果。需要说明的是，在远离海岸的半深海、深海环境中，陆源物质供应不到，出现了"水下沉积间断"，上覆地层向层序边界的下超属于绝对的下超，因而是一种不整合反射标志。但陆相湖盆面积小、物源近，陆源碎屑物供应丰富，通常情况下只要湖泊存在，任何地方都有沉积作用，只是厚薄、粗细的差别而而已。下超面的形成是由于远源泥岩的沉积速率相对低于近源碎屑的沉积速率，使边缘沉积厚而盆地中心沉积薄，造成反射同相轴从边缘向中心逐渐向下"收敛"的情况，因此湖相地层中，下超面实际上是一种整合面。

4. 波组特征转换面

在陆相盆地中，除一些高级别的易于识别的区域性不整合面外，层序界面通常是一些反映局部不整合和沉积间断的地震响应，这些特征在地震剖面上也是利用同相轴的不整一反射终止方式来判别。同时，地震反射形式可以用地震相单元来确定和描述，它是在一定

地质背景下一定地层形式的地震响应，而地震相单元可用各种地震反射参数来描述，地震反射参数又具有特定的地质意义，层序界面往往是波组特征的转换面。

（二）古生物特征识别标志

1. 生物（贝壳）碎屑层

生活在浅水环境中的含壳类生物，死亡后壳体经湖浪作用搬运至岸线附近，后期经湖水的不断冲刷破碎，形成贝壳碎屑层，其中壳体破碎严重，难以辨认其属种，并且呈乱杂状堆积，因此它可以反映湖岸环境。当其上地层为反映水体逐渐或突然加深的沉积相类型时，这些碎屑层便可以近似代表准层序或准层序组的顶，并可能代表层序的顶界。在东营凹陷草 13－15 井 1316m，金 31 井 1300.27m 都发现这种生物碎屑层，具底冲刷，与第八层序顶界有良好的对应关系。

需要注意的是，浅湖地带水底氧气供应充足，淤泥中有机质丰富，适宜壳类生物生活，沉积物中常保存丰富的壳体，甚至形成贝壳层，一般情况下这些壳体保存完好，排列有序，贝壳层和贝壳碎屑层比较相似，但它在指示层序边界上无任何意义，所以应注意避免和贝壳碎屑层混淆。

2. 植物根迹化石

根迹化石是岩心中最易识别的遗迹化石，其种类繁多，生态特点复杂，虽不能绝对地都作为暴露标志，但大都为陆面或极浅水环境下的产物。从植物生理特点看，生长在大于 1m 水深中的植物，根系特别微弱，仅分布于沉积物表面，这是因为根的固着和吸收水分的功能在此并不重要。在后期沉积成岩过程中，在各种物理作用和化学作用的改造下，这些微弱根系很难得到保存。而生长在陆上或极浅水中的植物，由于固着和吸收水分的需要，根系较粗且扎根深，往往能够免遭后期破坏而保存。因此在层序边界的识别过程中，可以根据上、下地层中植物根迹化石纵向上的变化推断层序边界的位置。

在东营凹陷辛 9－25 井 2394m 与孤南 24－1 井 2105m、金 31 井 1342m 的地层中，均发育植物根迹化石，有些伴生有铁质结核，它们分别位于 T4 和 T3 反射界面（第五层序底、顶界）附近。

3. 遗迹化石

生物遗迹对环境条件的变化相当敏感，有时可以反映出在岩性剖面上没有表现出来的沉积间断面。据 S. G. Pemherton（1992）研究结果表明，有些遗迹化石类型（如 Glossifungites 痕迹相）的出现可以代表不连续沉积界面。

Glossifungites 痕迹相带化石的主要特征是：①垂直层面的圆柱形、U 形潜穴；②在某些潜穴内具前进式螺形迹；③对造迹生物来说，潜穴具有居住和摄取悬浮食物的双重功能；④分异度低，但单个痕迹化石的丰度可以很高。

在东营凹陷牛 38 井对应第五层序底界的 T4 反射界面附近的 2775. m 地层中，暗红色泥质粉砂岩表面分布有 Glossifungites 痕迹相。在辛 15 井 1965.3m 地层中可见水平状觅食迹。

4. 生物数量的变化

层序是某一控制因素作用下所形成的一套地层，其中所含生物数量从下到上应该是渐变的，从多到少或从少到多因沉积环境不同而定。但层序边界上下的地层，由于湖水深度、沉积环境等的很大差异，生物数量差别很大。利用这一点，当地层中相邻两层内生物数量有突变时，就可以考虑它可能是层序边界了。

济阳坳陷中对应 T7、T5、T3 反射的第二层序底界面、第四层序底界面、第六层序底界面上下，腹足类、介形类、轮藻的形成、种属的数量均有突变（图 4 – 15）。

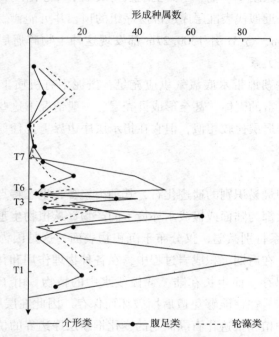

图 4 – 15　济阳坳陷下第三系生物形成种属曲线图（据姚益民等，1992）

5. 生物种属的变化

上、下地层中的化石所代表的时代相差较远，或古生物化石群发生突变，出现生物演化的不连续或生物种属的突变，都说明地层之间发生过沉积间断或长时间的侵蚀风化，是不整合（层序边界）存在的证据。

统计东营凹陷下第三系地层中的介形类、瓣鳃类、藻类和孢子花粉的演化历史，得到东营凹陷下第三系主要化石垂向分布图和东营凹陷下第三系古生物特征综合图（图 4 – 16），都反映出生物种属的突变和层序边界有良好的对应关系。

（三）地球化学识别标志

在湖盆边缘，当湖泊收缩，层序边界暴露在大气中时，下伏地层常遭受风化作用和表生成岩作用，导致接近层序界面位置的氧化物矿物（如褐铁矿等）含量增加。因此褐铁矿高值在某种程度上可以指示层序边界的存在，在辛 15 井褐铁矿含量剖面图中，对应 T4 反

射（第五、第六层序分界）褐铁矿含量有明显峰值（图4-17）也证明了这一点。

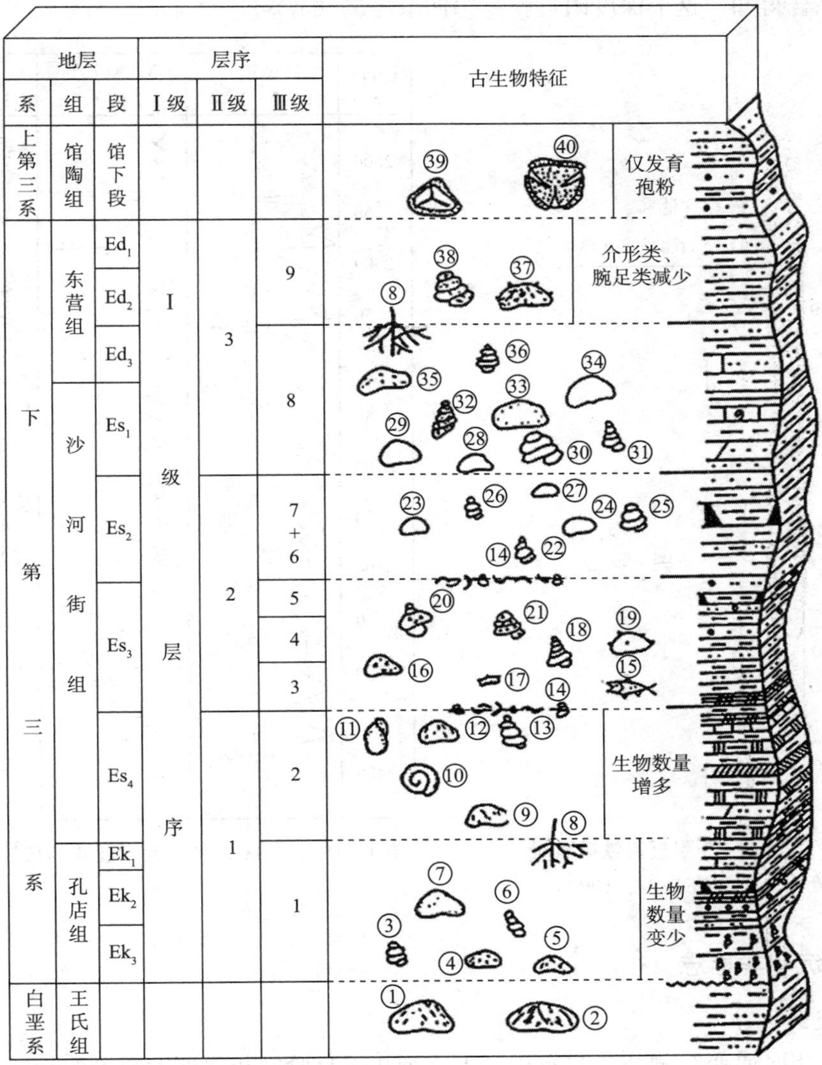

地层			层序			古生物特征
系	组	段	Ⅰ级	Ⅱ级	Ⅲ级	
上第三系	馆陶组	馆下段				仅发育孢粉
下第三系	东营组	Ed₁	Ⅰ级层序	3	9	介形类、腕足类减少
		Ed₂				
		Ed₃			8	
	沙河街组	Es₁				
		Es₂		2	7+6	
		Es₃			5	
					4	
					3	
		Es₄			2	生物数量增多
	孔店组	Ek₁		1	1	生物数量变少
		Ek₂				
		Ek₃				
白垩系	王氏组					

图4-16　东营凹陷下第三系古生物特征综合图

①—穴状女星介；②—大假伟女星介；③—平旋中华扁卷螺；④—五图真星介；⑤—潍县湖花介；⑥—近柱状滴螺；
⑦—沼泽拟星介；⑧—植物根；⑨—火红美星介；⑩—中华扁卷螺；⑪—小河北螺；⑫—南星介属；⑬—高锥小河北螺；
⑭—贝壳碎片；⑮—鱼化石；⑯—隐瘤华北介；⑰—小型拟星介；⑱—扁平高盘螺；⑲—脊刺华北介；㉑—三脊塔螺；
㉑—东方刺柱螺；㉒—阶状似瘤母螺；㉓—卵形拱星介；㉔—肥大华花介；㉕—粗状拟黑螺；㉖—坨状拟黑螺；
㉗—长形拱形介；㉘—盘河小豆介；㉙—椭圆洼星介；㉚—拟泽螺；㉛—微小肋盘螺；㉜—横肋圆松螺；
㉝—辛镇广北介；㉞—高西营介；㉟—李家广北介；㊱—瘤脊底脊螺；㊲—华花介（Chinocythere）；
㊳—塔形塔螺；㊴—Polypodiaceaesporites（孢属）；㊵—Pinaceae（粉属）

在湖盆中心，可以用对水深特别敏感的 Mn^{2+} 和 Fe^{2+}/Mn^{2+} 比值的相对变化判断层序边界的存在。Fe^{2+}、Mn^{2+} 是两种性质比较相似的元素，Fe^{2+}/Mn^{2+} 比值表示近岸指数，其值越小，表示离岸越近（水体越浅）。因此用 Fe^{2+}/Mn^{2+} 比值的突变可以作为层序边界的识别标志之一。在牛 38 井 3288m 附近，Fe^{2+}/Mn^{2+} 比值出现峰值（图 4 – 18），而且依据其他资料综合得知，这个深度附近就是第四层序的底界。

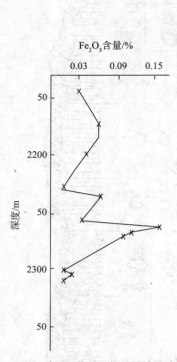

图 4 – 17　辛 15 井 T3 附近褐铁矿含量变化趋势图（据姜在兴等，1994）

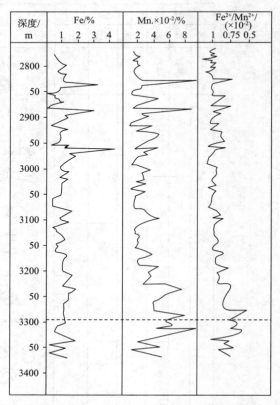

图 4 – 18　牛 38 井微量元素变化与层序边界关系

（四）沉积学标志

1. 相突变

根据"相序递变"规律，只有横向上成因相近且紧密相邻而发育着的相，才能在垂向上依次叠覆出现而没有间断。所以说横向上相距较远的相类型在垂向上相邻出现，意味着之间必然有一沉积间断。在野外露头剖面或钻井剖面中用相序的突变来确定层序边界是一种非常有效的途径。

另外，作为层序边界的湖岸上超的向下迁移，在钻井剖面中表现为沉积相向盆地方向移动，如浅水沉积物直接覆于较深水沉积物之上，河流、浊流砂砾岩直接覆于深水泥岩之上，两类沉积之间往往缺乏过渡环境沉积。

2. 古风化暴露面

古土壤是沉积间断的产物，这种间断表现出的特殊性是既没有明显的沉积作用，又没有遭受较强的剥蚀作用，在层序地层学中是识别层序界面的重要标志之一。古土壤的识别

标志如下。

（1）颜色：发育完整的古土壤层纵向上颜色递变顺序为灰绿→杂色→土红→暗红→暗紫。

（2）伴有植物根遗迹化石。

（3）原生沉积构造退化特征：在同一土壤层内，向上沉积物硬结度变小，沉积构造破坏逐渐变强。

（4）含钙质结核或铁质结核：古暴露面上风化壳是很好的不整合界面标志，以钙质风化壳最为常见，其次是铁质、铝质和硅质风化壳。

3. 微观成岩标志

在陆相盆地中，不整合面或沉积间断面上下地层中的成岩作用应该有差别，但由于：①碎屑岩暴露地表时成岩作用较弱，且受后生成岩作用改造较强，故其信息不易在地层中保存，因此不易被识别；②湖水盐度小，与大气淡水物理化学性质的差别不如海水与大气淡水的差别那样大，因此地层浸于水下和暴露地表遭受大气淡水淋滤，其成岩作用差别不明显。尽管如此，地表成岩环境下某些特殊产物（如高岭土层、褐铁矿）等仍可作为识别层序边界的标志。

4. 岩性剖面标志

（1）地层剖面上的冲刷现象及其上浮的滞留沉积物，或代表基准面下降于地表之下的侵蚀冲刷面。

（2）岩相类型或相组合在垂向剖面上的转换面，如水体向上变浅的相序或相组合向水体变深的相序或相组合的转换处。

（3）砂、泥岩厚度旋回性变化，如在层序界面之下，砂岩粒度向上变粗，砂泥比向上变大；层序界面之上则相反。这种旋回的变化特征常以叠加样式的改变体现出来。

一般而言，在三级层序内部没有大的沉积间断，岩性厚度的韵律性变化可以看作是连续的，不仅反映了水体深度和水动力条件变化，同时还反映了可容空间与沉积充填比值变化以及基准面的变化。因此，可以用岩性厚度的韵律性变化来判断层序地层单元，它是划分三级层序内部体系域、准层序组和准层序的有效方法。不同类型的韵律性的变化之间的突变点代表着水动力的交替，是不同级别层序地层单元的转变。当剖面中连续的暗色泥岩和页岩沉积厚度最大、分布最广泛时，对应于最大湖泛面，是湖侵体系域与高位体系域的界限标志，其由高能量岩性开始向低能量变化的界面为低位体系域和湖侵体系域的界限。

（五）测井曲线识别标志

1. 地层倾角测井曲线上的响应

沉积间断或不整合面上下地层产状通常不一致，在地层倾角测井曲线上有明显的反映；反过来，通过识别地层倾角测井上矢量图模式的变化，也可以推断沉积间断或不整合面的存在。图 4−19 是东营凹陷草桥地区草 20−9−8 井的倾角测井资料，在井深 997m 附近，矢量图变化很大，解释结果见图 4−19 右侧。

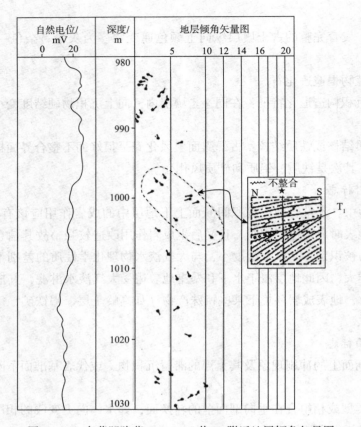

图 4-19　东营凹陷草 20-9-8 井 T_1 附近地层倾角矢量图

2. 其他测井曲线上的响应

一般来说，平均钍、铀和钾值的突变是放射性矿物成分的比例关系有很大变化的指示，这种变化常发生在沉积环境和成岩作用条件变化的时候，通常和不整合的存在有关系，因此利用自然伽马能谱测井曲线基线的突变可以指示不整合的存在（图 4-20）。

此外自然电位、自然伽马、视电阻率曲线等在层序边界附近也有剧烈变化，例如，自然电位的基线强烈偏移、视电阻率值的突增或突减等（图 4-21）。

（六）层序界面的综合分析

前面分别讨论了在各种资料中层序边界的识别方法。事实上，对同一边界，不同资料上会同时都有一定的响应，只是随着地质环境的差异，同种资料的反映强度差别很大，例如某些微量元素的相对含量变化往往在湖盆边缘地区、浅水地区对水深变化不太敏感，不能作为识别层序边界的指标；但深水地区，对水体变化相当敏感，成为很好的示边界指标。

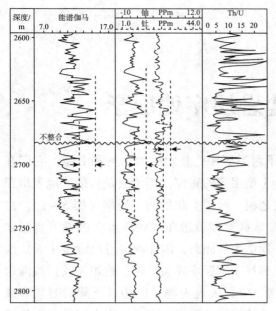

图 4-20 东营凹陷史深 100 井不整合
在自然伽马能谱测井上的响应

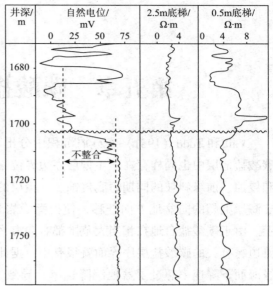

图 4-21 东营凹陷纯 8 井第 8 层序顶界电
测曲线响应特征（据纪友亮等，1996）

　　层序边界的识别是层序地层学研究的基础，只有将层序边界找准，后面所做的层序对比、层序内部细分及层序演化特征的研究才显得很可靠。有些地质、地球物理信息，由于受外界条件的干扰，在不是层序边界的地方也可能出现一定的异常而造成层序边界存在的假象，这些标志是层序边界存在的必要条件，而不是充分条件。在判断层序边界时，不能单纯根据某一信息的异常变化，而要同时在地震剖面上、测井曲线上、露头剖面上和钻井剖面中的岩性、岩相特征上，古生物组合上，微量元素的变化上找尽量多的证据，以期划分准确。

第五章　碳酸盐岩层序地层学

Vail 和 Todd（1981）在硅屑沉积中分出了两类层序，分别称为 I 型和 II 型，它们在碳酸盐地层中也同样存在。I 型层序边界位于 I 型层序的底部，其特点是台地的地表出露和侵蚀、前缘斜坡的同期海底侵蚀、上覆层的超覆、海岸上超的向下迁移（图 5-1）。由于海岸上超的向盆地方向迁移，使得潮缘岩常常截然地覆盖在"较深水"的潮下岩层之上。由于碳酸盐台地在相当大范围都有向海平面增生的倾向，因此确定与台地和（或）浅滩边缘有关的碳酸盐层序界面就很有用。据此解释 I 型层序界面是在台地和（或）浅滩边缘海面下降速率超过了盆地沉降速率，导致这一位置表现为海平面相对下降的时期形成的。II 型层序界面的特征是内台地潮缘区和台地沙洲区的地表出露。海岸上超的向下迁移出现在下伏潮缘区的向海一侧。如果台地顶面已增生至海平面，这种向盆地方向的迁移就可以出现在原有的台地和（或）浅滩边缘。上覆潮缘成因地层的上超发生在尚未增生至海平面的台地低凹处和台地和（或）浅滩边缘。II 型层序界面的形成时期，可以解释为台地和（或）浅滩边缘上海平面下降速率小于或等于构造沉降速率的时期。

第一节　沉积剖面和相带

一、沉积背景

根据盆地位置（如环盆边缘、盆内的独立部分），以及地层剖面的坡度，可以将碳酸盐岩台地和（或）浅滩边缘剖面分为 3 类：①附生于盆地边缘的区域性台地和（或）坡地，其沉积坡度小于 5°；②环绕盆地边缘的区域性进积滩和（或）台地，有 5°～35°的前缘斜坡；③滨外或孤立台地（图 5-2）。这三类剖面都可以在地震剖面上识别，而且它们的内部地震相特征可以帮助预测发育史及所包括的地质岩相。

1. 区域性台地和（或）坡地

区域性坡地的厚度变化很大，从几米到几百米，其发育形式既有加积性的，又有进积性的。碳酸盐坡地从隆起区开始，以平缓的古区域坡度向下延伸。不存在明显的坡度转折，相型也常常是不规则的宽带。在地震资料中，坡地可能表现为低角度的 S 型或叠瓦状进积。碳酸盐台地的发育具有基本平坦的顶面，有时具有突变的边缘。台地的进积显示很差，因而在地震显示很薄处，识别台地和（或）坡地的边缘很困难。因此在层序格架中结合现有的测井和岩心资料，就显得特别重要。

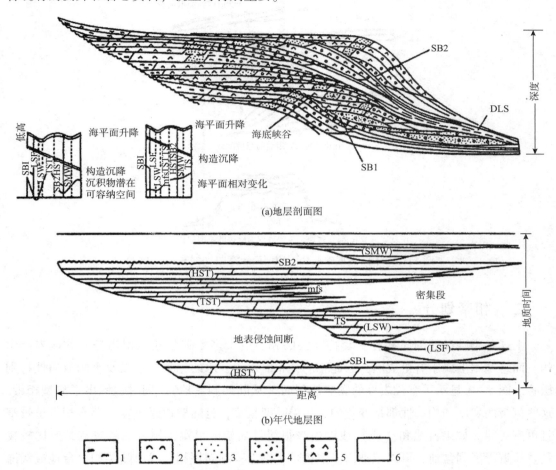

(a)地层剖面图

(b)年代地层图

图 5-1　碳酸盐岩岩相在层序格架中的分布略图（据 Sarg，1988）

1—潮上带；2—台地；3—台地边缘粒状灰岩或礁；4—巨角砾岩或砂岩；5—陆坡前缘；6—陆坡脚或盆地 SB–层序边界；
SB1—Ⅰ型层序边界；SB2—Ⅱ型层序边界；DLS—下超面；mfs—最大海泛面；TS—海侵面；HST—高水位体系域；
TST—海进体系域；LST—低水位体系域；LSF—低水位期扇；LSW—低水位期楔形体；SMW—陆架边缘楔状体系域

2. 区域性进积滩和（或）台地

以进积形式为特征，其前缘斜坡坡度为 5°到 35°以上。浅滩厚度从几米到数百米，进积作用可达数千米。这些浅滩表现为 S 形、S-斜交形和斜交形进积形式。层序内常见的演化是坡地或低角度 S 形进积向斜交形进积的变化。这很可能是由高水位期末海平面下降引起的。

3. 滨外孤立台地

这种台地以规模和厚度均很大的复杂岩隆出现，分布在离位于盆地边缘的区域性坡地或台地相当远的近海。裂谷盆地内的地垒断块常常引起孤立台地的发育，它们可以成为碳酸盐的沉积场所，而深水泥质沉积物则局限分布于地堑中。这种台地通常具有陡峭的边缘，而且有一侧可能朝向开阔海。

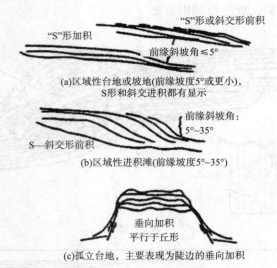

图 5 - 2 　不同类型碳酸盐沉积剖面示意图 （据 Sarg，1988）

二、相带划分

上述各类碳酸盐剖面都有一套特征性的相。由于多数碳酸盐沉积物是在盆地内产生的，而且基本上属于有机成因，因此相的分布对水深、水的化学性质以及水的流通性特别敏感。图 5 - 3 显示了有代表性的碳酸盐剖面（从陆架到盆地），同时也标出了典型相带。这些相带的宽度和均一性都是变化的。如果陆架很窄，且陆架边缘很陡，那么相带也较窄且更有规律。如果台地和（或）浅滩边缘很缓且陆架区很宽，相带也就较宽，但比较凌乱。从近岸区到盆地，可以识别出以下相带：潮上—潮间坪相、浅海陆架相、台地或浅滩边缘相、前缘斜坡相和盆地相。

1. 潮上—潮间坪相

潮坪相通常表现为小规模的向上变浅的潮下—潮上旋回或准层序。据 Van Wagoner 等（即本书所采用的）定义，准层序是一套有成因联系的岩层或岩层组整合序列，其界面是海泛面及其所对应的面。准层序的厚度为几米到 30m 以上，持续时间为零到 1Ma 之间。它们是可识别的最小的异旋回或自旋回沉积层序。许多研究者已描述过现代和古代的潮坪沉积。

潮积物有三种基本的沉积环境，即潮上、潮间和潮下。潮上亚相的特征是泥裂、风暴成因的泥或砂级颗粒薄层、藻成因的纹层、窗格或鸟眼构造以及内碎屑层。其中藻纹层可以延伸到潮间亚相中。潮上环境出现于正常或平均高潮面之上，多数时间出露于大气条件下。潮间亚相通常富含泥质并含有潮道复合体。潮道普遍含有内碎屑和岩屑的底部滞留沉积，上面覆盖着具虫孔的骨屑泥粒灰岩。潮间环境出现在正常高潮面和低潮面之间。相邻的潮下亚相常有球粒碳酸盐的泥状灰岩和粒泥灰岩组成，缺乏原生沉积构造。在蒸发的气候条件下，潮间和潮上亚相内可出现结核状和星状移位石膏。

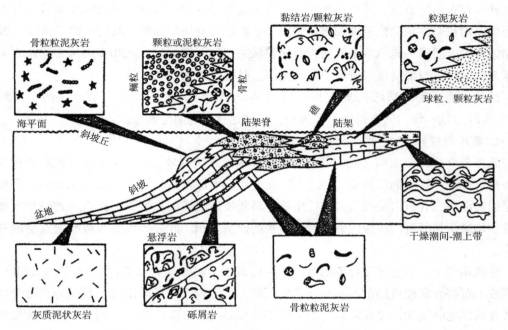

图 5 - 3 碳酸盐台地和（或）浅滩相带及岩石典型结构示意图（据 Sarg，1988）

2. 浅海陆架相

该相带通常由从潮下的骨屑泥状灰岩和粒泥灰岩，到似球粒或骨屑的泥粒灰岩和粒状灰岩变浅的准层序组成。如果具备正常的海水条件，动植物群就会很丰富，包括珊瑚、软体、腕足、海绵、节肢、棘皮、有孔虫和藻类。生物扰动作用很常见。这种环境分布在潮坪的向海一侧，水深一般不大，最多 10 ~ 20m。根据台地边缘的局限性或潮汐和海流的减弱程度，盐度在正常海水到中等盐度之间变化，水体流通性在低到中高水平间变化。如果陆架比较局限，有可能形成宽阔的蒸发盐潟湖，其特点是形成向上变咸的准层序（由泥质支撑的岩石组成，顶部为石膏或硬石膏）。

陆架或台地内部相和潮汐相的地震显示一般都是席状或楔形单元，具平行反射且底部表现为上超。在以碳酸盐为主的相域中反射的连续性差，振幅低；在碎屑或蒸发盐和（或）碳酸盐的混合背景中，则连续性好，振幅高。陆架可以含有局部的碳酸盐岩隆，具有丘状地震形态。这种丘形反射在底部有下超，在顶部为平行或削截。把地震反射加厚成岩隆，可以鉴别比较隐蔽的低幅度丘形。上覆层位表现为披盖或上超。在块状 – 层状岩隆或礁岩隆中，反射的振幅低、连续性差，而在成层性很好的碳酸盐沙滩沉积体内，反射的振幅高、连续性好。

3. 台地或浅滩边缘相

在特有的生物类型和水体条件下，此相带构成了一个岩相复合体，可以包括变浅的骨屑或非骨屑的粒状灰岩、泥粒灰岩以及生物和（或）胶结物黏结灰岩礁。浅滩边缘准层序上覆有广泛可对比的出露面。在许多情况下，由于沉积于活跃的高能波浪—海流状态的碳酸盐砂体存在垂向叠覆，所以单元套准层序可能难于区分。这种浅滩边缘相通常含有小到中等规模的花彩弧状交错层理和海底硬底。生物礁含有块状和斑块状的生物和（或）胶结物黏结灰岩。间隙中充填着灰泥岩或骨屑粒状灰岩与泥粒泥岩。此相带的沉积水深为海平面至50m，在适当部位可以筑成小型潮小岛，其宽度达数千米。

这种台地或浅滩边缘的地震相显示可呈丘形，具有不同程度的坡度转折。台地和（或）浅滩边缘相将向陆架过渡为陆架相，向盆地过渡为前缘斜坡相。

4. 前缘斜坡相

此相带分布在台地和（或）浅滩坡折处向海延伸的斜坡上，此斜坡是坡地或进积滩的向海构筑部分。这里的沉积坡度可达35°或更陡，水深可达数百米或超过1000m。岩相为成层的灰泥岩，含有由碳酸盐岩屑或生物碎屑灰质砂组成的大型滑塌构造和透镜状或楔形层段，均属于从邻近的浅滩或坡地倾泻下来的碎屑沉积。此处可以有与碳酸盐互层的硅屑物质。

在该相带中，准层序发育不明显。它可以表现为碳酸盐岩（海进）—页岩（海退）的层耦或上覆有海底硬底的灰泥—异地砂屑层耦。下坡岩隆也可以出现，其成分在富含颗粒到富含灰泥之间变动。二叠系盆地的斯特朗（Strawn）岩隆是前者的例子，而密歇根州的志留系塔礁和新墨西哥州的密西西比系沃尔索（Waulsortian）丘则是后者的实例。

前缘斜坡相的地震特征是下超反射，其角度有低（<5°）、中（5°~12°）和高（>12°）之分。前缘斜坡反射由指状交错的前缘斜坡碎屑和泥质碳酸盐岩构成。由于这两种岩相的阻抗不同，所以这种反射具有不同的振幅与连续性。

5. 盆地底部相

此相的成分视水体流通程度和水深的不同而有变化。深达100m的盆地环境只要有良好的水流循环，就会含有氧气并具备正常海水盐度，这时常见的特征性成分是虫孔骨屑粒泥灰岩，夹有一些泥粒灰岩。富含硅屑的层与灰岩成互层分布。生物群种属多样，在某些地方可能很丰富，包括腕足类、珊瑚、头足类和棘皮类动物。较深（数百米）或比较局限的盆地区具有缺氧和静水环境特征，其主要的岩相结构类型是暗色薄层状且通常为纹层状的灰泥岩。燧石也很常见。生物群中含有海绵骨针，主要是深海浮游动物，包括丁丁虫（*Calpionellids*）、颗石藻、放射虫和硅藻。如果盆地相当有限，就会出现盐度分层，这时盆地的碳酸盐沉积物可以含有准同生石膏或硬石膏。

碳酸盐盆地环境在海平面高水位期常处于非补偿状态。在斜坡的坡脚处，向盆地倾斜的前缘斜坡层位明显变薄。在海平面低水位期沉积的局限盆地层位以超覆单元出现，可以由硅屑、蒸发盐和碳酸盐沉积物组成。

第二节 碳酸盐岩产率和沉积作用的控制因素

一套碳酸盐岩沉积层序的沉积形态、岩相分布和早期成岩作用，主要受海平面相对变化、沉积背景（盆地结构）和气候条件的控制。

在台地和浅滩边缘，与堆积速度有关，发育有两种具不同微晶灰岩和海底胶结物含量的碳酸盐岩，可以称为追赶型和保持型碳酸盐岩体系。

1. 追赶型碳酸盐体系

这种碳酸盐有较快的沉积速率（图 5 - 4），并能赶上海平面的相对上升。追赶型碳酸盐的特点是，在台地边缘的早期海底胶结物数量较少，且普遍以富颗粒贫灰泥的准层序占优势。在浅滩边缘及台地内适当位置，追赶型碳酸盐体系具有丘形和斜交的形态。

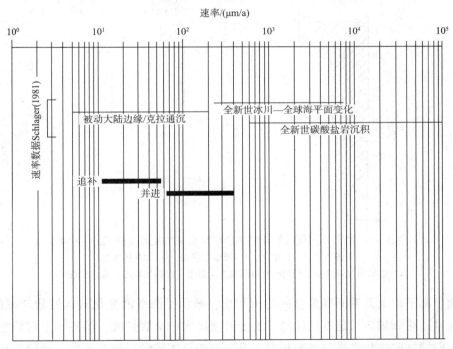

图 5 - 4 追赶型和保持型沉积速率与构造运动和冰川—全球海平面变化速率的对比（据 Sarg，1988）

2. 保持型碳酸盐体系

这种碳酸盐体系沉积速度相对较慢（图 5 - 4）。其根源可能是在高水位体的大部分时间保持着不利于碳酸盐快速产生的水体条件，即缺氧、缺少营养物质、高盐度或低水温。保持型碳酸盐岩在台地边缘具有广泛的早期胶结特征，且可能含大量的富泥准层序。这种广泛的早期胶结，可能是沉积作用期间存在较长时间的孔隙流体运移和胶结物沉淀的结果。在浅滩或台地边缘，保持型碳酸盐体系表现为 S 型沉积剖面。

一、相对海平面变化

相对海平面变化是碳酸盐产率和台地或浅滩发育以及有关岩相分布的首要控制因素。这一变化是构造变化速率（沉降或隆起）与海平面升降速率之和。由此造成的可容空间代表了碳酸盐层序的堆积潜力。

碳酸盐沉积物基本上是在沉积环境内原地产生的。碳酸盐物质主要由生物生成，其中有不少是光合作用的副产品。因此，这一作用过程离不开光线，它将随水深增大而急剧减弱。碳酸盐的大量产生局限于水体上部 $50 \sim 100m$ 的深度范围，这里可供养大量的光合自养生物。很显然，在深度不足 $10m$ 的水中，碳酸盐产率最高，然后在 $10 \sim 20m$ 深度，产率急剧下降（图 5-5）。浅海碳酸盐产率这种狭小的深度分布，就是碳酸盐生产得以赶上海平面变化的一个重要原因。

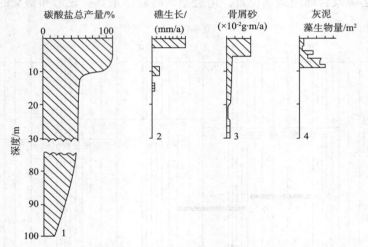

图 5-5　四个不同地区的碳酸盐产率与水深的关系（据 Sarg，1988）
1—佛罗里达-巴哈马；2—维尔京群岛；3—加利福尼亚；
4—巴哈马佩切滩或它们的向海边缘发生了退缩（例如加勒比台地巴哈马滩）

全新世海平面上升期间碳酸盐礁的沉积史，显示了海平面变化对碳酸盐产率的影响。虽然全新世造礁珊瑚生长速度可比海平面上升速度大一个数量级，但实际上它们生长得比较慢。它们的垂向生长是受海平面相对上升限制的总体质量平衡的函数。珊瑚的最大生长速率是 $12000 \sim 15000\mu m/a$，已超过了最快的海平面上升速率，即早全新世的 $8000\mu m/a$。即使如此，仍有大量的礁和台地没有赶上早全新世海平面的上升，因而发生了沉没（例如墨西哥坎礁的生长以及大多数碳酸盐的生产很容易受环境变化的干扰。碳酸盐堆积速率很低的原因有：①在早全新世海进期间，在滩外或台地外有来自台地顶部浅潟湖的微超咸或缺氧水的流动；②随着水深的增大，礁的生长速度下降（图 5-5）；③碳酸盐生产的早期，速度很慢（Schlager，1981）。因此，实际的长期堆积速率可能是以下因素的函数：海平面相对变化期间水体条件的变化（盐度、营养物、温度、含氧量）以及任一层序阶段所产生的可容空间（即海平面变化量加沉降量）的变化速率。

古老碳酸盐台地或浅滩的长期堆积速率要比全新世的速率低得多（图5-4）。例如密歇根州志留系的堆积速率为13μm/a，而得克萨斯州米德兰盆地下克利尔福克（Lower Clear Fork）组下部的碳酸盐堆积速率为365μm/a。在晚全新世海平面上升（500μm/a）期间，鲕粒砂和潮汐沉积物的堆积速率在500~1100μm/a之间，而某些礁则可超过10000μm/a。在巴哈马滩边缘，全新统的最大堆积厚度为12m，据此计算巴哈马滩的堆积速率为1200μm/a。但如果考虑到计算这些数据的时间间隔很短（10000a），而且不包括埋藏压实、准层序间断或长时间的海平面静止期，则全新世的这一速率并不特别高，因此是可以与许多古老层序的较低容存能力进行对比的。

二、沉积背景

对碳酸盐层序总体发育有重要影响的另一项因素是盆地结构。具有正常海水且循环良好的未受局限盆地，将为较广泛的生物群提供有利的生存环境，其生长潜力不同于局限盆地的生物群。高盐度或缺氧盆地具有特殊的或缩小的生物群。海底坡度的突然转折处（例如裂谷盆地边缘或孤立地垒断块边缘），可以成为礁或碳酸盐沙洲发育的有利场所。在沙洲区附近，可以发育横向突然相变得非常明确的线状相带（图5-3）。

后期的台地或浅滩边缘将通过加积和进积而得到发育，其最终形态（如抗浪礁、疏松沙洲）将取 决于有关生物的生长特性和水深。在具有中—低沉降速率的浅—中深（100~600m）的盆地中，进积作用很常见。面向深大洋的边缘则是加积作用占优势的形态（如巴哈马新第三纪晚期和印尼特鲁姆布台地）。与此相反，海底逐渐加深而无突然坡折的背景可以发育比较宽阔且不大明确的地带（即克拉通背景）。

三、气候变化

气候是碳酸盐相发育的第三种重要控制因素。如果气候干燥，就有利于蒸发盐的沉积。蒸发盐沉积可与陆架碳酸盐伴生，它们充填在陆架盆地和潟湖中，并进入潮上坪（即萨布哈沉积）。在盆地受局限期间，蒸发盐可以充填盆地区。气候对早期成岩作用的范围也有重要的控制作用，这种成岩作用通常与碳酸盐层位在海平面下降期和低水位期的出露有关。次生岩溶孔隙的发育程度与分布面积可以有巨大的差异。这种差异与出露时间的长短以及因降雨量大小而引起的潮湿或干旱气候有关。

第三节　不整合类型及相关的地质作用

一、Ⅰ型层序界面

如果海平面下降速率足以使其降落到原有台地和（或）浅滩以下，就会形成Ⅰ型层序界面。在此期间，存在两种重要作用：①斜坡前缘的侵蚀；②区域性大气淡水透镜体的向海迁移（图5-6）。

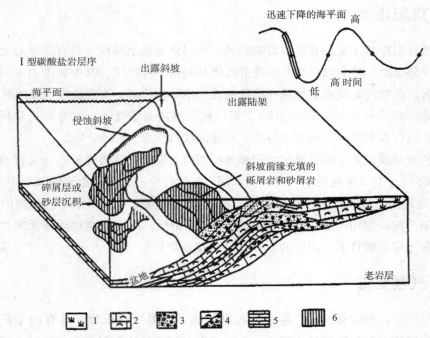

图5-6　Ⅰ型层序边界形成于海平面迅速下降时期（据 Sarg, 1988）
沉积相：1—潮坪、潮上带；2—陆架；3—陆架脊；4—斜坡；
5—盆地细粒碳酸盐岩；沉积体系：6—低水位斜坡碎屑

1. 斜坡前缘侵蚀

在Ⅰ型层序界面形成期间，可以出现明显的斜坡前缘侵蚀，从而引起台地和（或）浅滩边缘和斜坡上部物质的较大流失。其结果是造成碳酸盐巨角砾岩的下切沉积以及碳酸盐沙的推移流或密度流沉积。这种侵蚀作用的范围可以是局部的，也可以是区域性的。

在位于特拉盆地边缘的瓜达卢普山的西部陡崖上，出露着三个中—上二叠统的Ⅰ型层序界面，都显示了明显的斜坡前缘侵蚀。其中位于库托夫（Cutoff）层序底部的层序界面已侵蚀到下伏的维多利亚皮克（Victoria Peak）组，所流失的浅滩前缘物质厚达250m，而位于库托夫层序顶部的层序界面，也表现出明显的斜坡前缘侵蚀，并具有好几个发育良好的侵蚀槽。

2. 淡水透镜体的向海迁移

据解释，出现于Ⅰ型层序界面形成期的第二种重要作用是淡水透镜体的盆地向或海向的区域性迁移（图5-6）。对高水位期碳酸盐相域的大部分有影响的区域成岩事件，均与这种淡水透镜体伴生。此透镜体在碳酸盐剖面中的展布规模，与海平面的下降幅度、速率以及海平面处于台地和（或）浅滩边缘之下的时间长短有关。这将影响每套碳酸盐层序中淡水和混合成岩作用的强度。

在大规模Ⅰ型层序界面形成期间，即海平面下降75～100m或更多，且持续时间长，就可以在陆架上长期建立淡水透镜体，其影响可充分地深入地下，也许能进入下伏层序。如果雨量充沛，就会在陆架剖面的浅部出现明显的次生溶蚀和溶蚀压实。在潜水带的较深部位，将沉淀大量的淡水胶结物。不稳定的文石和高镁方解石颗粒会发生溶解，并作为低镁方解石胶结物重新沉淀下来。Vail的全球性海平面升降旋回图指出，重大的Ⅰ型海平面下降很少见。一般说来，海平面下降幅度要小得多。在小规模Ⅰ型层序界面形成期间（海平面下降不足75～100m且持续时间短），淡水透镜体的建立就不会那么完善，而且只停留在陆架的浅部，其结果是溶蚀作用和潜水带胶结物沉淀作用不够广泛。

在高水位期的晚期，混合水白云石化和超盐度白云石化都可以成为重要的作用，并可能持续到大、小规模Ⅰ型层序界面的形成。在小规模Ⅰ型层序界面的形成阶段，这种白云石化仅影响一套碳酸盐层序的浅部。

下面是一些与Ⅰ型层序界面有关的碳酸盐岩发生广泛次生溶蚀的例子。

（1）加勒比海的更新统灰岩（Land，1973）。

（2）西班牙的上中新统礁（Armstrong等，1980）；可能还有印尼婆罗洲海域的特鲁姆布台地（Rudolph和Lehmann，1987），那里的高水位期上覆有5.5Ma、6.3Ma和10.5Ma的层序界面。

（3）墨西哥的中白垩统黄金巷台地，受到了94Ma不整合的影响，在某些地方孔隙度超过30%，主要是溶蚀扩大的粒间孔、粒内孔、铸模孔和晶洞孔（Wilson，1975）。

（4）中东地区的白垩系（阿普第阶）的舒艾拜（Shuaiba）陆架和礁滩边缘相，上覆有109Ma的层序界面（Litsey等，1983；Frost等，1983）。

（5）美国的上密西西比统灰岩（如新墨西哥州），在陆架上有溶蚀作用，在外陆架和陆坡部位有潜水带胶结作用，均与前宾夕法尼亚系（契斯特阶）的层序界面有关。

（6）加拿大艾伯塔盆地北部中泥盆统的萨尔弗波恩特（Sulphur Point）—凯格里弗（Keg River）碳酸盐岩，受到了中泥盆世重要不整合的影响。

（7）西得克萨斯二叠系盆地的中奥陶统埃伦伯格群白云岩，具有重要的溶蚀孔隙。

与以上实例不同，多数Ⅰ型层序界面规模较小，仅发育局部溶蚀作用和潜水带胶结作用。

阿拉伯A-C旋回的上侏罗统（提特阶）碳酸盐台地，受到了134Ma、135Ma、136Ma的小规模Ⅰ型层序界面的影响，因而具有少量的溶蚀孔隙和潜水带亮晶胶结。美国大陆中部地区宾夕法尼亚系旋回沉积的高水位期陆架灰岩，显示了与小规模Ⅰ型层序界面形成期的地表出露有关的不稳定颗粒溶蚀、溶蚀压实以及局部的潜水带胶结作用。

二、Ⅱ型层序界面

与Ⅱ型层序界面有关的沉积作用和沉积过程和Ⅰ型层序界面有某些不同。在Ⅱ型层序界面形成期间，海平面下降至浅滩边缘或稍低，而内台地地区出露（图5-7）。外台地和台地边缘可以有短暂的地表出露。一般说来，主要的淡水作用将分布在内台地。那里的淡水成岩作用类似于小规模Ⅰ型海平面下降期所发生的作用。这些作用包括不稳定颗粒的溶蚀（尤其是不稳定的文石和高镁方解石）、少量的渗流带和潜水带胶结物的沉淀以及混合水带的白云石化。超盐度水的白云石化可在Ⅱ型层序界面形成期间发生。与Ⅰ型层序界面不同，这时的海平面是相当短的时间内开始上升的，并向后淹没了外台地区。台地和（或）浅海边缘楔形体的沉积将在下伏台地边缘或其以下位置开始（图5-7），并作向陆的上超。这里没有Ⅰ型层序界面那样的侵蚀作用，看来斜坡前缘侵蚀不是与Ⅱ型层序界面所伴生的重要作用。

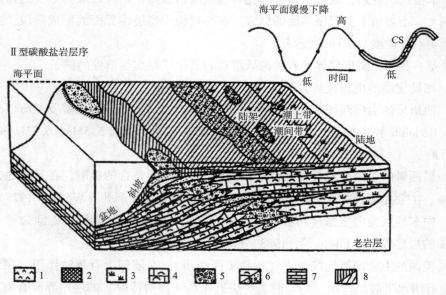

图5-7　Ⅱ型层序边界形成于海平面的缓慢下降（据Sarg，1988）

沉积相：1—硬石膏；2—沉积间断；3—潮间—潮上带；4—陆架；5—陆架脊；

6—斜坡；7—盆地细粒碳酸盐岩；沉积体系：8—陆架边缘楔和海进沉积

美国阿肯色州和路易斯安那州北部的斯马科弗组灰岩（侏罗系牛津阶），是一个研究很充分的以Ⅱ型层序界面告终的碳酸盐台地。它由两个向上变浅的高水位期体系域组成，在每个高水位期的晚期，都表现为追赶型沉积，油气储层为厚层鲕粒灰岩。海水胶结作用不常见，但在薄层中有分布，所充填的主要是粒间孔隙。上部的那个高水位期体系域在阿肯色州中部上覆有巴克纳（Buckner）组硬石膏和红层，而在阿肯色州南端和路易斯安那州北部仅有红层。据解释，阿肯色州南部与路易斯安那州北部的巴克纳组，代表了在144Ma的Ⅱ型层序界面形成期出现的碎屑和（或）蒸发岩相的突然向下迁移（从内台地向近滨）。阿肯色州中部的内陆架区以鲕粒的溶蚀为主，粒间孔已完全为纯而极细的等轴亮晶方解石所充填。储层级别的孔隙度和渗透率分布在鲕粒状灰岩已发生白云石化的位置（米德韦油气田）。这种成岩作用发生在埋藏和压实之前，可以解释为地表出露效应和淡水成岩作用。溶蚀强度向盆地方向减弱。在阿肯色州南部，孔隙度因以下因素而减小：①少量的纤维状海水胶结物；②溶蚀压实作用；③粗粒嵌晶方解石的沉淀。海水胶结物并不常见，但可出现于薄层中，胶结物所充填的可能主要是粒间孔隙。

第四节　体系域特征

一、低水位和海进体系域的特征

　　碳酸盐低水位期体系域和海进期体系域是碳酸盐层序地层学的重要组成部分。低水位期体系域可分为三类：Ⅰ型低水位期沉积（图5-6、图5-8）、Ⅱ型陆架或台地（浅滩）边缘碳酸盐楔形体（图5-7）以及局限盆地的上超蒸发盐楔形体（图5-9）。

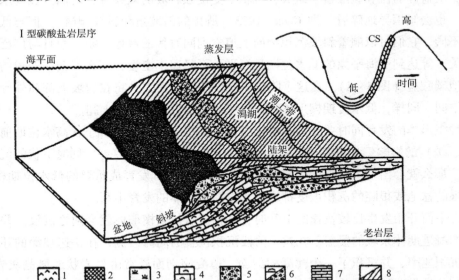

图5-8　Ⅰ型层序低水位和海进体系域的示意图（据Sarg，1988）

沉积相：1—硬石膏；2—沉积间断；3—潮间—潮上带；4—陆架；5—陆架脊；

6—斜坡；7—盆地内细粒碳酸盐岩；沉积体系：8—低水位楔和海进沉积

层序地层沉积模型，说明浅水碳酸盐岩和蒸发盐岩相

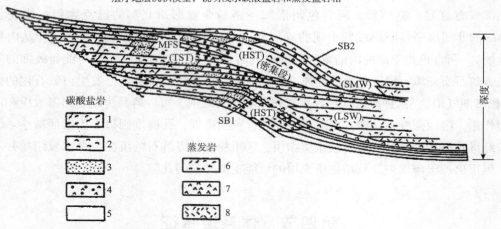

图 5 – 9　层序格架中蒸发岩 – 碳酸盐岩相分布综合图解（据 Sarg，1988）

碳酸盐岩：1—萨布哈；2—陆架；3—陆架边缘颗粒灰岩或礁；4—斜坡；5—盆地/斜坡顶；蒸发岩：
6—萨布哈；7—水下硬石膏；8—盐岩；MFS—最大海侵面；TST—海侵体系域；HST—高位体系域；
LSW—低位楔状体；SB1，SB2—层序边界；SMW—陆棚边缘楔状体系域

1. Ⅰ型低水位及海进期沉积

　　Ⅰ型层序的低水位期沉积可以分为"异地碎屑"（来自斜坡前缘的侵蚀，图 5 – 6）和"原地碳酸盐楔形体"（低水位期沉积于斜坡上部，图 5 – 8）。这种异地沉积物所形成的楔形体由碳酸盐碎屑流和碳酸盐沙组成，沉积于受侵蚀斜坡的坡脚及其对面。在高水位期进积期间，也会倾泻异地碎屑［即 Cook（1983）所指的斜坡裙和斜坡脚裙］，但与低水位期的碎屑不同，它们可以顺着斜坡沉积物向上追索到同时代的台地沉积，而且与广泛的斜坡侵蚀无关。等达到了海平面的低水位期且海平面下降速率变慢，那么就会在变浅的斜坡区发育原地碳酸盐（图 5 – 8），在这个阶段，缓慢的海平面上升将在斜坡上部和外台地区产生可容空间。同样，低水位期楔形体将回过头来向斜坡和外台地上超。

　　这种楔形体的发育同时要受盆地水体条件（盐度、流通性）和下伏高水位期前缘斜坡度（陡、缓）的影响。如果盆地保留着正常海水盐度且流通性良好，同时下伏的沉积坡又很平缓，那么就会出现大范围的大量浅水碳酸盐沉积，可发育成重要的低水位期楔形体。比较局限的盆地或很陡的沉积坡度都对低水位期楔形体的发育不利。

　　当海平面开始发生比较快速的上升时，这种低水位期楔形体就会随之沉没，并受到向陆退缩的海进期体系域的覆盖。在这个阶段沉积位置的向海一侧，在快速加深的环境中出现了低沉积速率，并沉积了一个薄凝缩剖面。薄凝缩剖面通常由页岩状的微晶灰岩组成，含有很薄的带虫孔的泥状灰岩—粒泥灰岩及大量的海底石化硬底。这里的海进期体系域视水体条件和海平面上升速率不同，可以表现为保持型或追赶型的沉积。据解释，当陆架上出现含氧充分的正常海水，且海平面的上升速率慢到使碳酸盐的生产足以赶上可容空间扩大时，就会形成追赶型沉积。保持型沉积的情形与此不同，它在水体条件不大适合碳酸盐产率要求时才可能出现。

1）异地低水位期楔形体

得克萨斯州瓜达卢普山的二叠系（上伦纳德统和瓜达卢普阶）碎屑沉积、来自"原始泛大洋"的晚前寒武纪－早奥陶世碎屑和浊流（Cook 等，1983）以及意大利三叠系（下卡尼阶）中的广泛碎屑席，都是这种楔形体的实例。

上述二叠系的实例包括：①在伦纳德阶维多利亚皮克层序界面上充填了水道的碎屑流；②碎屑流沉积物的局限楔形体，沉积于与瓜达卢普阶侵蚀陡岩相对的位置，此陡崖切割了格雷伯格滩边缘。至于早古生代"原始泛大洋"的洋盆边缘，表现为碳酸盐台地边缘的广泛破坏。大规模的斜坡破坏导致了海底滑移、碎屑流以及浊流。斜坡的毁坏是与斜坡和盆地区的硅屑沉积及台地的岩溶化同时出现的。意大利三叠系的例子，则是在拉丁尼阶高水位期碳酸盐台地斜坡坡脚上出现的广泛碎屑席，其时代为卡尼期初，据解释也就是拉丁尼阶末的Ⅰ型海平面下降阶段。

2）原地低水位期楔形体

在海平面的低水位期，根据结构不同，盆地可具有局限海或开阔海的条件。据预测，封闭的碳酸盐盆地的原地低水位期沉积由保持型碳酸盐组成，主要是富含微晶灰岩的斜坡前缘充填层。如果气候干旱，盆地区将沉积蒸发盐。在低水位期保持着开阔海条件的盆地，预计将发育追赶型的碳酸盐楔形体。

巴哈马滩和圣克鲁瓦（St. Croix）滩的边缘都存在原地低水位期楔形体的例子，它们是在全新世海平面上升的早期沉积的。在这些滩缘堆积了一系列全新世礁，目前已沉积20m深的水中。它们已上超到斜坡上部的滩缘，而在圣克鲁瓦滩的实例中，则上超到海底峡谷的上部，而且目前均为全新世进积滩缘的碳酸盐覆盖。

古老原地碳酸盐低水位期沉积的实例有：阿尔卑斯南部白云岩区的三叠系，印尼海中新统纳土纳（Natuna）油气区以及二叠系盆地格雷伯格组的下部。

在意大利北部的白云岩中，Bosellini（1984）的研究发现三叠系有两个低水位期楔体，一个在卡尼阶底部，与231Ma的层序界面伴生；另一个位于卡尼阶上部，伴生了225.5Ma的层序界面（图5－10）。在卡尼阶的底部层序，小型礁和台地沉积散布于晚拉丁尼期的盆地中，并为伴生的无化石薄层页岩及浊积砂岩所超覆。一个较晚的卡尼阶高水位期体系域进积于这一低水位期楔形体之上。第二个低水位期楔形体分布于晚卡尼期的层序界面上。在此楔形体沉积期间，卡尼阶台地发生了地表出露。海平面的下降使含有叠层石、渗流豆石及圆锥形构造的潮缘白云岩沉积于斜坡上部（图5－7）。这一卡尼阶的潮坪层位超覆在卡尼阶的高水位期斜坡上（图5－10）。

2. 台地和浅滩边缘的Ⅱ型楔形体沉积

Ⅱ型层序台地（或浅滩）边缘楔形体的实例是美国阿肯色州和路易斯安那州南部的巴克纳（Buckner）组楔形体。这是一个很薄的超覆性台地边缘楔形体，沉积于斯马科弗组高水位期台地边缘的盆地一侧。在相当于麦卡梅帕顿（Mckamie Patton）油田位置画一条线，以北的此楔形体由硬石膏和红色页岩组成，以南为含少量硬石膏的红色页岩。巴克纳

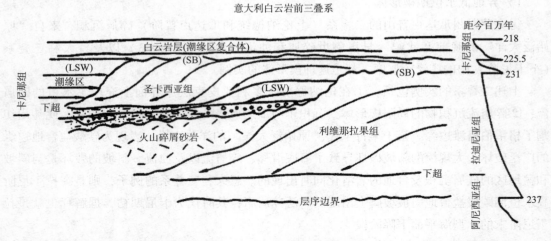

图 5-10　意大利北部白云岩山区三叠系碳酸盐岩层序综合图解（据 Sarg，1988）

SB—层序边界；DLS—下超面；LSW—低水位楔

组的硬石膏和（或）页岩一般解释为潮坪（萨布哈）成因。在阿肯色州南端和路易斯安那州东北部，它相变为斯马科弗型浅水灰岩（斯马科弗 A 层）。在路易斯安那州的北部，巴克纳组的台地边缘楔形体由浅水鲕状灰岩和藻黏结灰岩相所组成。

3. 局限盆地的上超蒸发岩楔形体

第三类低水位期体系域就是局限盆地的上超蒸发盐楔形体，所伴生的既可以是 I 层序界面，也可以是 II 型层序界面（图 5-9）。蒸发盐可以出现在各类体系域中：①成为退覆性低水位期或陆架边缘楔形体；②成为海进体系域的超覆和退缩性单元；③成为高水位期体系域台地内部背景中的潟湖和（或）萨布哈相。据预测，海进期蒸发盐出现在海平面缓慢上升阶段，此时台地或浅滩顶部水体保持着超盐度。随着海平面上升速率的增大，盆地性质变得接近于正常海，因而蒸发盐沉积被碳酸盐沉积所取代。有两个例子可以说明这些过程，它们是密执安州的志留系盆地和加拿大西部的中泥盆统盆地。

密歇根盆地的志留系礁，是在中志留世两个海平面升降旋回（温洛克期和罗德洛期）期间在一个向盆地倾斜的碳酸盐岩坡地上沉积的（图 5-7）。高水位期沉积的特征是在一个（盐度）分层的盆地中有礁发育，在横向上与盆地内沉积的较薄的纹层状硬石膏泥状灰岩毗邻（图 5-7）。低水位期沉积是在 II 型海平面下降期间出现的。这时盆地受到了局限，礁的生长已经终止，因而 A-1 和 A-2 层蒸发盐岩作为超覆和披盖盆地的楔形体沉积了下来。

二、高水位体系域特征

在海平面相对高水位期出现的碳酸盐沉积体系域，其下界是海进体系域的顶面（在许多场合都是一个下超面），而上界则是一个层序界面（图 5-1）。高水位期体系域的一般特征是相对较厚的加积—进积形态。它们形成了广布的台地、坡地和进积滩，而且在孤立台地中具有滨外的对应层位。据解释，它们是在海面上升的晚期，海面静止期和海面下降的早期沉积的。

碳酸盐高水位期体系域的早期和晚期部分，普遍反映了在高水位期的早、晚期可容空间和水体条件的不同变化速率。在高水位期的早期，容存空间的增加相对较大，但水体条件并不一定有利于碳酸盐的高产率，其结果是在陆架区出现相对缓慢的沉积和加积堆积，并在地震剖面上表现为S形反射形式。以后随着全球性海平面开始下降，陆架上可容空间的增加速率也就降低（图5-1、图5-11）。陆架水体的流通性和稳定性均变好，因而产生了较高的碳酸盐产率。

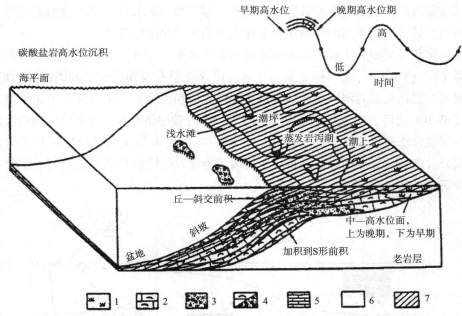

图5-11 与高水位早、晚期伴生的沉积几何形态立体图解（据Sarg，1988）
沉积相：1—潮间-潮上带；2—陆架；3—陆架脊；4—斜坡相；5—盆地细粒相；沉积体系：
6—早期高水位沉积体系；7—晚期高水位沉积体系

台地和（或）浅滩边缘的丘形加积—斜交进积是晚期高水位期体系域的特征。在二叠系盆地的伦纳德层位（中二叠统）中，这一特征表现得很清楚。在一个基本上由碳酸盐组成的早期高水位期S形结构之后，可以出现由碳酸盐岩和砂岩混合组成的斜交进积结构。

第五节 层序地层发育模式

现今大多数碳酸盐岩层序地层学的工作都是应用或改用Exxon公司提出的硅质碎屑层序地层模式来解释碳酸盐岩沉积层序的演化。Exxon模式均假定所有盆地沉积物都是通过河流和三角洲等水系将盆外沉积物输入到盆地内的。然而，碳酸盐岩沉积和碎屑岩沉积有着很大的区别，碳酸盐岩沉积物并不是盆外成因的，而是由盆内有机质和无机沉积过程形成的，因此碳酸盐岩沉积层序就不能简单套用 Exxon 碎屑岩层序模式，要求人们建立不同的碳酸盐岩层序和体系域模式来说明不同碳酸盐岩沉积背景下的层序地层样式和海平面相对变化对层序叠置样式的控制作用。因而，本文就碳酸盐岩缓坡、碳酸盐岩斜坡和孤立碳酸盐岩台地的层序地层样式进行讨论。

一、碳酸盐岩缓坡层序地层样式

碳酸盐岩缓坡（Ramp）是指介于滨线和大陆斜坡之间的平缓斜坡，其没有明显的斜坡坡折或陆棚边缘，缓坡的平均坡度小于 0.1°。缓坡的沉积相带与碳酸盐岩斜坡等有较大差异，因而它具有特征的与海平面相对变化的关系和层序地层样式。

缓坡的沉积环境划分主要依据正常浪基面和风暴面（图 5 – 12）。正常浪基面（MLS）与平均海平面（FWWB）之间称之为内缓坡，以含叠层石藻和蒸发岩的潮缘和萨巴哈相、受生物扰动的层状灰泥岩潟湖相和具交错层理的滨面相为特征。中缓坡介于正常浪基面与风暴面（SWB）之间，海底受风暴浪影响较大，发育粒序层理和丘状交错层理的粗碎屑风暴岩。外缓坡介于风暴浪基面与密度跃层（PC）之间，可出现与风暴作用有关的沉积作用，形成分散的、具粒序的远源风暴岩。缓坡盆地常以纹层状粉屑碳酸盐岩、生物扰动灰质泥岩等沉积为特征（图 5 – 12）。

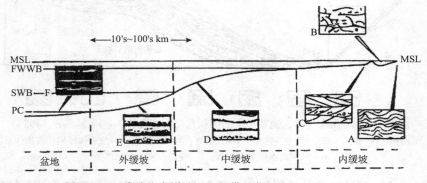

图 5 – 12　碳酸盐岩缓坡沉积相带（据 Burchette，1992）

碳酸盐岩缓坡层序地层样式反映了沉积体系对可容空间变化幅度的响应。缓坡层序的基本单元是由一系列相似的、向上变浅的沉积序列构成的。三级缓坡层序的厚度较小，很少超过 200m，反映了碳酸盐岩缓坡发育时，相邻盆地存在有限的可容空间（图 5 – 13）。

1. 低位体系域

低位体系域的沉积特征主要取决于相对海平面下降的幅度，下降速率、持续时间、可容空间的大小等。若海平面相对下降幅度偏小（4 ~ 5 级），碎屑沉积物供给速率较低，则缓坡上部的相带可能会以退覆形式向盆内迁移，内缓坡暴露，中、外缓坡处于浅水环境。此时，难以将这种低位体系域与下伏的高位滨面或浅滩沉积区分开来。若相对海平面下降幅度较大（3 级）并低于正常浪基面或缓坡边缘时，中缓坡和外缓坡沉积环境突然变浅以至出露地表，内缓坡完全暴露和并发生喀斯特化，河流硅质碎屑沉积物可覆盖或下切下伏的早期高位缓坡沉积物，也可能阻碍中、外缓坡碳酸盐岩的沉积。由于缓坡坡度很缓，所以不发育低位斜坡扇或斜坡裙沉积物。当气候潮湿时，暴露地表的内缓坡沉积可发育成为古土壤和喀斯特；但若气候干燥，在暴露的缓坡地区可形成钙结核或广泛的萨巴哈沉积以至于风成沉积。

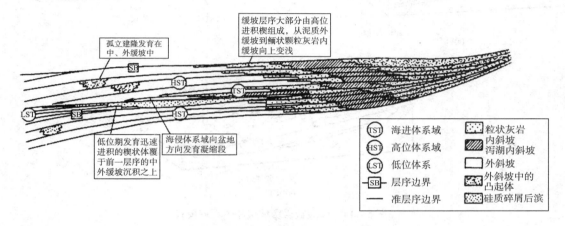

图 5 – 13　碳酸盐岩缓坡层序地层样式（据 Burchette，1992）

2. 海侵体系域

当海平面相对上升发育海侵体系域时，海侵体系域沉积物不断向陆迁移，同时海岸上超沉积物也向陆迁移，深水沉积物叠置在浅水沉积物之上。此时，较深水的缓坡区处于沉积物供给的饥饿状态，水体加深，易形成大量的有机质的堆积，构成潜在的烃源岩层。在高能缓坡，长周期的海平面相对上升可产生一系列叠置的、厚几十米的阶梯状退积和上超的准层序，它们由海滩、障壁岛或障壁砂坝颗粒灰岩和共生的滨面及过渡带组成。在低能缓坡，海侵体系域大多由泥粒灰岩和粒泥灰岩组成，仅在局部浅滩环境含有高能的颗粒灰岩。当相对海平面上升到最大时，就发育了以黑色页岩、磷质泥岩、海绿石或鲕绿泥石质铁质岩、或由特殊生物组成的灰岩等为特征的凝缩层（图 5 – 13、图 5 – 14）。

3. 高位体系域

随着相对海平面上升速率的降低，碳酸盐岩缓坡体系域将趋于向盆内进积。在高位体系域发育的早期，可容空间向陆仍有增加，从而发育了潮上、潮间和潟湖沉积物并作为顶积层存在。在高位体系域发育的晚期，可容空间不断减少，此时几乎不发育顶积层沉积物，而产生较明显的一系列单向前积层。高位体系域沉积物比海侵体系域更富含碳酸盐岩颗粒，鲕粒灰岩等浅滩沉积趋于构成海滩或障壁岛体系的主体部分，局限潟湖比其他时期更发育，构成了内缓坡的大部分（图 5 – 13、图 5 – 14）。高位体系域的垂向剖面可能表现为一系列叠置的、向上变粗、变浅和变厚的沉积序列。

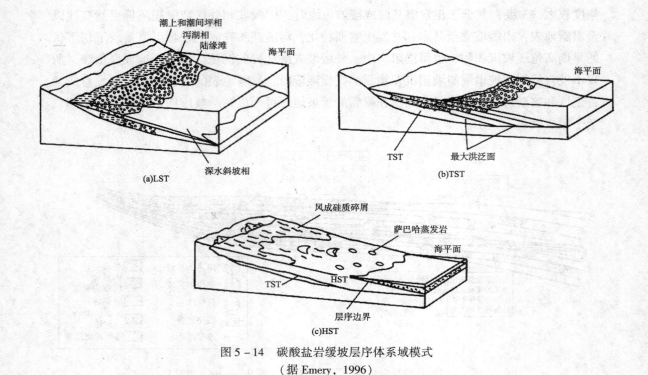

图 5 - 14 碳酸盐岩缓坡层序体系域模式
（据 Emery，1996）

二、碳酸盐岩斜坡层序地层样式

由于海平面的变化引起碳酸盐岩斜坡带物理化学条件、深水生物群落、以及各种沉积作用的变化，使得碳酸盐岩斜坡的层序地层分析明显比碎屑岩复杂得多。尽管如此，斜坡带的沉积作用和层序发育也明显地受控于相对海平面的变化，形成特征的层序地层模式（图5 - 15）。

1. 低位体系域

当海平面下降低于台地边缘时，台地边缘暴露地表，物理化学作用的影响加强，从而导致沉积物重力流发育及滑动和崩塌作用发生，形成了低位体系域或陆架边缘体系域的碳酸盐岩斜坡裙和海底扇。低位进积复合体是该时期的另一主要沉积类型，向陆方向上超，在以前高位体系域的台地边缘退覆坡折附近，向海则进积到盆地中。浅水地区以块状颗粒灰岩为主，随着水深增加逐渐变为粒泥灰岩，最终成为泥岩或泥灰岩。低位期的浮游生物往往形成厚的旋回性沉积，并在海侵体系域期间变成薄的凝缩层。低位期碳酸盐岩斜坡裙主要分布于台缘斜坡上部至侵蚀峡谷中，形成镶边台地斜坡裙和斜坡基底裙。

2. 海侵体系域和高位体系域

随着海平面上升速率大于沉积物产率时，低位边缘和台地沉积物退覆在早期暴露的碳酸盐岩台地上形成海侵体系域（图5 - 15）。这种短暂的海平面整体上升和向陆上超表现为追补型碳酸盐岩台地沉积。若海侵时间延续较长，则发育厚层加积层序，可形成陡的台缘斜坡，从而导致海侵期由大量泥质内碎屑组成的斜坡裙发育。当相对上升速率接近碳酸盐岩产率时，形成最大海泛面发育的凝缩层（图5-15）。

当海平面相对上升速率降低并低于碳酸盐岩产率时，发育进积到下伏海侵体系域之上的S形或斜交形高位体系域斜坡沉积，其以富含颗粒、贫泥的岩相为特征。高位沉积期的斜坡加积和进积作用使斜坡坡度变陡，促进了重力流沉积物的发育。

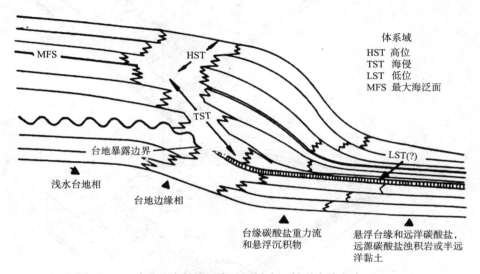

图5-15 碳酸盐岩斜坡层序地层样式（转引自钱奕中，1994）

三、孤立碳酸盐岩台地层序地层样式

孤立碳酸盐岩台地是远离区域性盆地边缘的浅海沉积地区，其剖面形态可以是对称的，也可是不对称的；可是镶边的，也可是不镶边的。在孤立碳酸盐岩台地沉积区，由于无陆源碎屑供给，所以它的层序地层样式主要受控于海平面相对升降速率、碳酸盐岩和生物生长速率、气候的变化以及生态序列、孤立台地的基底地形。

1. 低位体系域

当相对海平面快速下降并低于孤立碳酸盐岩台地边缘时，孤立碳酸盐岩台地出露地表，遭受风化剥蚀，碳酸盐岩的生长基本停止。若气候比较潮湿，则在孤立碳酸盐岩台地顶部发生大面积的喀斯特化作用，形成层序边界。在海平面下降期间，孤立台地的礁丘滩相的发育向盆地中央方向发生迁移。台地边缘礁丘滩相的发育程度主要取决于台地边缘的地形坡度。若孤立台地边缘地形坡度较平缓，则礁丘滩相就比较发育；反之，礁丘滩相分布范围就窄，发育较差。特别是在较陡的孤立碳酸盐岩台地边缘，由于快速的海平面下降，台地边缘沉积物处于不稳定状态，并呈碎屑流形式向盆地方向运动，形成台地边缘低位盆底扇和低位楔状体（图5-16）。因此，孤立台地低位体系域是以广泛出露地表的喀斯特地貌、台地边缘低位前积礁丘滩和低位楔、盆底扇为特征。

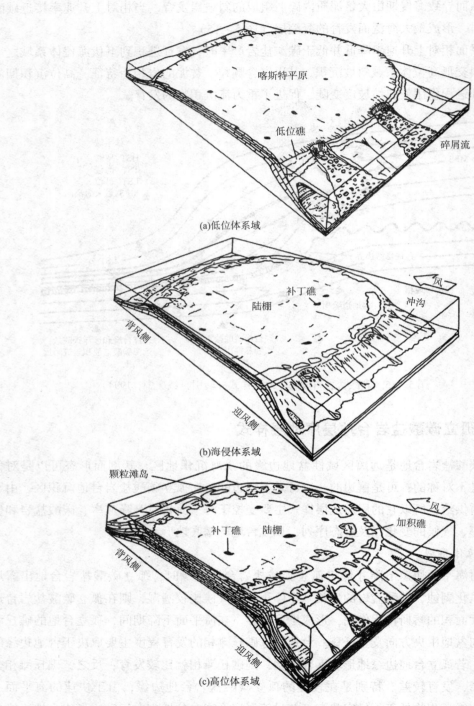

图 5 – 16　孤立碳酸盐岩台地层序地层样式（据 Handford，1993）

2. 海侵体系域

海侵体系域是在海平面迅速上升、孤立碳酸盐台地被海水淹没时形成的（图5-16）。在大多数情况下，海侵体系域的发育经历了三个阶段，即起始阶段，此时碳酸盐岩可容空间的增长滞后于海平面的上升；追补型阶段，此时可容空间的增长速率大于海平面的上升速率；并进型阶段，可容空间增长速率基本与海平面上升速率相当，孤立台地处于或接近海平面。在起始阶段，碳酸盐岩产率低于初始海侵速率，沉积作用难以追踪海平面的上升，仅形成初始滞留沉积。在追补阶段，一旦水深足以保证水体循环，沉积作用发生并追踪海平面的上升形成细粒加积型沉积序列。在并进阶段，沉积作用速率较快，在台地边缘发育加积型礁丘滩，这些礁体一般分布范围较窄，礁体近于直立，造礁生物群落属于中等水深型。在台地内部分布少量的补丁礁。在最大海侵期，礁丘滩可以停止生长，发育分布较广、厚度较薄、沉积速率较慢的、含有丰富浮游和游泳生物的凝缩层。

3. 高位体系域

高位体系域是在海平面上升末期、静止期和开始下降期形成的。此时，浅海碳酸盐岩沉积速率一般大于盆地沉降和海平面上升速率，从而发生了台地碳酸盐岩的加积和进积作用，造成台地的水体不断变浅。碳酸盐台地的进积速率主要依赖于水体能量、水深、沉积过程及其堆积速率。例如大巴哈巴滩西部边缘在5.6Ma期间向深水区进积了400m，平均0.0013m/a。在更新世海侵以来，巴哈马台地顶部西南侧的安德鲁斯岛潮坪沉积速率为5~20m/a。孤立台地边缘沉积物的沉积速率往往大于周缘环境的沉积速率，可容空间迅速地被早期加积和后期进积作用沉积物所充填，则可造成沉积物向盆地中央方向的进积、进一步滑塌形成重力流成因的扇体。在孤立台地的周缘、迎风侧多发育加积型到进积型的礁，而在背风侧多发育粒屑滩，台地内部多为潟湖沉积，有时发育少量的补丁礁（图5-16）。

第六章　地层层序的形成机制分析

根据层序地层学原理，沉积物供应速率与可容空间变化速率的比值决定层序格架的结构和层序边界的形成（图6-1）。沉积基准面的升降速度，决定着可容空间的变化速率。

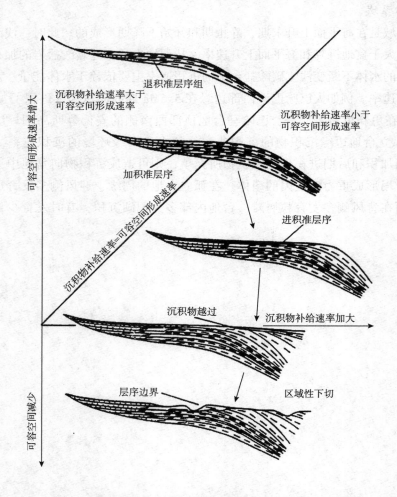

图6-1　可容空间与沉积物补给关系图（据Shanley，1994）
展示了可容空间、沉积物供给和最终地层叠置模式的相互作用

第一节 沉积基准面和可容空间

地层的展布样式和沉积相的分布取决于可供沉积物沉积的空间的多少和新增可容空间的变化速率。

一、可容空间

可容空间（Accommodation）是指沉积物表面与沉积基准面之间可供沉积物充填的所有空间，包括老空间（早期未被充填遗留下的空间）和新增加的空间。

二、新增可容空间

新增可容空间（New space added）是指在沉积物沉积的同时形成的可供沉积物充填的空间。

三、沉积基准面

基准面（Base level）是一个抽象的动态平衡面，在此面以上沉积物不稳定，不发生沉积作用，已沉积的物质将被剥蚀而难以保存下来，在此面以下沉积物会发生沉积作用（Jervey，1988），在该面附近沉积物既不发生沉积，也不发生侵蚀。

海洋环境的沉积基准面就是海平面，陆相河湖体系中的沉积基准面是河流平衡剖面。湖泊沉积环境的基准面就是湖平面，而陆相河流环境的基准面也是河流平衡剖面。河流平衡剖面在理论上是一条向上凸的抛物线，在河口处平坦，向物源方向变陡。

由于基准面是一种动态平衡面，所以它的位置随外界条件的变化而改变。

第二节 海平面变化与层序的形成

Vail 强调了海平面升降是层序形成的主要控制因素，认为"大多数地质学家普遍见到的旋回性沉积作用基本上或完全受全球性海平面升降变化的控制"，这一点是层序地层学研究的主要对象——层序可以进行全球性对比的基础。但遗憾的是，对于许多人来讲，层序地层学成了与海平面旋回（EXXON 全球海平面变化曲线）的同义词。在海相环境中，沉积基准面即为海平面，海相层序的发育归因于海洋环境中的沉积基准面变化，即海平面的升降运动是海相层序形成的主要控制因素。

一、海平面变化

(一) 海平面的定义

在滨浅海环境中，沉积物可容空间是相对海平面变化决定的，而相对海平面又决定于构造沉降和全球性海平面变化。

1. 全球性海平面

全球性海平面，又称绝对海平面（Global-sea-level），是指海面相对于一个固定基准面，例如地心的位置。其升降是其他因素引起的海水体积和洋盆形态的变化而导致的。

2. 相对海平面

相对海平面体现了局部下降和上升，指的是相对处在或者靠近海底的一个基准面的位置（例如基岩）的海面位置（图 6–2）。

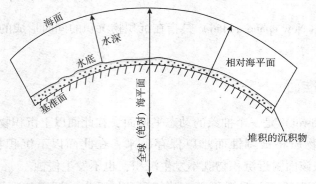

图 6–2 作为海面、水底和基准面位置函数的全球性绝对海平面、
相对海平面和水深示意图（据 Posamentier，1988）

因此，沿一剖面观察到的相对海平面变化随局部地区的沉降或上升而变化。海平面的相对上升或下降决定了是否有可供沉积物充填的新空间的形成。相对海平面上升则增加可容空间，而相对海平面下降则减少可容空间。因此，即使全球性海平面停滞或全球性海平面缓慢下降时期，由于局部沉降作用，相对海平面也可能继续上升并增加新的空间。

相对海平面、全球性绝对海平面与基准面以上的沉积物的堆积无关，不应与水深混淆起来。水深是指沉积物表面到海水面的距离。

(二) 海平面变化的控制因素

全球性海平面变化的控制因素，不同的学者有不同的解释。著名海洋地质学家 R. W. Fairbridge（1961）认为，冰川的消长、洋盆形态的变化以及极地迁移是全球海平面升降和气候变化的起因。T. M. Guidish 等（1984）认为，海平面的变化起因于：①冰川和消冰作用；②海底扩张速度的变化；③海水被从大陆剥揭下来的沉积物所排替；④大型盆地的干涸或水淹；⑤局部或区域性板块运动。

但目前比较公认的观点认为：海平面的变化是海水体积、海盆体积和海面起伏变化所导致的综合结果。下面分别讨论这三种原因导致海平面变化的过程。

1. 海水体积的变化

地球表面水量总计 1.72×10^{24} g，其中大洋水量平均占 80%，沉积物孔隙水平均占 19.2%，河湖水平均占 0.1%，冰雪水平均占 0.1%。地表水量分配的改变必然会引起全球或局部性地区海水体积的变化。

1）大陆冰川的消长

米兰克维奇地球轨道旋回，造成地球表面接受的太阳辐射量的变化而产生极地冰川消融，最后造成 2×10^4a、10×10^4a 和 40×10^4a 等级别，数米至数十米的海平面升降。根据地球黏弹性模式计算，大陆冰川的消融与全球海平面变化之间有一定的时间和空间差异，时间滞后约 8000a。

根据科学家计算，南极冰川全部消融能使海平面上升 $60 \sim 75$m；格陵兰冰盖的完全融化将使全球海平面上升 5m；其他高山冰川完全融化可导致 $20 \sim 30$cm 的海平面上升。全球冰川总共可造成 $65 \sim 80$m 的海平面上升，考虑到地壳均衡补偿沉降，实际能使海平面上升 $40 \sim 50$m。

2）孤立海盆效应

海洋蒸发量和降水量的地区差异很大，这种差异性蒸发可引起海平面变化。据统计，如果里海完全蒸发可使海平面上升 20cm。$(500 \sim 600) \times 10^4$a 前由于世界性海底扩张和造山运动加速，地中海与大洋隔绝而干枯，使全球海平面上升了 10m，在稳定大陆架发生一次世界性海侵。

3）原生水理论

其基本原理是：从地球内部通过排气作用进入地球表面的水主要有两种来源，一种是玄武岩中的封闭水，另一种是来自地壳内部的温泉和火山喷发的水汽。其水量在 3.5×10^8a 内分别累计达 0.0175×10^9km^3 和 231×10^9km^3。这些水大部分通过沉积作用或板块构造运动等过程回到地壳内部，参加地壳和地表水之间的水分再循环。只有 0.6% 的水保存在地表，形成海水。

原生水理论提出了全球海平面变化的一个基本因素，但造成 100m 的海平面上升约需要 1×10^8a 时间。

4）海水密度效应

海水密度受温度、盐度和压力变化的控制。海水密度引起的全球海平面变化幅度小于 10cm，但密度效应在季节变化中有更明显的反映。

5）孔隙水的潜没

每年大约有 2.6×10^{14}g 孔隙水随板块俯冲而消失，它将产生每千年 $0.7 \sim 1.4$cm 的海平面升降。

2. 海盆容积的变化

1）海底扩张作用

洋中脊的产生和消亡基本处于平衡状态，海底扩张速率的快慢交替变化激发海平面的升降变化。海底扩张速度变化10%，要产生20m的海平面变化。

2）局部地区的构造运动

海洋地区的山地隆起、盆地坳陷、断裂活动和火山喷发都可能引起海盆容积的变化，造成全球海平面变化。在构造活动区的相对海平面变化幅度远远大于全球性的海平面变化幅度。

3）地壳均衡作用

与海平面变化有关的地壳均衡作用包括冰川均衡作用、水力均衡作用及沉积均衡作用。在冰期时，120～130m厚的海水从地球表面71%的面积集中到占地球表面积5%的部分大陆表面上，形成约3000m厚的冰盖。间冰期过程相反。在结冰和消冰过程中，地壳上部物质的转移，必须通过壳下物质的补偿来完成。

在堆积速度快的地区，如大河河口和三角洲地区，沉积均衡作用引起的局部地区的相对海平面变化是不可忽视的。

4）海底沉积作用

大陆的侵蚀作用使陆面物质流向海底，直接置换海水，造成海面上升。海面上升1m需要$3.62 \times 10^{14} m^3$岩石，每年搬运到海洋的大陆物质约$2 \times 10^{10} t$，所以造成100m海平面上升需要$500 \times 10^4 a$。往往受沉积物压实作用、沉积物俯冲带的潜没等影响，海底沉积作用引起的海平面变化没有那么明显。

3. 海面起伏的变化

1）大地水准面的变化

大地水准面的不规则是由于地球质量、密度和流型不规则分布的结果。作为一个引力势和旋转势的等势面，大地水准面对所有控制和影响这些势能的因素都会作出形变反应。

2）动力海平面变化

大气压力、温度、海流速度、海水盐度、蒸发作用和河流排水等因素将引起海平面分布不均匀，可以造成大地测量海平面上约2m的高差，具不稳定性和持续时间的性质。

3）潮汐海平面变化

月球和太阳引力产生的潮汐作用，对海面起伏的影响具有明显的周期性，潮差幅度的极端值略小于20m。

除此之外，关于海面起伏成因还有许多其他的说法，如地球体积的胀缩变化（E. E. Mi-lahofski，1989）等。然而，尽管说法很多，甚至有些学者认为上述因素不能解释全球海平面变化，但有一点却是肯定的，即地质历史中，全球性海平面确实发生过周期性变化，并伴随着周期性全球气候变化。

(三) 海平面变化的确定方法

1. 定性法

地质学家早就采用过能反映古水深和古环境的古生物、岩石、矿物和化学元素标志研究海平面的变化，这种方法一般来说是定性的。古水深加上基准面（基岩面）之上的沉积物厚度就是相对海平面。

2. 半定量法

1977 年，Vail 等正式提出了一种利用地震剖面中反射界面上超点的转移幅度研究海平面升降的半定量方法，又称为"海岸上超法"。

上述两种方法所测到的只是相对海平面变化。确定地质历史时期中全球性（绝对）海平面变化是困难的，因为除地心外，没有固定不变的基准面作为度量全球性海平面变化的参照系，而地心相对于老沉积物的高程是不可知的。

二、相对海平面变化与层序的发育

在海相盆地中，可以简单地认为可容空间是构造沉降和海平面升降变化之间相互作用的结果（图 6-3）（Jervey，1988；Posamentier 和 Vail，1988；Ross，1990）。仅考虑可容空间存在与否，而不考虑其变化速率是不够的。一般来说，当可容空间为正时（图 6-3），地层构型受到沉积物补给作用的强烈影响。如果沉积物补给速率超过可容空间增长速率，海岸线将向海方向推进；当沉积物补给和可容空间增长速率相等时，将发生加积；当沉积物补给速率小于可容空间增长速率时，将发生退积。

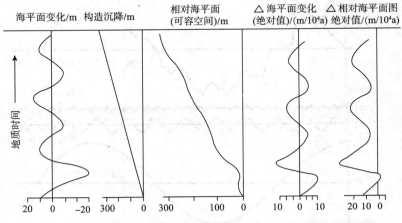

图 6-3 可容空间由构造沉降和海平面升降变化的综合作用来描述
（据 Posamentier，1988 修改）

实际上，全球性海平面变化曲线是由许多不同周期、不同幅度、近于呈正弦曲线的许多海平面变化曲线叠加而成的复合曲线，若与构造沉降曲线叠加，便可得到相对海平面变化曲线（图 6-4）。相对海平面变化曲线的下降处代表了陆棚的侵蚀，对应着 I 类层序边界的形成时间。

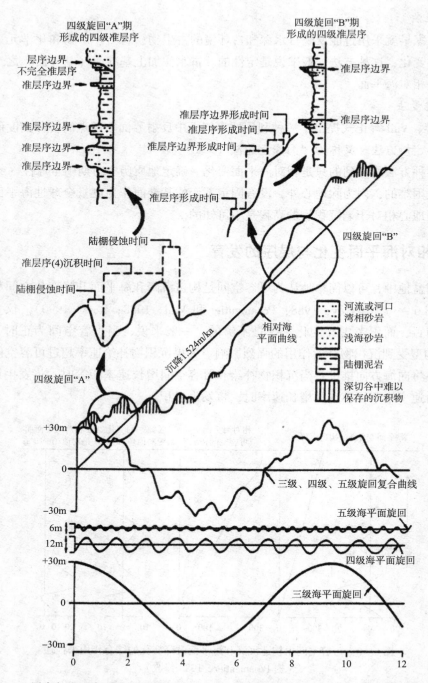

图 6-4 层序与准层序形成过程中海平面升降与盆地沉降之间的关系（据 Wagoner，1990）

第三节 全球海平面升降旋回与层序边界的形成

一、海平面升降旋回

硅质碎屑岩中解释的全球海平面升降可分出 5 种级别，频率范围为 9 ~ 10Ma，1 ~ 2Ma，0.1 ~ 0.2Ma 和 0.01 ~ 0.02Ma。分别属于二级、三级、四级至五级旋回。具有这种旋回性的地层单元包括超层序、三级层序、四级层序和准层序。在 EXXON 全球海平面变化旋回图上，基本上的旋回是三级旋回（平均历时 1 ~ 2Ma）。三级旋回组合成二级旋回（历时 9 ~ 10Ma）。二级旋回组合成一种更高级的旋回（历时约 200Ma），这种旋回被解释成为受区域构造控制的全球海平面变化，这种变化可能与海底的扩张速率有关。

二、海平面升降旋回与层序边界的关系

层序、准层序及其边界也与海平面上升与下降有关。Vail 等根据旋回的时间间隔把海平面旋回做了如下分类。

（1）三级旋回定义为从海平面下降到下一次海平面下降，时间间隔为 1 ~ 5Ma。

（2）四级旋回时间间隔为数 $10 \times 10^4 a$。

（3）五级旋回时间间隔为数万年。

海平面旋回、盆地沉降与层序和准层序沉积作用之间的关系如图 6 – 4 所示。在这张图中，一个三级海平面升降旋回（约 $120 \times 10^4 a$）和一个五级海平面升降旋回（近 $5 \times 10^4 a$）组成一个复合海平面升降曲线。然后在复合海平面升降曲线上加上 15cm/ka 的沉降速度，就能反应海平面的变化历史。图 6 – 4 线性的沉降曲线反应上升趋势，而不是下降趋势，即沉降的净效应是使海平面相对上升。

四级旋回分两类：旋回 "A" 和旋回 "B"，代表海平面曲线的相对变化（图 6 – 4）。四级旋回 "A" 代表从海平面下降到下一次海平面下降。假定有足够的沉积物供给，这种四级旋回就能形成一个以陆上不整合面为边界的层序。五级旋回叠置在四级旋回之上，形成以海泛面为界的准层序。四级旋回 "A" 形成的地层露头和测井剖面示意图如图 6 – 4 所示。相对海平面曲线上画竖线条的位置表示因深切谷侵蚀作用保存可能性较低的地层地质时代和地理位置，深切谷附近大部分高水位沉积物被截切。

四级旋回 "B"（图 6 – 4）代表从海平面快速上升（海进）到海平面快速上升。假设盆地中没有差异沉降，这种四级旋回将形成以海泛面为边界的准层序。四级旋回 "B" 形成的地层露头和测井剖面示意图见图 6 – 4。然而，如果沉积岸线向陆方向沉积速度变慢，以致在这片向上倾斜的区域内海平面下降速度大于沉降速度。从而向下倾方向移动，使海岸平原形成上超，这样旋回 "B" 可以形成Ⅱ类层序。

　　在图 6 – 4 中，根据海平面升降速度和盆地沉降速度之间的关系，四级旋回可形成层序或准层序，五级旋回可形成准层序或无沉积作用。如果沉降速度增加到 15cm/ka，三级旋回将形成一个层序，即为三级层序；四级旋回将形成一个准层序作为三级层序的一个组成部分。如果沉降速度减慢到小于 15cm/ka，四级旋回只能形成由五级准层序组合而成的四级层序。在这种情况下，四级层序叠加形成三级层序单元，暂且叫三级复合层序，由四级层序系组成。

　　值得重申的是，本书的层序和准层序是根据其物理特征命名的，而不是根据与沉积作用有关的海平面旋回频率命名的。尽管准层序和四级层序在一定情况下很可能是由同一时间间隔的海平面旋回产生的，但我们不认为它们是同一地层。

第七章　层序地层学的研究内容和方法

层序地层学是根据露头、钻测井和地震资料，结合有关沉积环境和岩相古地理解释，对地层层序格架进行地质综合解释的地层学分支学科。层序地层学涉及了生物地层学、沉积学和地震地层学的核心内容，层序地层学研究是一项复杂的综合性极强的工程，有自己独特的研究内容和方法。层序地层学主要研究内容包括露头层序地层学研究、地震层序地层学研究以及钻井层序地层学研究等三个方面。

第一节　露头层序地层学研究

一、露头层序地层学研究的主要内容

露头资料是最详细的资料，所以开展层序地层分析亦应从露头开始（表 7－1）。其基本步骤如下。

表 7－1　露头层序地层学分析内容

项　目	内　容
沉积学及地层形式	在可能的地方，识别岩系、主要岩性、沉积环境以及体系域的地层形式
边界	运用可容空间概念进行相分析予以确定
用生物地层标定年代	可与全球性海平面升降旋回曲线进行对比
地层单元对比	运用地下资料对比露头间的各级地层单元的边界

（1）沉积岩露头的层序、体系域以及准层序的解释，从识别岩性、岩相以及地层形式开始。

（2）鉴别构成层序及层序内部地层单元界面的那些不连续面。若露头范围有限，无法区分不连续面，这些层序界面的解释就取决于对相变的认识。因为这种相变与海平面升降引起的可容空间的变化有关。层序界面上下的沉积相发生突变。

（3）从生物地层学的角度确定这些层序单元的年代，并且使之与海平面升降旋回曲线拟合。

（4）对同一时代的露头，再结合地下地质资料一起进行解释。

二、露头层序地层学研究的一般步骤

进行露头层序地层学研究的一般步骤如下。

1. 露头位置的选定

选择露头位置要遵循以下原则。

（1）露头应位于研究区域内或者尽可能靠近研究区，并且与研究的目的层段处于同一时代。

（2）露头位于盆地边缘，相序齐全、出露连续。

2. 层序边界和体系域边界的识别与划分

（1）在露头上寻找不整合标志，根据不整合的类型和规模判断层序边界的级别，并划分不同级别的层序。

（2）在层序内部识别初始海（湖）泛面，划分体系域。

（3）进行不同级别层序旋回的识别，初步建立宏观的层序地层格架。

3. 露头层序的观测与追踪

（1）对不同级别的界面进行追踪，确定其规模及延伸方向。

（2）收集界面上下反应界面特征的各种地层信息，如颜色变化、岩性变化、地层倾角变化、生物种群变化等。

（3）在主要界面附近密集采样，在界面上下有选择地采样。

（4）测量不同规模层序的厚度。

（5）收集各种沉积相标志，确定沉积相类型。

4. 准层序组和准层序的划分与对比

在初步建立的层序地层格架内部，尽可能进行准层序组和准层序边界的识别，建立不同体系域、准层序组和准层序的野外标准地质模型和沉积相模型。

5. 高分辨率沉积层序分析

进行精细地层对比，并通过精细地层中的沉积作用、侵蚀作用、沉积间断等记录来判断基准面旋回变化，总结不同的沉积旋回模式。

6. 生储盖组合研究

对采集的样品进行室内分析化验，评价生储盖的品质，进行生储盖地质填图，以建立生储盖地质模型。

第二节　地震层序地层学研究

用地震资料进行地层学解释（即地震地层学方法）是层序地层学研究的一项重要的基础工作。但是，由于地震资料分辨率较露头资料及钻井资料分辨率低，且从根本上说地震反射界面是物理界面，本身不能说明地层的全部地质含义，再加上由于地层厚度的不同，相邻地层间距不同，子波形状、子波延续时间和子波频率不同，以及子波随深度变化在形状、频率上的变化，特别是当地层厚度小于子波波长时，来自不同界面的反射之间相互干扰，使波形畸变，造成解释上的困难。因此，实际用地震资料进行层序地层学解释时，一定要注意结合钻井、露头资料进行综合分析。

一、地震层序地层学研究的主要内容和方法

1. 地震反射面的地质含义

了解地震反射与岩性单元、地质年代的关系，对于根据地震资料进行地层解释是十分重要的。我们知道，当地震波投射到两个速度和密度不同（即具有波阻抗差）的岩层间的界面时，在此界面上会产生地震反射。所以从本质上讲，地震反射界面是物理界面。但是，大量的实际资料证实，岩层中产生反射的物理界面主要为具有速度和密度差异的层面和不整合面。这两类的界面都具年代地层意义。相反，跨时代岩性单元的边界却不存在连续的地震反射。所以，地震反射界面基本上反应的是地层沉积表面的年代地层界面，而不是穿时岩性界面。这个基本原理是很重要的，也是用地震资料进行地层学解释的基础。因为只有沉积表面，即层面（包括不整合面）是连续的具有波阻抗差的界面，只有它才能构成连续的反射。虽然由于沉积环境、物质来源的变化，在这个界面上的波阻抗差在空间上有所变化，但这些变化只影响反射强度（振幅）和连续性的变化，不会影响它的延续性。相反，岩性地层单元界面（即岩性地层界面）在实际上是指状交互的，是不连续、不平整的。人为对比画出的界面，实际中不存在完整、连续平整的岩性地层界面，所以不能产生连续的反射。当然，在实际工作中我们还应注意几种不同情况下使地震反射界面不代表真正的等时面。

第一，是不整合面，特别是大的不整合面或沉积间断面。由于不同地段的侵蚀作用或无沉积作用的时间长短和时间跨度的不同，可能出现同一不整合面和沉积间断面在不同地段上具有不同的时间跨度和不同的起止时间。但这并不妨碍它作为上下不同时代地层分界面的地质意义。第二，在一些分辨率不同的地震剖面中，由于为了突出构造特征面在处理过程中使用混波、相干加强或者降低频率，造成相邻界面反射的合并加粗，也会出现同一同相轴在不同地段代表不同时间跨度的现象。但从理论上讲，对大段地层的同时性不会产生大的影响。第三，是油、气、水界面，成岩作用面，火成岩（或泥岩、盐岩）刺穿造成的界面，它们可以造成真正的穿时界面。

2. 地层尖灭形式与地震反射终止

受区域构造背景、盆地大小、沉积环境及物源供给等因素的控制，任一时间间隔内形成的地层往往在一定范围内分布。因此，任一时间间隔内形成的地层在横向上最终要以各种形式尖灭。例如被动大陆边缘盆地，尤其是上下地层常沿层序界面、体系域界面等以各种不同形式尖灭或变得很薄，从而沿这些界面形成地层会聚带。地层尖灭形式往往如图

4－14所示。因此，沿这些地层界面地震反射的同相轴就会出现不同的地震反射终止类型，从而形成地震反射的会聚带。用地震资料进行层序地层学分析正是利用了地震反射终止来识别层序、体系域等地层单元。因为在地震分辨率足够高的情况下，沿层序界面或体系界面会出现地震反射终止类型有规律地变化。

根据地层在地震上的响应将地震反射划分为协调（整一）关系和不协调（不整一）关系两种类型。协调关系相当于地质上的整合接触关系；不协调关系相当于地质上的不整合关系。它们又根据反射终止的方式区别为削截（削蚀）、顶超、上超、下超、视削蚀（或阶状后退）等5种类型。其中，削截、顶超和上超已在第四章第五节中介绍，此处不再赘述。

下超是指层序的底部顺原始倾斜面向下倾方向终止。下超表示一股携带沉积物的水流在一定方向上的前积作用。最大海泛面在向海方向其上覆地层往往以下超为特征，故最大海泛面也称下超面。

视削蚀与阶状后退不易区分，往往共生在一起。所谓阶状后退是由（海相）进积而成。此处每个进积体向盆地（海）的伸展都不如前一个远。阶状后退标志着海平面相对上升很快 或物源供给变小所致。视削蚀是因沉积物断源导致阶状后退地层单元向盆地变薄引起。视 削蚀与阶状后退都标志最大海泛面（或密集段）的位置。

3. 地震反射参数的地质意义

地震反射形式可用地震相单元来确定和描述。它是在一定地质背景下一定地层形式的地震响应。数个地震反射同相轴终止于同一反射面，该反射面可以确定为地震相单元的边界。在某些特定地层形式地层中，整一的反射也可以作为这些地震相单元的边界。地震相单元顶底地震反射终止可有前述几种类型。地震相单元可用各种地震反射参数来描述。

1）地震反射参数的地质意义

地震资料中所使用的地震反射参数及其地质意义如表7－2所示。

表7－2 地震反射参数及其地质解释

地震相参数	地质解释
反射结构	层面形式，沉积作用，剥蚀及古地貌，流体界面
反射连续性	层面连续性，沉积作用
反射振幅	速度－密度差，地层间隔，流体成分
反射频率	地层厚度，流体成分
层速度	岩性，孔隙度，流体成分
地震相单元的外形和平面结合	沉积环境，沉积物源，地质背景

各种地震反射参数的划分和地质解释在有关著作中已有详细论述，此处不再重复。这里只是简要介绍一下地震反射结构。

图 7-1 列举了三种基本反射结构：①无反射结构，即几乎不存在反射界面；②层状反射结构，具有平行或发散性反射，且有一定程度连续性；③杂乱反射结构，反射波不连续，通常为丘状或内部扭曲，需要与绕射结构相区分。

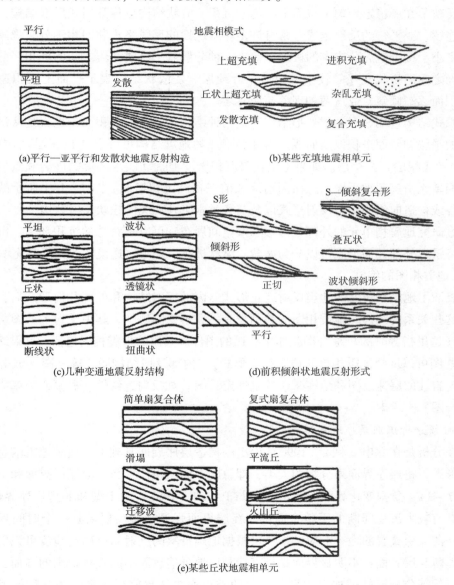

图 7-1 地震相单元内部常见地震反射结构（据 Mitchum，1977）

无反射结构一般表示岩性均质单一。在碎屑沉积体系中，这种反射结构可能表示砂层或页岩非常均质。在碳酸盐岩—蒸发岩体系中，则可能表示为盐岩或块状碳酸盐岩焦核。无反射结构也可产生于块状火成岩，陡斜沉积物或多岩性沉积后发生的强烈均质化作用，如滑塌沉积。

层状反射结构可简单可复杂。简单层状结构包括平行或发散型地震反射。平行或亚平行结构反映了在一稳定均匀下沉面上的匀速沉积。波状结构也称乱岗状反射结构，由不规则的、不连续、亚平行的反射组成，常有许多非系统性的反射终止和同相轴分裂现象，波动起伏幅度小，接近地震分辨率的极限。代表一种分散弱水流或河流之间的堆积、前三角洲或三角洲之间的指状交互的较小的斜坡朵叶地层。发散状结构表示平面上沉积速率不均一、沉积面逐渐倾斜，或这两种现象兼而有之。

进积式结构包括S形和斜切形结构。这两种结构是由反射沉积面，也就是从浅水区向深水区的平缓倾斜面进积发展而成。由此而形成的地震结构可分上（顶积层）、中（前积层）、下（底积层）三个层。如果上层代表沉积于波浪扰动浅水环境的砂岩和页岩，那么该地震相单元由三角洲平原、三角洲前缘和前三角洲沉积组成。图7–1中所示的也是充填地形谷或构造向斜的地震反射形式以及与各类水下丘有关的丘状反射结构。

通过研究地震相单元的外部几何形态及空间展布，可以了解总的沉积环境、沉积物源和地质背景。外部几何形态可以分为席状、席状披盖、楔形、透镜状、丘形和充填形等。

2）地震相图的编制

当搞清了地震相单元的地震反射终止形式、内部反射结构和外部几何形态后，就需编制表明这些关系的图件。地震相图的编制没有一成不变的规则。其中反射形式图与沉积单元厚度（这里指等时的）综合图是非常有用的图件。实用的地震相图包括：反射终止形式图（这些图可以反映地震相单元顶底终止形式）、内部反射结构图、等厚图（或等时图），用来标定岩性的层速度图和地震参数的定性定量图（如反射连续性、振幅或频率中这三种参数综合图）。

4. 时频分析识别层序地层单元

时频分析是在穆申（俄）（1990）提出的构造层序旋回基础上，通过地震信息描述层序几何形态，将层序界面划分为四大类，即急剧界面、粗糙界面、薄互层界面和不明显界面（图7–2）。急剧变化界面、粗糙界面与P. Vail（1977）的Ⅰ型和Ⅱ型层序界面相当，反映了具有较大沉积间断的不整合面；薄互层界面强调地震反射层是一个时间界面的特点，为一薄互层叠置的地震响应结果，可根据地震资料的反射品质确定地震可识别界面的下限，即薄互层界面；不明显界面是指直接利用地震信息尚不能直接识别的界面，可通过井点约束的高分辨率处理加以识别。以此四类界面为边界将层序划分为五种类型：正韵律、反韵律、正—反结合、反—正组合、交互韵律（图7–3）。

界面类型		对应地质界面	地层模式	地震模式		层序单元	识别手段
穆申(俄)(1992)	笔者(1994)					Van Wagonen(1988)	
急剧变化界面	不整合面	高角度不整合区域不整合		剥蚀 上超 下超		超层序—层序	露头+地震
粗糙界面	沉积间断面	明显的沉积间断面		整一 顶超		层序—准层序组	地震信息
薄互层界面	湖侵面	薄互层组成的界面		单轴反射整一		准层序—岩层组合	地震+测井
不明显界面	？	层理面、岩性分界面		不可分辨		单层—纹层	测井+岩心或露头

图 7 – 2   四种层序界面模式

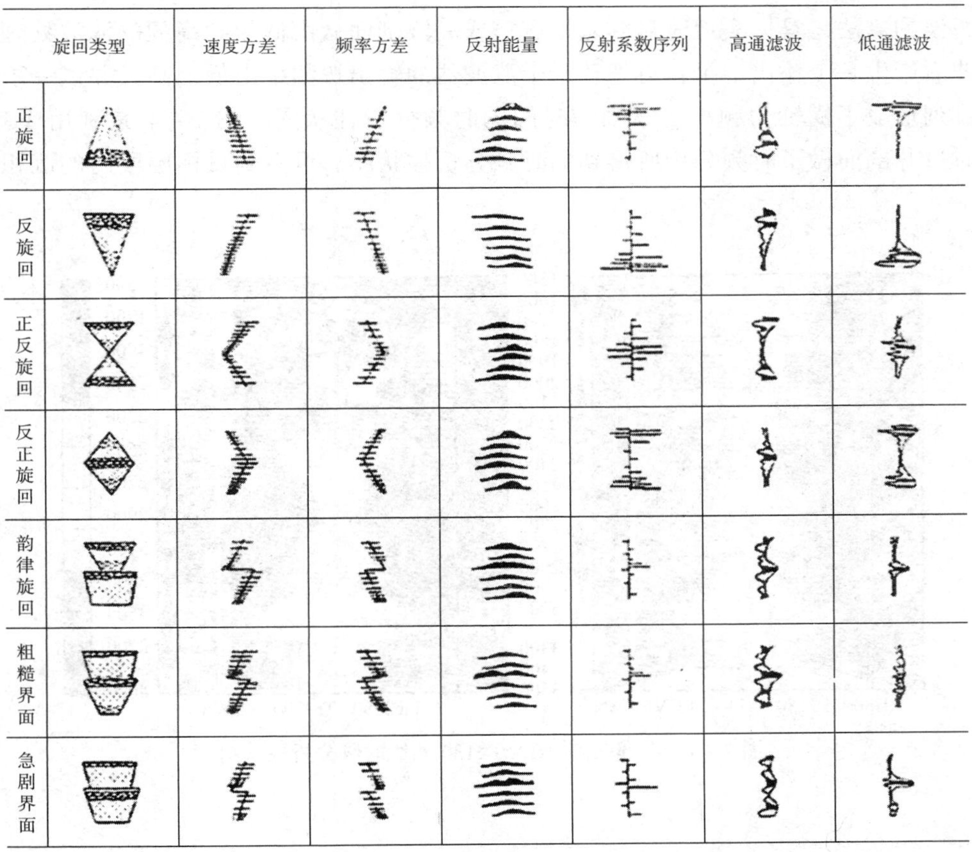

旋回类型	速度方差	频率方差	反射能量	反射系数序列	高通滤波	低通滤波
正旋回						
反旋回						
正反旋回						
反正旋回						
韵律旋回						
粗糙界面						
急剧界面						

图 7 – 3   层序体序旋回剖面模式

　　根据剖面的构造特征及沉积层序的分布，确定几个测点，作垂直时频分析。在有钻井的地方，井位点是必选的时频分析点，以便于地震资料、时频分析结果与钻井资料的连接对比。时频分析是层序地震学分析的重要工具，用来阐明各级地震层序体内部精细结构，并预测其物质成分。根据时频分析结果，可以获得有关层序体沉积旋回性，水进、水退、沉积相、有关 储层、盖层分布以及沉积间歇面等补充地质信息，并使用于地质预测阶段。使用时频分析，可以容易实现各种地球物理资料，如地震和测井，在同一级别的研究目标上的综合解释；可以容易地实现经过断层或反射空白时两侧反射层位对比。

　　时频分析柱状图由滤波扫描输出道组成，相邻滤波器极大值频率由滤波扫描频率范围和滤波器个数来确定。最低的频率间隔应满足频率域离散采样定理要求，保证地震旋回体响应的频率方向性改变有清晰的反映。

　　时频分析柱状图的解释，首先根据反射波在不同的频率上的特点，划分沉积间歇面（由低频到高频分布的反射能量）和剥蚀面（低频反射能量，高频急剧衰减），再根据反射波频率方向性的改变，划分地震旋回体。解释成果和分析记录道的 CDP 点号同时记入文件，留作层序体横向对比追踪使用。

　　时间—频率分析技术其实质就是多频段滤波描述，它采用了零相位三角形滤波器和递归滤波的算法，具体实现时对输入地震道或一段剖面做由低频到高频的滤波处理，每次滤波后产生一个输出记录，再把若干个滤波器的输出按频率由低到高，并以一事实上比例排列形成了横轴为频率、纵轴为时间的时频分析柱状图。图 7 - 4 是利用 VSWAN 软件对过井剖面做了时频分析所得到的时频分析柱状图，可看到目标层段内的沉积旋回特征。

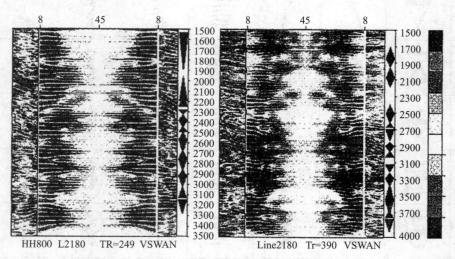

图 7 - 4　东濮凹陷 INLINE2180 测线时频分析柱状图

二、地震层序地层学研究的一般步骤

地震层序地层综合分析的一般步骤如下。

1. 选择地震剖面

选择地震剖面需要注意以下原则。

（1）根据研究的精度选择不同的地震测网密度，以能分辨出不同级别的沉积体。

（2）选择地层发育齐全、厚度大而又能延伸到盆地斜坡上的地震剖面。

（3）尽量选择与主水流方向平行的、前积结构清楚的过井剖面。

（4）尽量避开断层和地层厚度过薄的隆起区和剥蚀区。

（5）当有几个沉积中心时，分别建立每个沉积中心的标准剖面，便于研究它们之间在沉积历史上的差异与演化。

2. 识别不整合面及划分地震层序

（1）在地震剖面上识别上超、顶超和削截，以确定层序边界，也可以通过时频分析来划分层序。

（2）在选定的基干剖面网上进行层序边界的追踪，从而在全盆地内统一划分地震层序。

（3）利用合成地震记录标定地震层位，从而实现井震联合印证解释。

3. 体系域的识别与划分

（1）存在下超面时，下超面为最大海（湖）泛面，不存在下超面时，地震剖面上最远的上超点或者强反射为最大海（湖）泛面。另外也可以从时频分析图上识别最大海（湖）泛面。

（2）有坡折存在时，坡折上第一个上超点为初泛面，无坡折时，地震剖面上位置最低的第一个上超点为初泛面，初泛面之下常为杂乱反射、乱岗状反射，初泛面之上常为平行、亚平行反射。

（3）在识别出最大海（湖）泛面和初泛面的基础上进行全区追踪划分体系域。

（4）利用合成地震记录进行最大海（湖）泛面和初泛面的标定，在钻井上进行体系域的划分做准备。

4. 地震相及沉积相研究

（1）根据层序内部地震反射的几何参数（反射结构、外形）、物理参数（振幅、连续性、频率）、关系参数（平面组合关系）等识别不同的地震相，并以体系域为单位做地震相平面图。

（2）结合钻井资料和特定的地震相，建立沉积相和地震相关系图版。

（3）根据沉积相和地震相的对应关系图版以及沉积相的平面组合关系，将地震相转换为沉积相。

第三节　钻井层序地层学研究

在钻井层序地层学研究过程中所用到的钻井资料包括测井曲线、岩样、岩心、古生物、地化等，并通过合成地震记录与地震资料相结合研究。

钻井层序地层学研究的主要内容和步骤如下。

1. 古生物学研究

特定的地质历史时期具有特定的气候环境和地质条件，从而形成特定的古生物及其群落。古生物对环境的变化具有灵敏的指示作用，因此可以通过古生物及其群落来判别地层年代、古水深、古气候等。

古生物种属及其群落在地质历史中的演化过程一般是连续渐变的，演化的中断或者代表其他环境的古生物群落的出现（如生物数量和种属的突变）预示着沉积间断，以此可以判断层序边界。另外生物（贝壳）碎屑层、植物根迹化石等也是层序边界的常见标志。

凝缩段是在最大海（湖）泛过程中形成的，是沉积速率极其缓慢条件下形成的连续沉积，虽然沉积的厚度很薄，但是代表的沉积时间很长，其中的古生物连续演化，分异度却是整个层序中最大的。

2. 岩样和岩心分析

通过分析岩样和岩心的岩性、颜色等识别不整合面。不整合面处往往存在暴露、侵蚀的特点，界面上下岩性突变、沉积相突变，出现红层、植物根迹、古土壤等（图7-5）。还可以通过岩心识别初始海（湖）泛面和最大海（湖）泛面。

对取心段进行沉积相分析，确定典型的沉积相类型，判断水深变化。

在对取心段进行层序边界识别、层序划分、体系域划分和沉积相研究之后，建立岩相骨架剖面。

3. 测井曲线分析

多种测井曲线组合识别层序边界、最大湖泛面。常用的测井曲线组合有自然伽马-视电阻率曲线、自然电位—视电阻率曲线等。层序边界在测井曲线上常常表现在测井值的突变（图7-6）。另外，可以通过建立岩心—测井曲线剖面，研究层序边界、初始海（湖）泛面和最大海（湖）泛面的典型特征，从而在非取心井段通过测井曲线来识别层序边界、初始海（湖）泛面和最大海（湖）泛面。

　　通过地震合成记录，将井与地震剖面联系起来，从而验证和校正层序边界、初始海（湖）泛面和最大海（湖）泛面。

　　4. 地球化学资料分析

　　层序边界、初始海（湖）泛面和最大海（湖）泛面处的地化资料有明显特征，如层序边界处褐铁矿的含量会明显增加，而层序内部其含量则明显减少。

　　另外有些元素对水深变化很敏感，可以利用其变化来判断水深。如用 Mn^{2+} 和 Fe^{2+}/Mn^{2+} 的相对变化来反映水深变化，这一点在层序边界的识别标志一节中有详细介绍。

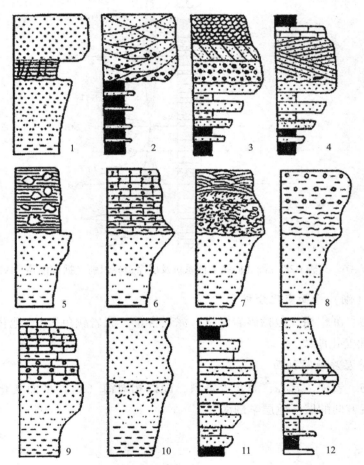

图 7 – 5　层序边界部位的岩石学标志（据魏魁生，1997）

1—根土层；2—浅水相覆盖在深水相之上；3—河床滞留砾岩；4—水进滞留砾岩；
5—钙质结核；6—上覆风暴岩；7—上覆洪积岩；8—上覆滑塌及碎屑流沉积；
9—上覆鲕粒，生物屑灰岩；10—上覆储集性能好的砂岩；
11—沉积旋回变化；12—上覆火山岩

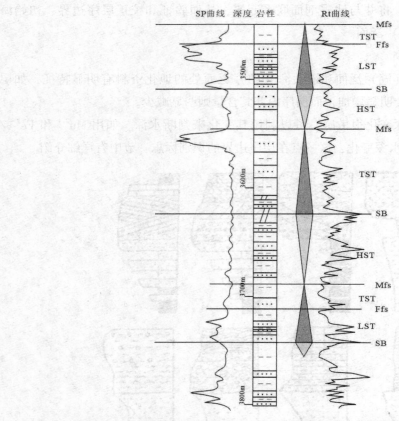

图 7－6　黄骅 G28 井测井曲线上体系域及层序边界识别（据游俊等，1999）

5. 相对海（湖）平面变化分析

综合古生物、沉积相（包括砂岩含量、泥岩含量、泥岩颜色等）、地化等资料绘制相对海（湖）平面变化曲线。

6. 建立钻井层序地层剖面

综合古生物、岩样、岩心、测井等资料，配以相对海（湖）平面变化，参考地震剖面，建立沿水流方向的层序地层学剖面。

第二篇

层序地层学其他学派观点

第八章　Cross 的高分辨率层序地层学

与海相盆地或板块规模级的源于被动大陆边缘的经典层序地层学理论及其技术方法（Vail，1984）有所不同，T. A. Cross（1988）提出的高分辨率层序地层学以地表露头、钻井岩心、测井和高分辨率地震反射剖面为主要研究对象，通过各种资料的精细层序划分和对比技术，可将露头、钻井及地震剖面中的一维或二维信息转换为三维地层关系的信息，建立区域、油田乃至区块或油藏级规模储层的等时成因地层对比格架，以提高储层、隔层及油层分布的预测和评价精度为主要目标。这一层序分析的理论基础工作主要基于四个基本原理：地层基准面原理、沉积物体积分配原理、相分异原理和基准面旋回等时对比原理。

第一节　地层基准面原理

一、基准面的定义

科罗拉多矿业学院 Cross 领导的成因地层组认为，受海平面、构造沉降、沉积负荷补偿、沉积物补给、沉积地形等综合因素制约的地层基准面，是理解地层层序成因并进行层序划分的主要格架。T. A. Cross（1994）引用并发展了 Wheeler（1964）提出的基准面的概念，分析了基准面旋回与成因层序形成的过程—响应原理。他们认为地层基准面并非海平面，也不是相当于海平面的一个向陆方向延伸的水平面，而是一个相对于地球表面波状升降的、连续、略向盆地方向下倾的抽象面（非物理面），其位置、运动方向及升降幅度不断随时间而变化（图 8 - 1）。基准面在变化中总具有向其幅度的最大值或最小值单向移动的趋势，构成一个完整的上升与下降旋回。基准面的一个上升与下降旋回称为一个基准面旋回。基准面可以完全在地表之上，或地表之下摆动，也可以穿越地表之上摆动到地表之下再返回，后者称基准面穿越旋回（Base level transit cycle）。一个基准面旋回是等时的，在一个基准面旋回变化过程中（可理解为时间域）保存下来的岩石为一个成因地层单元，即成因层序，其以时间面为界面，因而为一个时间地层单元。

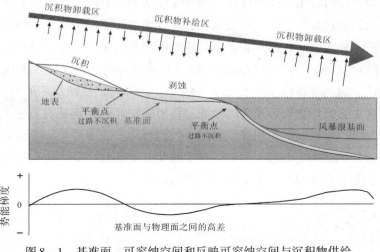

图 8 – 1　基准面、可容纳空间和反映可容纳空间与沉积物供给
之间平衡时的地貌状态（据 Cross，1994 修改）

二、基准面的原理

基准面相对于地表的波状升降，伴随着沉积物可堆积空间（可容纳空间）的变化。从图 8 – 1 中可以看出地层基准面与沉积界面之间的相对位置，与沉积或侵蚀等作用存在如下四种关系（邓宏文，1995）。

（1）当基准面位于地表之上时，提供了沉积物的空间，沉积作用发生，任何侵蚀作用均是局部的或暂时的。

（2）当基准面位于地表之下时，可容纳空间消失，任何沉积作用均是暂时的和局部的。

（3）当基准面与地表一致（重合）时，既无沉积作用又无侵蚀作用发生，沉积物仅仅路过（Sediment bypass）而已。

（4）当基准面远离地表（或沉积界面）时，可容纳空间迅速扩大而处于沉积物非补偿沉积环境，可出现无沉积间断。

因而在基准面变化的时间域内（注意：时间是连续的），在地表的不同地理位置上表现为四种地质作用状态，即沉积作用、侵蚀作用、沉积物路过而产生的非沉积作用及沉积物非补偿（可容纳空间与沉积物供给量比值即 $dA/dS \to \infty$）而产生的饥饿性沉积作用乃至非沉积作用。在地层记录中代表基准面旋回变化的时间 – 空间事件表现为岩石 + 界面（间断面）（图 8 – 2）。因此，一个成因层序可以由基准面上升半旋回和基准面下降半旋回所形成的岩石组成，也可由岩石 + 界面组成。其深刻含义绝非一般层序地层学中的"准层序"所能准确反映的。

基准面处于不断的运动中，当其位于地表之上并相对于地表进一步上升时，可容纳空间增大、沉积物在该可容纳空间内堆积的潜在速度增加，但沉积物堆积的实际速度，还受控于物质搬运的地质过程所限制。也就是说，可容纳空间控制了某一时间内、在某一地理位置沉积物堆积的最大值。在沉积物质供给速度不变的情况下，可容纳空间与沉积物供给量比值（A/S 值），决定了可容纳空间沉积物（有效可容纳空间）的堆积速度、保存程度及内部结构特征。当基准面位于地表之下并进一步下降时，侵蚀作用的潜在速度将增加，但实际侵蚀速度也受沉积物搬离地表的地质过程所限制。因此基准面描述了可容纳空间的建立或消失、与沉积作用间的作用变化过程。我们可将基准面看作一个势能面，它反映了地球表面与力求其平衡的地表过程间的不平衡程度。要达到平衡，地表要不断地通过沉积或侵蚀作用，改变其形态向靠近基准面的方向运动。

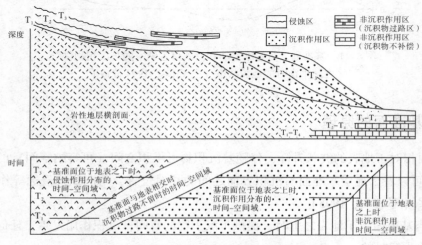

图 8-2　岩性地层剖面及侵蚀作用、沉积物的路过、
沉积作用和非补偿沉积作用的时空迁移对比图解（据 Wheeler，1964）

三、基准面旋回变化的主控因素

基准面是抽象的、非物理的界面，其通过制约可容纳空间变化而控制着地层的沉积与保存作用。经典层序地层学曾总结出了控制层序形成与发育的四大要素，即构造沉降、全球海平面升降、沉积物供应与气候变化。事实上，这些要素综合作用的结果都反映在基准面的升、降变化过程中及其对沉积记录的控制。基准面相对于地表位置的变化又是控制层序发育特征、沉积相序和沉积类型的主要因素，且基准面的变化本身又是海平面、构造沉降、沉积地形、沉积物补给和负荷补偿、气候与成岩作用等各要素变化的综合反映，也是这些要素综合控制作用的结果。

在海相盆地中，基准面的变化可能主要受全球气候和海平面升、降变化控制。目前尚有较大争议。但与海相盆地不同，在陆相盆地中基地沉降、沉积物供给和气候对基准面变化和层序发育的控制作用更加明显。其中，构造运动的控制作用是最为关键。如在我国东部陆相断陷盆地中，断层的幕式活动造成断块基底沉降及可容纳空间的周期性变化。断层幕式活动的规模、幅度和强度则控制着可容纳空间的变化速率。边界控盆断裂幕式活动形成长期地层旋回，期间产生的次级幕式活动形成次一级的地层旋回，由此导致断陷盆地充填地层的多级次旋回特征。

不同级次的基准面旋回形成的主要控制因素不同。构造基准面旋回的形成受区域构造运动控制，多与盆地的演化阶段有关，可以划分为不同的级次，形成不同级次的不整合面或沉积间断面。在一般情况下，构造基准面旋回的级别愈高、频率愈低，形成的地层旋回在盆地内的可对比程度愈好，如断陷盆地控盆边界断裂的区域构造运动形成的超长期和长期基准面旋回在盆地范围内可以追踪对比，而次一级规模的盆内二级断裂活动造成的基准面旋回在二级构造单元或局部地区的可对比性强。对更次一级基准面旋回内部的高频基准面旋回来说，受构造沉降与沉积物补给双重作用的控制更加明显。

基准面旋回除受局部构造运动控制外，气候变化所影响的沉积物补给量和沉积物类型变化对较短期旋回的形成与发育的影响也很明显，较短期基准面旋回的形成除了与构造运动、沉积物补给作用等因素有关外，自旋回作用对地层旋回形成的影响逐渐增加，如河流的决口、三角洲朵叶体迁移等，因而一般仅能在沉积体内部进行追踪与对比。

对陆相湖盆来说，周期性的构造运动、交替变化的古气候条件、断层的间歇性活动都会引起基准面的周期性升降变化、湖盆水体深度和水域大小的变化、沉积物供给速率的变化，最终导致可容纳空间的变化，由此决定了地层旋回的形成与发育特征。

第二节 沉积物体积分配原理

一、沉积物体积分配概念和原理

在基准面变化过程中发生的沉积物体积分配作用最先由 Barrell（1912）和 Cotton（1918）识别出来。沉积物体积分配是基准面旋回内不同沉积环境可容纳空间动态变化的结果，它指的是基准面旋回过程中可容纳空间大小随地理位置的变化而引起的改变（Cross、Lessenger，1998）。沉积物体积分配是一个重要的概念，因为沉积物的体积变化反映了 A/S 值在时间域和空间域的变化，其结果直接控制着地层旋回随时间和空间的对称性变化和进积/加积/退积地层单元的叠加样式。以海岸平原（或三角洲平原）—滨浅海（或三角洲前缘）相域可容纳空间位置的迁移［图 8-3（a）］及导致的沉积物体积分配和地层堆积样式变化［图 8-3（b）］为例，在二维剖面上，沉积物的体积分配作用直接表现为同一沉积体系的地层在相同时间单元内、不同地理位置沉积地层厚度的变化。由此可以看出，沉积物的体积分配作用是基准面旋回变化过程中，相同相域不同沉积环境中可容纳空间的四维（空间＋时间）动力学变化的结果。由此可见，基准面旋回及其伴随的可容纳空间变化的动力学系统，控制着地层的结构与沉积物征。为了进一步理解这一过程—响应关系，

Cross 提出了沉积物体积分配（Volumetric partitioning）的概念，重点强调了沉积物体积分配过程是一个描述成因地层单位内沉积物被划分成不同相域的地层过程，即基准面升、降过程中的不同沉积环境内可容纳空间与沉积物供给量之间的四维关系过程的沉积动力学变化结果，也是基准面升、降变化过程中特定的可容纳空间状态与沉积充填作用的产物。

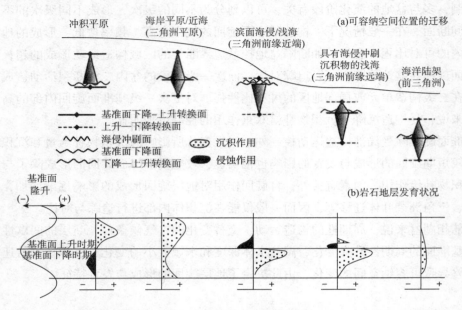

图 8-3　基准面穿越同一旋回的不同相域上的沉积物体积分配（据 Cross，1994）

二、A/S 值与地层堆积样式

控制沉积物在地表形成、分布和保存的诸多物理、化学和生物作用可归纳为两个地层变量，即可容纳空间（A）和沉积物供给（S），二者以比值形式（A/S）表示。其中可容纳空间（A）代表一组地表过程变量，由其控制着地表相对于地层基准面上升或下降形成的沉积物储存的潜在能力；沉积物供给（S）代表另一组地表过程变量，其控制沉积的产物及其再分布，通过增加和减少沉积物，使地表向上或向下、靠近或远离地层基准面运动。A/S 比值系指在有效可容纳空间条件下的可容纳空间（A）与沉积物供给量（S）之间的比值关系，这是一个直接控制沉积物体积划分的关键因素，以如下三种情况为典型代表。

1. A/S < 1

A/S < 1 的情况发生在沉积物供给量大于可容纳空间的状态下，由于沉积物的最大堆积体积不可逾越所在沉积环境的可容纳空间体积，因此，多余的沉积物，特别是细碎屑物质将通过水体的搬运作用溢出该沉积环境，从而产生有强烈充填和沉积相分异的进积作用。被可容纳空间截留的沉积物粒度、分选性和泥质含量视沉积环境的水动力条件而定，能量越高，沉积物粒度越粗、分选性越好、泥质含量越低，如冲积扇、河流和三角洲沉积

体系中向盆地方向连续进积延伸的河道砂体。

2. A/S = 1

A/S = 1 的情况发生在沉积物供给量与可容纳空间持平的状态下，由于沉积物的供给量与可容纳空间体积保持平衡，理论上，所有沉积物都将被所在的沉积环境完全接纳，沉积环境的水深和能量条件保持相对稳定状态，因而以产生缺乏沉积环境变迁和沉积相分异的加积作用为主。被截留的沉积物粒度、分选性和泥质含量变化虽然仍取决于沉积环境的水动力条件，但沉积韵律结构的变化则取决于非基准面升、降因素控制的地层自旋回过程。

3. A/S > 1

A/S > 1 的情况发生在沉积物供给量低于可容纳空间的状态下，由于沉积物的供给量小于可容纳空间体积，以产生水深持续加大、能量减弱的退积作用为主，被截留的沉积物出现连续性的粒度变细、分选性变差和泥质含量增多的变化过程。

图 8 – 4 说明了伴随着有效可容纳空间位置的迁移 [图 8 – 4 （a）]，海岸平原 – 滨海砂岩体系域的体积划分及沉积堆积样式的变化 [图 8 – 4 （b）]。在基准面下降期间，有效可容纳空间位置向海方向迁移，空间向海增大、向陆减小，因而滨海砂岩沉积体逐渐增大，海岸平原沉积体积减小。基准面上升期间，有效可容纳空间位置向陆地方向迁移，空间向陆增大，因而堆积在陆地相域的海岸平原沉积体积逐渐增大。在较长期的基准面穿越旋回形成的成因层序内，地层的堆积样式（Stacking pattern）以及其地理位置的迁移，也与其在基准面旋回中的位置有关 [图 8 – 4 （b）]。向盆地方向迁移的进积（Seaward – stepping）堆积样式，形成于长期基准面旋回的下降期间，随之产生的垂向加积（Vertical – stepping）地层，形成于基准面旋回上升的开始阶段。向陆地方向迁移的退积（Landward – stepping）堆积样式，出现在基准面上升时期，随之产生的加积地层则出现在基准面上升的末期和下降早期。

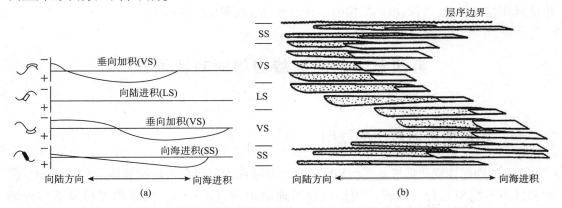

图 8 – 4　有效可容空间迁移导致沉积物的体积划分和成因地层堆积样式的变化（据 Cross，1994）
（a）可容纳空间地理位置的迁移；（b）沉积物体积划分与堆积样式的变化；
1—沿岸平原含煤地层；2—滨面沉积；SS—向海进积；VS—垂向加积；LS—向陆退积

第三节　相分异原理

在基准面旋回及其伴随的可容纳空间的变化过程中，岩石记录的地层学和沉积学响应遵循能量守恒定律，由此导致沉积物体积分配作用，沉积物体积的变化又必然发生"相"的分异作用。因此，相分异作用可理解为"基准面旋回过程中岩石的沉积学和地层学属性的变化过程（Cross，1998）"，其具体内容指地层的岩石类型、几何形态、相组合或相序及岩石物性等组合特征，于基准面旋回过程中某个时间段在相同相域中所处的位置的差异性。伴随基准面上升和下降过程所控制的有效可容纳空间往复迁移的变化过程，由其所控制的沉积物体积划分如发生在同一地理位置（或沉积体系域、相域），与之相对应的沉积学响应特征可称为相分异（Facies differentiation）。因此，相分异作用是同一地理位置伴随着基准面上升和下降过程，沉积环境或沉积相几何形态、相类型、岩石内部结构及层间和层内非均质性等特征随之发生变化和分异的过程。这一过程同样也包括了沉积环境或沉积相类型、沉积相组合和沉积相演化序列等一系列规律性变化，并可直接影响三维空间中的砂体连续性、几何形态、岩性、岩相类型乃至岩石的物理性质（如储集物性和非均质性）等各项特征。

相分异作用主要体现在平面和垂向上两个方面。在平面上同一沉积相有不同的特点。例如，由于 A/S 向陆减小，向盆增大，因此，在同一体系域内，辫状河沉积在向陆和向盆方向有着不同的沉积特征，向陆河道砂体相互切割程度较高，砂体在横向广泛连通，向盆河道砂体则相对比较孤立。在垂向上主要表现为不同 A/S 下的沉积相叠置。例如钻井剖面中滨浅湖相和半深湖－深湖相的叠置，甚至物源缺乏条件下的半深湖－深湖相和物源充足条件下的半深湖－深湖相叠置。总之，A/S 的变化导致了相分异，从而在平面上和垂向上形成沉积相的差异、岩石内部结构的差异及地层层间和层内非均质性。

第四节　基准面旋回等时对比原理

一、基准面旋回对比的原则

A/S 的周期性变化形成基准面旋回，一个基准面旋回周期内的物质运动包括沉积、侵蚀和过路不沉积三种，沉积作用形成岩石地层记录（$A>S$），侵蚀作用形成不整合面（$A<S$），过路不沉积形成过路不留面（$A=S$）。不整合面和过路不留面虽然都没有以地层的形式记录时间，但都是具有时间意义的界面。Cross 的基准面旋回对比不同于岩石类型和旋回幅度（地层厚度）的对比，而是时间地层单元的对比，而同一时间内有的地方表现

为地层记录，有的地方则表现为不整合面和过路不留面。因此基准面旋回对比是岩石地层与岩石地层的对比、岩石地层与界面的对比、界面与界面的对比（图8-5）。

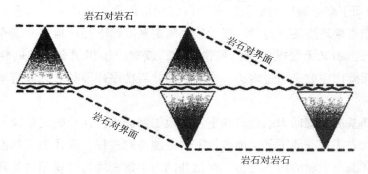

图8-5 基准面旋回对比原则

Barrell（1917）曾指出："基准面升降期间沉积物的堆积作用将地层记录自然地划分为在多层次时间刻度上的基准面下降期和基准面上升期。"基准面旋回具有不同的级次性，每一级次内的一个完整的基准面旋回都是由基准面上升旋回和基准面下降旋回两部分组成。基准面上升旋回与基准面下降旋回的转换点代表了可容空间的最大或最小的极限情况，转换点表现为特征明显的岩石地层记录、不整合面或者过路不留面，比较容易识别。

基准面旋回对比还应遵循从大到小的原则。也就是说，先进行盆地范围的长期基准面旋回对比，然后再依次进行中期和短期基准面旋回对比。短期基准面旋回对比边界不应穿越中期旋回边界，中期旋回对比边界不能穿越长期旋回边界。另外，还应综合应用露头、岩心、测井和地震资料对基准面旋回进行综合对比和相互验证。较低级次的测井基准面旋回对比必须通过岩心（露头）资料的标定，并且还应将测井基准面旋回划分对比的结果通过合成地震记录的方法与地震反射剖面的基准面旋回划分结果进行相互对比验证，从而达到基准面旋回综合对比的目的。

二、基准面旋回的确定

高分辨率层序地层学研究是对地层记录中反映基准面变化旋回的时间地层单元进行二元划分。不同级次的基准面旋回必将形成不同级次的地层旋回。因而，在地层记录中如何识别代表多级次基准面旋回的多级次地层旋回就成为高分辨率层序地层学地层对比的关键。根据基准面旋回和可容空间变化原理，地层的旋回性是基准面相对于地表位置变化产生的沉积作用、侵蚀作用、沉积物过路作用和沉积非补偿造成的饥饿性沉积作用乃至非沉积作用等多种地质作用随时间发生空间迁移的地层响应，地层记录中不同级次的地层旋回。记录了相应级次的基准面旋回。一般来说，根据地层记录的旋回地层特征，可以将基准面旋回划分成短期、中期和长期旋回

1. 短期基准面旋回

短期基准面旋回系指成因上有联系的岩相组合，记录了一个短期基准面旋回可容空间

由增加到减少的过程。短期地层旋回中代表基准面上升半旋回的地层记录以反映沉积水体逐渐变深的相组合为特征（位于海盆或湖盆中，且沉积物供给速率低于可容空间增长速率），代表基准面下降半旋回的地层记录则以沉积水体逐渐变浅的相组合为特征。短期基准面旋回形成的短期地层旋回边界一般为代表短期基准面下降期地表冲刷作用形成的小型侵蚀面，或既无沉积又无侵蚀的非沉积作用面，或对应于相组合的垂向转换位置。实际上，短期基准面旋回主要是通过露头、岩心及钻井岩性序列等具有高分辨率特征的地质资料来确定的。

常见的短期基准面旋回识别标志如下：①地层剖面中存在冲刷现象及上覆的滞留沉积物。上述标志代表了基准面下降于地表之下的侵蚀冲刷过程，或代表了基准面上升时的水进冲刷过程。②滨岸上超的向下迁移。存钻井剖面中常表现为沉积相向盆地中央方向的迁移．深、浅水沉积之间往往缺失过渡环境沉积。③岩相类型及其组合在垂向上发生变化。如向上水体变浅的相组合转变为向上水体变深的相组合。④砂泥岩厚度旋回变化及地层叠置样式变化。例如在层序边界之下为向上砂岩厚度减薄、砂泥比值降低的沉积序列，在层序边界之上则为向上砂岩厚度加大、砂泥比值增大的沉积序列。

短期基准面的旋回变化可以在地层记录中表现出对称性和不对称性的地层旋回。例如低可容空间下形成的河道砂沉积由相互切割的复合河道砂岩组成，仅发育大型槽状、板状交错层理和块状层理砂岩以及较薄的冲积平原泥岩，多个基准面向上上升的半旋回垂向上叠加起来表现出不对称特点，但在潮坪沉积中，随着基准面向上上升到下降的变化，就形成了相应的潮下带、潮间带和潮上带沉积组合，表现出对称的特点（图8－6）。

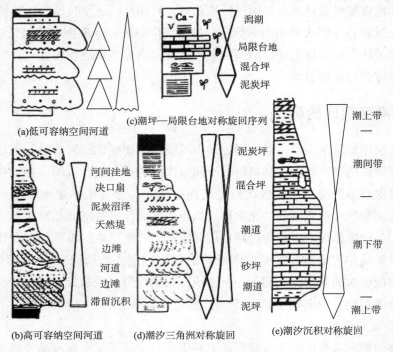

(a)低可容纳空间河道
(c)潮坪—局限台地对称旋回序列
(b)高可容纳空间河道
(d)潮汐三角洲对称旋回
(e)潮汐沉积对称旋回

图8－6　短期基准面旋回及岩性组合（据邓宏文，1996）

2. 中期基准面旋回

中期基准面旋回是指在大致相似地质背景下形成的一系列具成因联系的短期基准面旋回的组合，包括中期基准面上升和下降半旋回。中期上升半旋回由系列代表水体逐渐变深的短期旋回叠加而成，中期下降半旋回则由一系列代表水体逐渐变浅的短期旋回叠加而成。在中期上升和下降半旋回中可能出现相似的相和相组合，但由于其所处的地层位置不同，内部结构存在差异，可以将它们区别开来。

中期基准面旋回的识别可通过露头、岩心以及电测井资料的分析来完成。特别是在覆盖区，可以根据岩心井段对测井资料的刻度标定，通过建立不同短周期基准面旋回的测井响应模型来分析短期旋回的叠加方式，进而确定中期旋回的界面和中期旋回的特征。中期地层旋回的边界可以表现为具有一定规模的反映中期基准面下降的河道冲刷不整合，也可表现为由中期基准面下降转换位置对应的沉积相变他处，如海陆过渡相变化处，或表现为砂、泥岩厚度旋回变化，这种变化常通过短周期叠加样式的改变表现出来。

向海（湖）盆方向推进的短周期叠加旋回形成于中期基准面下降期。一般来说，此时沉积物供给速率大于可容空间增长速率 $A/S<1$），所以沉积序列就反映出可容空间不断减小的特征，沉积序列表现出向上砂岩厚度加大、砂泥比值加大的短周期旋回叠加样式（图 8-7、图 8-8）。向陆方向推进的退积短周期旋回叠加样式形成于中期基准面旋回的上升时期。一般来说，此时可容空间增加速率大于沉积物供给速率（$A/S>1$），上覆的短期旋回的沉积特征与下伏相邻短期旋回相比，泥岩厚度加大，砂泥比值降低，反映了可容空间

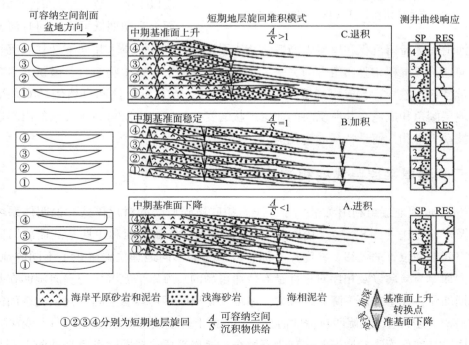

图 8-7　短期基准面旋回叠加样式及测井响应（据邓宏文，1996）

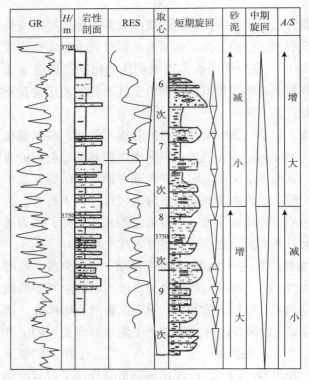

图 8-8 进进积和退积对称中期基准面
旋回的沉积特征（据邓宏文，1996）

增大的特征（图 8-7、图 8-8）。短期旋回的垂向加积样式是在较长期基准面上升旋回至下降旋回的转换时期形成的。此时可容空间增加速率几乎等于沉积物供给速率（$A/S = 1$）。也就是相邻短期旋回形成时的可容空间变化不大，新增可容空间近于为零，各个相邻短期旋回的沉积性质具有良好的相似性（图 8-7）。

3. 长期基准面旋回

长期基准面旋回是指在沉积盆地范围内，区域基准面所经所的上升和下降过程。与其对应长期地层旋回是以区域不整合面为边界的一套具成因联系的、连续的地层组合。

长期基准面旋回或成因层序界面的确定可以依据以下特征。①广泛分布的代表区域基准面大幅度下降至地表以下的区域不整合面，②代表基准面上升初期低可容空间时河流充填作用的河道底部滞留沉积和厚层大型槽状交错层理砂岩；③滨岸上超向下迁移、沉积相向盆地方向迁移及沉积相垂向组合的突变，④层序边界面上下古生物组合、微量元素含量、地球化学特征的差异；⑤成煤环境及煤组分的差异；⑥自然电位和自然伽马测井量值的变化、地层倾角和成像测井所反映的地层产状的变化；⑦地震反射终止关系的出现以及地震反射波动力学和几何学特征的变化等。

三、海岸平原—浅海相旋回对比模式

Cross 成因地层组利用海岸平原—浅海相硅质碎屑岩的对比模式，说明体系域的体积划分及对比方法（图 8-3）。由图 8-3 可以看出，伴随长期和短期基准面旋回发生的可容纳空间地理位置的迁移，在海岸平原—浅海相的不同地理位置沉积了不同的地层剖面。地层的加厚与减薄以及相序对称性是有规律可循的。海岸平原沉积的垂向旋回在基准面上升时期加厚，在基准面下降时期减薄。厚度变化反映了可容纳空间与充填此空间的沉积比值（A/S）的变化。就旋回对称性而言，基准面上升期间冲积平原是"向上变深"的非对称旋回，基准面下降旋回通常表现为不整合。海岸平原位置同时发育基准面上升与下降组成的对称旋回，具有由"向上变浅"和"向上变深"相序组成的对称旋回。浅海滨面相通常仅发育基准面下降 时沉积的非对称的 "向上变浅" 的相序，而基准面上升时期以海侵冲刷面为代表。向海方向 旋回的对称性增加。相序的对称性反映了基准面上升与下降旋回中，沉积物比值和沉积物 所代表的时间与 "面" 所代表的时间比值的变化，与古地形关系较为密切。

图 8－9 为海岸平原—浅海沉积环境地层层序的堆积模式、厚度的时空变化以及层序地层对比。由海岸平原经浅海陆架至斜坡位置，成因层序及组成该层序的相序随时间发生迁移。在基准面长期下降期间，尽管短期旋回具周期性变化特征，可容纳空间总的趋势是逐渐减小。随可容纳空间逐渐减小，浅海陆架旋回逐渐加厚，更多的基准面下降导致非对称旋回 出现。当可容纳空间减小到接近或处于可容纳空间极小值时，旋回厚度减小，顶部为基准面下降不整合或沉积物路过时形成的非沉积作用面。海岸平原沉积则相反，旋回厚度逐渐变薄，并以非对称的基准面的上升旋回为主。从长期基准面下降到上升的转变，标志着另一时间幕的开始，但可容纳空间总的趋势是增加，随可容纳空间的增加，浅海陆架旋回由不对称到对称旋回，厚度逐渐减薄。而海岸平原旋回，对称性增加，厚度逐渐变大，基准面旋回上升与下降期间渐有更多的沉积物沉积和保存。

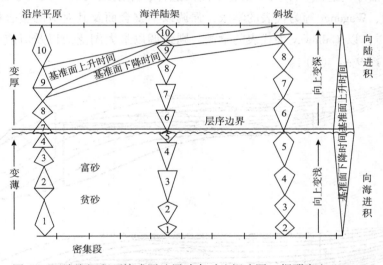

图 8－9　浅海沉积环境成因地层动态对比概略图（据邓宏文，1995）

第九章　Galloway 成因层序地层学

第一节　成因层序和沉积层序的对比

一、层序界面选择上的差异

作为划分层序的边界，不同学派有不同的选择，差别最大的有两大学派。以 EXXON 研究人员 Vail、Wagoner 等为代表的学派，强调以不整合面及其对应的整合面为层序边界 [图 9-1 (a)]；以 Galloway 为代表的学派，则强调以最大湖泛面以及对应的沉积间断面为层序边界 [图 9-1 (b)]。

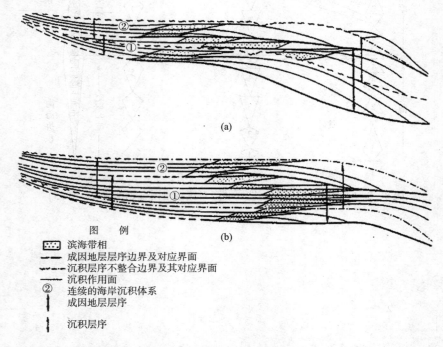

图 9-1　以陆上不整合面为界的沉积层序（类型 I）(a)（据 Vail，1987）和
以最大湖泛面为界的成因地层序列（b）（据 Galloway，1989）的对比图

Galloway 所划分出的层序称为成因层序，它是建立在 Frazier 的沉积幕式概念基础上。一个成因地层序列定义为一个沉积幕的沉积产物。

EXXON 学派划分的层序称为沉积层序，它是建立在海平面周期性变化基础上的。绝对海平面变化曲线是由不同周期、不同幅度、低于呈正弦曲线变化的许多海平面变化曲线叠加而成的复合曲线，它与构造沉降曲线叠加，便可得到相对海平面变化曲线。相对海平面曲线的下降代表陆棚侵蚀，对应层序边界形成时间。因此 EXXON 学派所划分的沉积层序就是这样相邻两个海平面相对下降期间所沉积的地层。

二、层序分析的对比探讨

成因层序与 Vail 等提出的沉积层序间有很多相似点，成因地层层序非常类似于 Van Wagoner 的准层序组，它们共同起源于 Frazier 的沉积旋回分析，但在界面的选择和解释目标侧重点上有分歧。

EXXON 公司成员主要利用地震资料来解释地震地层。通过地震反射确定界面——沉积面或侵蚀面的形态和分布。再根据在层序内与层序不整合界面的关系来解释沉积体系与沉积体系域。与之相对应，Galloway 主要用井的资料来进行沉积体系分析，Galloway 的成因层序地层分析就是在已确定的沉积体系的三维相格架内分析寻找层序界面。

成因层序与沉积层序间的区别主要集中在如下三个方面。

（1）Vail 等强调全球海平面变化是层序发育的主控因素；虽然 Van Wagoner（1987）的定义中再三强调海平面不是层序发育的唯一控制因素，但 Vail（1987）在论文中所定义的层序是在全球性海平变化的一个周期内形成的，这无疑还是强调了全球性海平面变化是层序发育的主要因素。EXXON 公司所定义的层序模式中的许多概念，如广泛分布的陆表不整合面、低水位、高水位都与全球性海平面所决定的沉积物供应和沉降有关。

成因地层层序模式保持和强调了 Frazier（1974）的结论："层序是在相对基准面或构造活动稳定时期沿盆地边缘沉积的一套沉积物的组合"。这个模式考虑了沉积旋回产生的三个变量。

（2）Vail 等强调以不整合面或对应的整合面为层序边界；Galloway 强调以最大海泛面为层序边界，在海平面周期变化曲线上相差 180°（图 9 - 1），换句话说，EXXON 的沉积层序是以最大海泛面为中心的，而成因层序是以最大海泛面为边界的（图 9 - 1）。

（3）两种层序模式对陆架边缘侵蚀、退积的时间、过程和作用强调不一致。EXXON 模型中海平面快速下降到陆架边缘之下导致陆上深切谷下切、斜坡上部的剥蚀或沉积物路过以及低水位水下扇的沉积，海平面下降变缓慢或海平面的稳定导致深切谷充填。成因地层层序模式表明，陆架边缘和斜坡上的侵蚀作用和退积是一个不断发生的过程，这个过程是受陆架边缘及斜坡上部的不稳定性所控制的，也受沉积物供应速率随时间和地点的变化、盆地的水文地质特征、海岸和陆架的几何形态以及基准面变化的控制。海底峡谷的形成、充填以及海底扇的沉积可以在一个沉积旋回幕的任一时刻形成。最大海底峡谷的形成和上超楔的沉积经常是在快速进积的陆架边缘上发生了首次最大海侵之后形成的（Galloway，1988）。

第二节　沉积旋回和成因层序

一、沉积旋回和成因地层层序模式

Frazier（1974）建立了确定成因地层单元及其内部组成的概念模型，这个模型适用于具有顶超的碎屑岩沉积盆地。他总结了成因层序地层学基础的几条原则。

（1）陆源碎屑沉积物的物源是外来的，沉积物主要由河流携带至盆地的边缘，因此盆地古地貌的主要变化应包括主要冲积河流的变化。

（2）盆地的充填不是持续的，其中伴随着重复性的沉积间断。在任何时期，活跃的沉积只局限于盆地的某一局部地区，其他地方只有少量陆源碎屑物沉积，大部分地区无沉积。

（3）水下沉积间断面所代表的时间隔随地区而变；在所有地区，这些间断面将不同时代的沉积事件的沉积物分隔开。

（4）沉积事件之间被最大海泛时期形成的滨岸线以内的盆地方向的沉积间断面所分隔开，这沉积事件就形成了以边界为界面的成因地层单元，Frazier 称其为"相层序"。类似的地层单元曾被称为准层序。

（5）在一个相层序内，进积、加积和海侵相的位置是可预测的。

（6）在多数盆地中，存在许多不同级别的进积–海侵旋回，大的旋回中有许多小的旋回。虽然 Frazier 没有采用"沉积层序"这个术语，但他定义的"沉积体"是由侵蚀面、无沉积作用面及其对应的整合面为边界的层序地层单元，这个定义不同于 EXXON 研究组的定义。EXXON 研究组所定义的沉积层序是由广泛分布的陆上不整合面为边界的地层序列。Galloway 在 Frazier 的基础上建立的层序地层单元，非常适合于具前积式碎屑充填的盆地。

二、沉积旋回和成因地层层序

在一个沉积旋回中，盆地边缘沉积体向盆地中进积，使沉积物在一定的沉积体系中聚集，这些沉积体系包括深水斜坡体系，盆地平原体系、近海体系（三角洲、岸带和陆棚）和大陆沉积体系（冲积平原和洪积扇）。当盆地边缘前积体越过某一参考点时，斜坡、陆架边缘、陆架和海岸平原这四种深水沉积环境也相应地连续经过该参考点。一个理想的沉积旋回是由海岸线的前进和后退所记录的，或者是由陆架边缘的进积和沉没（水体变深）所记录的。

图9-2表示了一个理想沉积旋回所产生的成因地层层序的时间格架和相展布。图上部的时空表示主要沉积环境间的时空关系。下部的剖面图反映了成因地层层序内的地层结构。一个沉积旋回或层序是由三个要素组成，即顶超（退覆）部分、上超或海侵部分、反映最大海泛的边界。

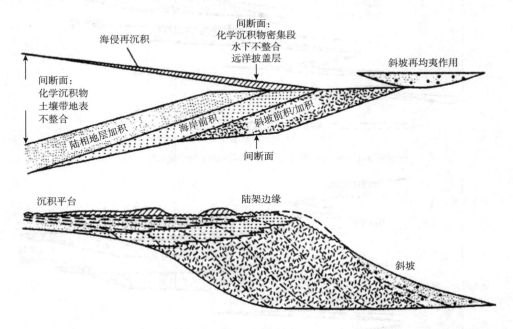

图9-2　一期沉积旋回所产生的成因地层层序的理想地层格架（据 Galloway，1989）

顶超部分包括：①砂质河流相、三角洲平原相以及反映海岸平原加积的潟湖/海湾相；②沙质滨海地区的前积沉积物，向陆方向覆盖在前期沉积层序的海泛台地上，向海方向覆盖在前期层序的大陆斜坡上；③斜坡上的进积和斜坡下部的加积的混合。

上超部分包括：①海岸线后退期间或后退之后形成的海岸相和陆架相沉积；②斜坡上部或大陆边缘的沉积物在重力作用下重新沉积在斜坡脚处形成的裙状物。

简言之，图9-2表示了一种理想的成因地层层序模式，这个模式中表示沉积旋回在海侵期间，基本上没有沉积，沉积物是在进积或海退过程中形成的。在这种条件下，海进过程的沉积物只是一些不连续的薄层的、覆盖在侵蚀面上的重新改造物。如果在海侵过程中，有大量的沉积物供应会导致厚层沉积物，这些沉积物记录了沉积事件向陆逐渐后退的整个过程［图9-3（a）］。术语"退积"对于描述长周期的（缓慢的）海岸线或陆架边缘的后退是很有用的。

最后，成因地层层序由两个地层界面所包围，这两个界面是记录了海侵期间，特别是最大海泛时期大陆架和斜坡地区的沉积物缺乏。

重要的是，Frazier 的模式也认为，成因地层层序的向陆方向存在陆表间断面（图9-2）。

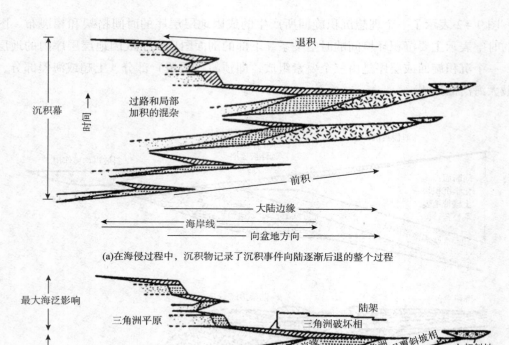

(a)在海侵过程中，沉积物记录了沉积事件向陆逐渐后退的整个过程

(b)三角洲前缘和三角洲间小湾剖面中典型相组合的时空关系

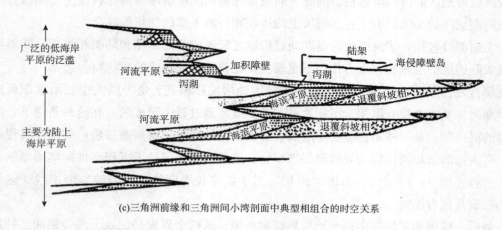

(c)三角洲前缘和三角洲间小湾剖面中典型相组合的时空关系

图9-3 不同地质背景上产生的成因地层层序的时空格架示意图（据 Galloway，1989）

当海平面有下降或盆地周缘有抬升，则导致层序边缘无沉积，形成深切谷，甚至低角度削蚀。这个剥蚀面就是 Vail 的Ⅰ型层序边界（1984）。然而，这个界面作为区域性层序

边界是建立在这样一个假设之上，即盆地边缘的地层结构只受全球性海平面下降到陆架边缘所决定的。后来，Vail 和 Van Wagoner 重新定义了Ⅰ类不整合边界，认为当海平面下降到岸线坡折处，这类层序边界就可以形成。这个新定义，强调了形成Ⅰ类层序边界，海平面不需要下降太多。与此同时，这个新定义减少了这个陆表侵蚀面的地理分布范围和作为地层边界的重要性，而增加了构造运动对该地表侵蚀面的影响。

图 9 - 3 (b)、(c) 表示了穿过三角洲前缘和三角洲间湾的剖面中典型相组合的时空关系。在海岸后退过程中，沉积物供应充足，逐渐的海进控制了地层的上超。三角洲前缘和前三角洲相组成前积相单元，三角洲平原为盖层。当前积层延伸到下伏陆架边缘时，陆架边缘相，三角洲前缘和前三角洲相的厚度增加，重力流搬运成为建造深水斜坡沉积的主要因素。斜坡包括前积形成的三角洲体系和具顶超的水下扇、扇裙体系等混合建造。

在三角洲之间的地区 [图 9 - 3 (c)]，富沙或富泥的海滨平原加积到前积旋回形成的陆架台地之上。陆上海岸平原分布有很多细支流而形成支流平原 (Galloway，1981)，加积到海滨平原上。陆架边缘以泥岩沉积为主，沉积速度很慢。斜坡下的沉积物是由前期沉积物改造形成的前积和加积沉积物组成。这里的陆架坡折比强烈进积的三角洲前缘区平缓，因此在随后的退积过程中再改造作用不强烈，随沉积中心转移，沉积物沿海岸从相邻三角洲前缘搬运，故三角洲间的海退建造为零星分布。像墨西哥湾西北部这种浪控海岸的退积沉积物，海泛期间以障壁湾和潟湖沉积体系为主。基准面的上升保持了加积海岸平原的河流，海湾/潟湖沉积体系，在海岸平原沉积了薄层加积和薄层海侵沉积。

包括富沙的陆架体系沉积主要形成于海进或海泛时期 (Swift 和 Rice，1984)。因为陆架沉积是由海进沉积和退积建造经改造再沉积的，故它们的分布状态反映前期沉积旋回形成时的古地形。这些沉积属于成因地层层序中的一部分。

简言之，成因地层层序是一沉积序列，它记录盆地边缘海退建造和以大范围分布的盆地边缘海泛为界的 (图 9 - 1) 盆地充填物。代表最大海泛面的沉积面或侵蚀面通常是两个较大的三维沉积体系的界面。在层序内部，沉积体系的相关组合可通过确定砂岩分布格架来确定和描述。这种以海泛面为边界的、由成因上相关的，沉积体系组成的层序与 Vail (1984) 的沉积层序有根本的区别。Vail 层序以低水位期不整合为界，它的最大海泛面在层序中部并将较老的退积沉积体系与较年轻的前积沉积体系联系起来 (图 9 - 1)。在成因地层层序中，海岸平原、河流相、三角洲、三角洲间海岸区、陆架和斜坡沉积体系的演化模式均可识别和预测。

三、沉积旋回产生的原因

许多盆地边缘沉积中的旋回性沉积很强，并由此形成层序，这就提出了旋回产生的起因问题。通常认为随时间周期性变化的海平面变化是沉积旋回产生的主控因素 (Vail，1984)，但也有不少学者强调反映三种基本因素的共控沉积模式，它们分别是全球海平面变化、陆源物质供应和盆地沉降速率 (图 9 - 4)。

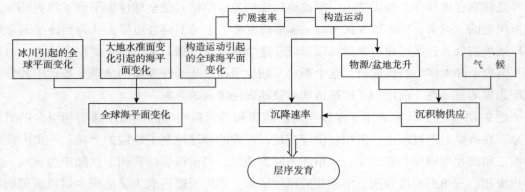

图 9 – 4　影响进积式盆地边缘沉积历史和层序地层的变量（据 Galloway，1989）

层序格架是全球海平面变化、沉积速率和沉积物供应共同控制的结果。

海平面变化直接影响海岸线位置，从而影响河流进入盆地的位置。绝对海平面升降由海盆体积变化、水体体积变化和大地水准面的变化所决定。

陆源沉积物的供给取决于源区地貌和区域气候。在小区域上，自旋回过程扮演着一个重要角色。

盆地沉降速率基本上是局部和区域板缘和板间热力和压应力状态的产物。绝对沉降速率和速率的变化决定着盆地边缘的地层建造（Pitman，1978）。

在适当的条件下，沉降、隆起、沉积物堆积和海平面基准面变化速率在 1 ~ 100m/ka 的范围内，可以接近最大值（图 9 – 5）。因此，如图 9 – 6 所示，反应盆地边缘进积、加积、退积和海侵的沉积建造的完整序列可由沉积物注入量的变化、沉降速率或海平面变化三者独立产生。在基本建造中，无论哪一种变化发生，地层形式看上去是相似的。成因层序地层学是进积沉积物及随后的退积或海侵，沉积物的简单组合。加积夹在层序内也可以被合并，然而，沉积物供给、沉降速率和海平面变化这三个因素在任何盆地边缘地层演化的精细研究中都必须考虑（Miall，1986）。

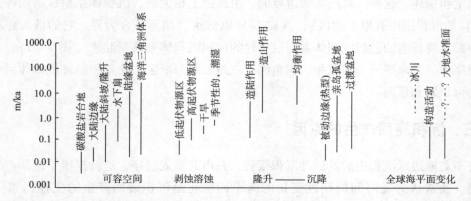

图 9 – 5　沉积、剥蚀、构造抬升与下降以及全球海平面变化速率的比较（据 Stow 等，1989 修改）

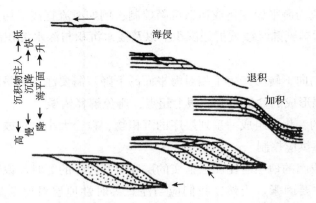

图9-6 进积、加积、退积和海侵的地层建造与
控制它们形成的三个变量（据 Galloway，1987）

四、三个变量的共同作用

这三个相互影响而又独立的变量导致陆源碎屑盆地中充填有一系列层序序列。一般情况下一种变量起主导作用，然而盆地边缘层序地层格架通常受两个或三个变量控制，这个三组分体系可以用图9-7这样的三端元图来表示。

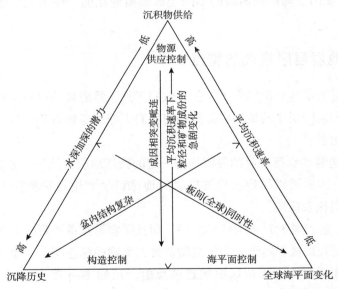

图9-7 以控制盆地充填历史的主要因素为端点的三端元图（据 Galloway，1989）

图9-7中使用的三端元方法所表示的各种变化趋势有助于更进一步地认识各端元特征。

（1）指示高沉积速率的厚层序列说明沉积物供应是控制层序发育的主要因素，几十米的基准面变化对沉积背景缓慢变化的古地形（例如大型三角洲沉积中心等）影响不大。

（2）相突变反映为海平面变化或构造沉降控制，例如河流直接下切到海相或前三角洲相中，海岸相直接覆盖到陆缘或坡折处沉积上以及浅水沉积与深水沉积的直接接触（Wei-mer，1984）。

（3）海岸上超的向下转移产生于相对海平面的下降。需要注意的是应区分海岸沉积物的上超点与重力滑塌形成的盆地边缘的假上超点，避免解释错误。

（4）沉积速率的变化，组成一系列层序的沉积物、粒径大小矿物成分的突然变化，说明其发育主要受物源供应控制。

（5）广泛的板块间的地层对比和已证实的层序及其边界的等时性说明全球海平面变化是控制层序发育的主要因素。当然，我们应当注意等时性地层对比及其论证必需严格检验。大规模构造活动通常影响相邻几个板块甚至涉及全球，因此，盆地范围或地区间的地层对比不能排除构造运动对层序发育的影响。一套层序对比的程序需要满足：①对比应限于沉积中心或与其有关的邻近地区；②对比应沿整个板块边缘；③相邻板块间对比；④全球对比。

（6）盆地内角度不整合，同沉积断层以及其他与突发性构造活动有关的证据支持构造沉降是控制层序发育的主要因素的观点。板块边缘构造上升或沉降的速率与全球性海平面变化速率的最大值相对应（图9–5），并影响或控制着地层记录。

（7）超过 $10 \times 10^4 a$ 周期间的海的不断变深表明变化的、快速的构造沉降控制着沉积方式。

五、成因地层层序模式的特点

层序地层分析为盆地分析提供了一种有效的工具。然而目前存在两种根本不同的层序模型。但我们相信成因层序的地层格架能够使我们更好地理解沉积盆地的沉积史、结构史及全球海平面变化史。

（1）由盆地边缘的海泛产生的界面具有一定的物理地层特征——分布很广泛的海相地层或海底侵蚀面—因而可以很容易地被广大的地球科学家用各种资料（测井、地震和露头）进行识别、对比及应用。

在这个界面上能经常发现很薄的标志层，而且很容易在单一野外露头或井剖面上识别出来。最大海泛期间形成了这个沉积缓慢的富含古生物的标志层。这个标志层是半远洋覆盖物质，一般在地震剖面上形成高振幅连续反射。正如 Haq 等（1987）所指出的那样，最容易识别的界面是海侵面，第二个最容易识别的界面是最大海泛面。与此相反，地表不整合面是一个很难识别的面，特别是地震资料很差的情况下。

（2）最大海泛面不仅容易识别，而且重要的是，它是一个非常有用的层序边界，这个界面在海相地层和非海相地层交互的地区发育得很好。这个界面可以外推到非海相剖面和深海相剖面中。

（3）海侵之后沉积的密集段富含生物化石，因此，可以根据古生物学确定时代。这些生物化石中常会有浮游生物，这些浮游生物对于进行高分辨率年代地层学对比有很重要的作用。

（4）不论所选择的层序边界如何，海相密集段最终能为区域间的层序对比提供年代地层格架。

（5）由于最大海泛及其相应的沉积间断是由海侵引起的，因此由于滨岸沉积物的重新改造或大陆架的淹没而形成的界面及薄层物质，都可以作为层序边界对比和沉积体系作图的区域标准层。

（6）海侵和海泛面打断了地层记录的完整性。与海平面的突然下降相联系的普遍存在的、广泛分布的"不整合面"很有疑问，这些不整合的存在取决于全球海平面的重复下降来控制盆地的地层。除了冰川、大地水准面的全球变化外，还没有合理的机理来解释这种快速下降，然而，沉积物供应、构造沉降、逐渐的全球海平面变化三者的作用可以在任何地点形成沉积层序，而无需产生广泛分布的陆地侵蚀面。把层序地层格架识别建立在识别广泛分布的、可以对比的陆表侵蚀面的基础上，是不成熟的。并认为这个界面的形成仅取决于一个主要因素——被假设为快速波动的全球海平面，也是不合适的，因为快速波动的原因尚不清楚。以可观察的海泛面为基础的层序不需要任何假设条件。而且可以很容易地把基准面快速下降引起的侵蚀面包括进来。

（7）被最大海泛面及其对应的最大海侵期形成的海岸相所确定的成因层序边界与 Vail 的 I 型层序边界、II 型层序边界的分布范围相当［图 9-1（a）］。它们很难追踪到非海相的海岸地貌剖面中。然而 I 型层序边界也很难追踪到深海相剖面中，而深海相地层中常用反映相对高水位的远洋沉积层进行层序对比。

在以 II 型不整合为边界的沉积层序中，由于最大海泛面较大的分布范围，它的对比优势就显示出来了。这种层序中作为层序边界的侵蚀面分布范围很小，仅仅在盆地的边缘分布。而最大海泛面的分布范围很大。在冲积河道的改道过程中，容易将 II 型不整合面破坏而变得很难识别。在最坏的情况下，最大海泛面和海侵面的分布范围与 I 型层序边界的分布范围差不多；在最好的情况下，它比 II 型不整合面的侧向分布范围大，且易观察到。

（8）海侵和海泛产生了很明显的标志层。盆地是由构造沉降形成的，只有在全球海平面的下降速度超过了盆地沉降速度时，才会有相对基准面的下降。相反，相对基准面的上升总是伴随着海平面的上升。

图 9-8 是始新世海平面波动在盆缘三种不同下降速率曲线段上的叠加结果，这三段其构造沉降表现为缓慢、中等和快速三种。在快速沉降盆地段，相对基准面变化在从很快到相对较慢经历了四个阶段。如果沉积物供应稳定，地层将由海侵和沉积物进积交替作用形成，无陆上不整合产生。中等沉降地段只经历基准面轻微的相对下降这样一个简单阶段，可能产生 II 型层序界面，四个相对基准面快速上升和海泛事件持续发生。对应相同的全球海平面变化旋回，缓慢下沉段产生两次基准面相对下降和陆上侵蚀以及与海侵相联系的基准面相对上升。

（9）伴随海侵和海泛事件，在古地形背景上有沉积体系和沉积中心的变化。在成因地层层序之间河流轴向、三角洲沉积中心、三角洲向沉积区有很大变化。

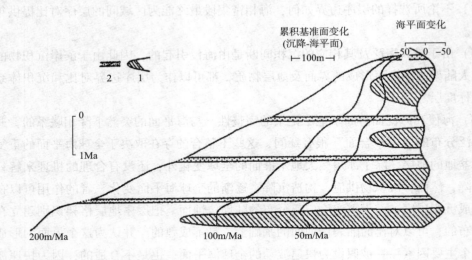

图9-8 不同盆缘沉降速率对全球海平面波动的沉积响应的影响（据 Galloway，1989）
1—基准面相对下降，导致陆上侵蚀；2—基准面上升速度最快，导致最大海侵

总之，被最大海泛面界定的沉积序列定义为成因地层层序，它们由时间上、空间上有联系的沉积体系和相组成。成因地层层序模式将构造沉降和沉积物供应放在与全球海平面变化一样重要的位置，因此能解释地质中的许多重大问题。

第十章　T‑R 旋回层序地层学

第一节　A. Embry 的海相 T‑R 旋回层序地层学模式

Ashton F. Embry 对斯沃德鲁普盆地三叠系地层进行了研究，发现构成盆地三叠系地层的基本单元是海进—海退旋回（简称 T‑R 旋回）。T‑R 旋回被定义为："从一个（海水）加深事件到另一个具同等规模的加深事件开始之间的一段时间内沉积下来的岩层"。这里讨论的 T‑R 旋回通常有数百米厚。T‑R 旋回的地层构成如图 10‑1 所示。沿盆地边缘，一个 T‑R 旋回总是由一个薄的海进单元开始的，该单元常常是由钙质砂岩或砂质灰岩组成，与下伏前一旋回地层呈不整合关系。其上被一厚层的海退、进积层系所覆盖，该层系下部由页岩和砂岩组成，上部则为砂岩。砂岩之上常盖以一陆上不整合。在底部海进砂岩单元之上常发育一个海底不整合或沉积间断面（Frazier，1974）。向盆方向，该海进单元逐渐变薄并最终消失，前述海底不整合就成为旋回的底面。海退砂岩及上覆陆相不整合也向盆地内部逐渐消失，在盆地大部分地区，粉砂岩常常成为旋回的最上部分。

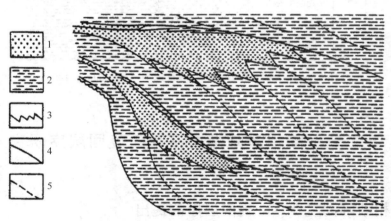

图 10‑1　T‑R 旋回的地层模式（据 Embry，1988）
1—砂岩；2—粉砂岩、页岩；3—陆上不整合；4—沉积间断面；5—时间线

在斯沃德鲁普盆地的三叠系中，共识别出了 9 个 T‑R 旋回，所有 9 个旋回在盆地的许多剖面上均可鉴别出来，并确立了每一旋回的区域性特征。图 10‑2 为斯沃德鲁普盆地

的三叠系地层及识别出来的 T－R 旋回。有关地层年龄的生物地层控制主要是根据加拿大地质调查所的 E. T. Tozer 所鉴别的菊石类和腹足类化石确定的，在大化石缺乏的地区则利用孢粉资料作了补充。这说明斯沃德鲁普盆地在三叠系地层沉积期至少出现过九次海平面升→降的旋回。

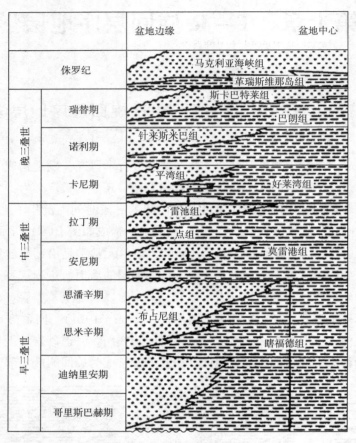

图 10－2　斯沃德鲁普盆地的三叠系地层（据 Embry，1988）

第二节　陆相断陷湖盆 T－R 旋回层序研究

一、陆相断陷湖盆 T－R 旋回层序的提出

郭建华等（1998、2003）认为陆相断陷湖盆层序发育条件与经典的 Vail 模式有较大差异。

（1）Vail 模式中海平面呈正弦曲线变化，陆上不整合面向海方向达到最大延伸的时间是海平面曲线（正弦曲线）下降段的拐点，在此时期内，陆架由于坡缓而广泛发育陆表侵蚀不整合。陆相断陷湖盆中，湖平面相对变化曲线主要为二段折线模式，湖平面的升降幅度有限，且坡度较陡（即使是缓坡也比陆架坡度陡），因此湖平面的升降不会形成大面积的暴露剥蚀。

（2）Vail 模式中物源是从陆向海的单一物源，而在陆相断陷湖盆中物源是多向的。

（3）Vail 模式中一个层序由低水位体系域（LST）、海侵体系域（TST）和高水位体系域（HST）组成，LST 和 HST 的准层序组以进积式为主。在陆相断陷湖盆中，下伏层序的 HST 和上覆层序的 LST 由于缺少作为层序边界的暴露侵蚀面而难以划分。实际上下伏层序的 HST 和上覆层序的 LST 是一个连续的可容空间减少、湖平面下降过程中的产物。

（4）主要的储集砂体是湖退过程中的沉积体，即下伏层序 HST 和上覆层序 LST 中的砂体。按照 Vail 的观点在其中强行划出一个层序边界，势必将一个具有成因联系的连续的砂层组一分为二，也可能违背层序地层学中等时对比的原则。

在断陷湖盆中广泛发育的湖进—湖退沉积旋回可与 Johnson 提出的 T-R 旋回层序对比，代表了一次水体加深事件的开始至下一次同等界别水体加深事件之初这段时间内的沉积单元。因此将一个旋回层序内部划分为两个体系域：湖进体系域（LTST）和湖退体系域（LRST），其中 LTST 相当于 Vall 模式的下伏层序的 TST，而 LRST 则相当于下伏层序的 HST 加上上覆层序的 LST（图 10-3）。

在一个 T-R 旋回层序内主要涉及三个面：层序底界面、层序顶界面和 T-R 之间的转换面，分别对应于 Vail 模式的下伏层序初始海泛面、上覆层序初始海泛面和下伏层序最大湖泛面（下超面）。

二、T-R 旋回层序的控制因素

对于 T-R 旋回层的控制因素目前尚无定论。郭建华等（1998，2003）对东濮凹陷进行 T-R 旋回层序地层学研究后认为三级 T-R 旋回是由于区内控制盆地格局的断裂系统的幕式活动所致，而四级或五级 T-R 旋回则主要是受米兰科维奇全球气候旋回所控制。在断层活动期，湖盆下沉速率快，可容空间增长速率大于沉积物的供应速率，造成相对湖平面上升，湖盆扩张，形成湖进体系域；而在断层活动相对平静期，可容空间的增长速率明显小于沉积速率，相对湖平面下降，湖盆萎缩，形成湖退体系域。对于四级、五级 T-R 旋回，计算出每个四级 T-R 旋回形成的平均时间与偏心率周期相当，而每个五级 T-R 旋回形成的平均时间与黄赤交角周期的变化相当，因此推断米兰科维奇气候旋控制了四级、五级 T-R 旋回层序的发育。

操应长等（2000、2004）对东营凹陷进行 T-R 层序地层学研究后认为气候、沉积物的供应和构造控制了 T-R 层序的发育（图 10-4）。

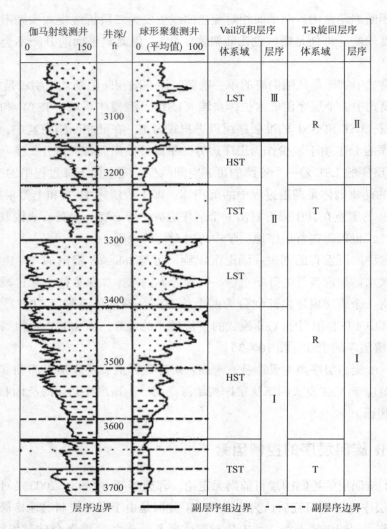

图 10-3 Vail 层序地层与 T-R 旋回层序的划分与对比
（据郭建华等，1998）

东营凹陷沙三段沉积早中期气候为南亚热带型，且雨量充足，仅在沙三段末期气候才开始向干旱转化，直到沙二段沉积期才出现蒸发量大于供水量的现象。沙三段沉积的早中期潮湿的气候条件保证了有足够外界水体持续流向东营湖盆，且湖盆水体的蒸发量远小于注入量。

东营凹陷四周为凸起或隆起围绕，沙三段沉积期构造活动强烈，气候湿润，在东营凹陷形成了近千米厚的碎屑岩沉积，但是在沙三段不同演化时期所提供的物源量存在差异，这种差异主要表现在沉积物的沉积速率上。如图 10-5 所示，湖进域处于欠补偿沉积状态，表现为很低的沉积速率；而湖退域处于过补偿沉积，具高的沉积速率。表明沉积物的供应速率的变化对 T-R 层序发育有直接的控制作用。

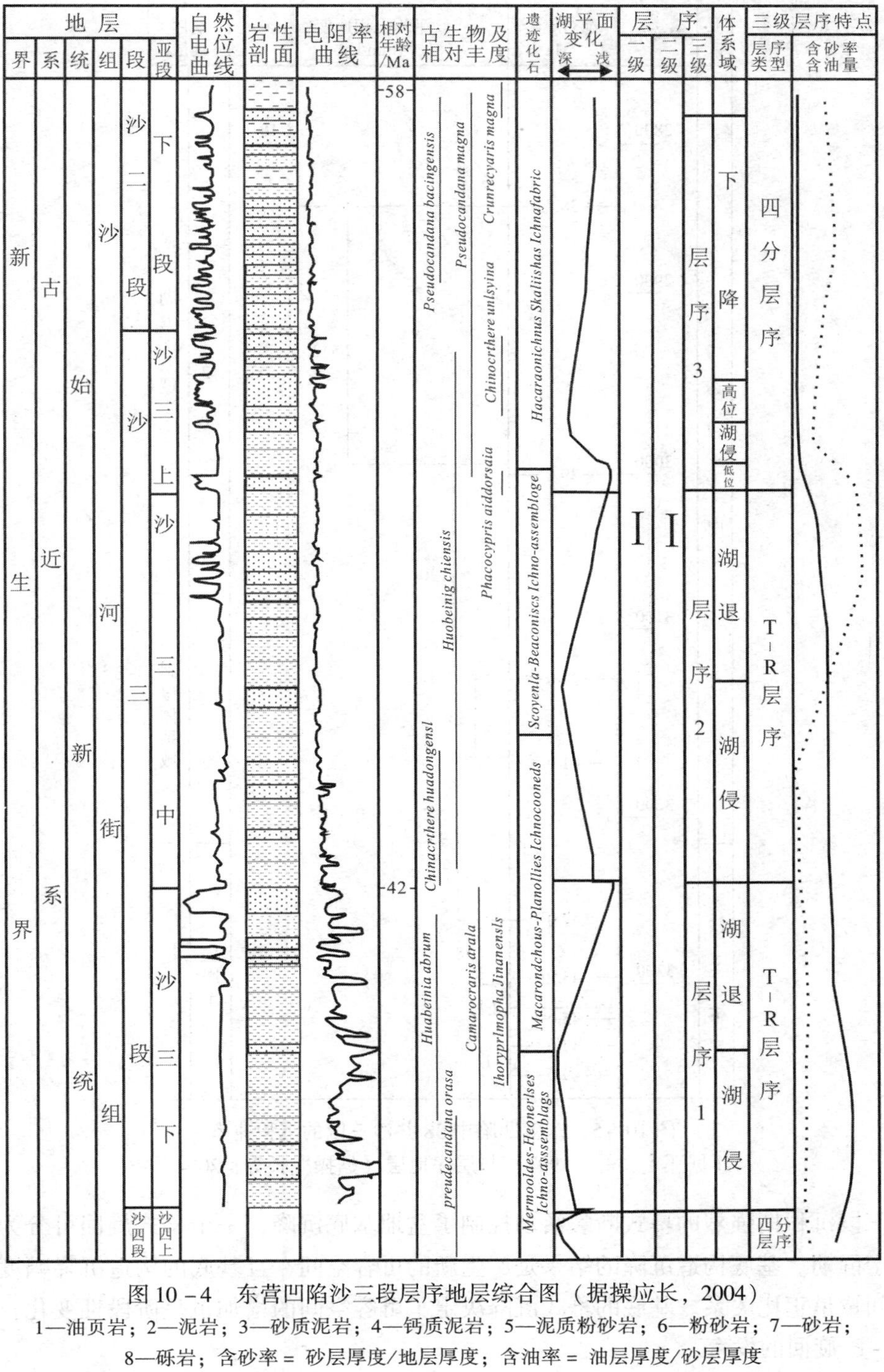

图 10-4　东营凹陷沙三段层序地层综合图（据操应长，2004）

1—油页岩；2—泥岩；3—砂质泥岩；4—钙质泥岩；5—泥质粉砂岩；6—粉砂岩；7—砂岩；

8—砾岩；含砂率 = 砂层厚度/地层厚度；含油率 = 油层厚度/砂层厚度

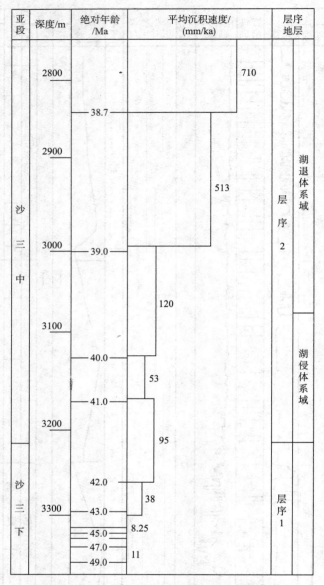

图 10 – 5　东营凹陷中 38 井沙三段的沉积速率
（据邓宏文等，1993）与层序地层（据操应长等，2004）

　　沙三段沉积期强烈的幕式断裂活动控制了盆地基底沉降，一个幕式旋回可分为构造活动期和宁静期。基底构造沉降的结果是产生新的可容空间，且基底的构造沉降幅度与新增可容空间量呈正比关系。基底的幕式沉降决定了可容空间的增加也呈阶段性变化，从而控制了 T – R 旋回的发育。

　　总之，潮湿气候条件下幕式构造活动和沉积物快速充填是形成东营凹陷沙三段 T – R 层序的关键。层序发育的早期阶段，幕式构造运动产生新生可容空间，决定了湖进旋回的发育；晚期阶段，沉积物快速充填减少可容空间，控制了湖退旋回的演化。

第十一章 构造层序地层学

第一节 概　述

Posamentier 和 Vail 提出的层序和体系域模式是在被动大陆边缘的背景条件下提出来的。在这种背景下，构造沉降的变化周期比全球性海平面变化周期要长得多。因此，在计算构造沉降对相对海平面变化的贡献时，可以近似地将构造沉降的变化看作是线性的和可度量的。尽管大地构造运动可以影响全球性海平面变化发生的时间和地点，但在决定被动大陆边缘发展的特定阶段发育哪一种体系域时，它通常只是一个次要因素。因此，全球海平面升降被认为是体系域发展的主要控制因素。相对海平面变化中，绝对海平面的分量大，相对变化周期与绝对变化周期一致。

但是，如果与绝对海平面相比，大地构造运动成为控制沉积的主导因素时，则沉积体系域的特征将主要受大地构造运动的影响。相对海平面变化曲线中，构造沉降占绝对优势，相对海平面的变化周期取决于构造运动的周期（图 11-1）。绝对海平面变化在相对海平面变化中的贡献值成为次要成分，即绝对海平面变化不再是决定沉积体系域类型组合方式的主要因素。

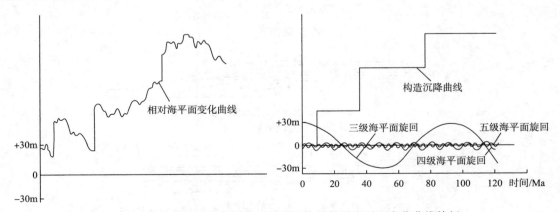

图 11-1　构造运动占主导作用的盆地中的相对海平面变化曲线特征

在活动的扩张型的断陷盆地中，构造运动的特征是非常重要的。在这种环境下，要识别出 Posamentier 和 Vail 定义的受海平面升降控制的体系域是不可能的。在沉积物沉积的同时，或在沉积物沉积之前发生明显构造活动的环境中，如在以断层为边界的不对称的地堑中识别层序时，这些层序的内部结构、体系域组成与构造运动有密切联系。在这些情况下，层序的发育将是构造成因的，可以定义为"构造层序"，其中的体系域称为"构造体系域"。这些术语的采用以及盆地分析中是否能识别出这些因素是下面所讨论的主题。

因此，比较容易预测的全球性或区域性的海平面波动的周期不能应用于构造活动强烈的环境，对于盆地演化的每一个阶段，很难获得或不可能获得它的活动周期和相应的沉积体系，每一个与裂谷相关的层序及沉积体系的持续时期，将取决于盆地的形成及断裂速度，然而这个速度是高度变化的。

在 Vail（1993）出版的有关裂谷盆地层序发育的文献中，描述了体系域的发展。他所采用的例子是典型的生长断层的例子（图 11 - 2）。在这个例子中，正断层两边的地层厚度的变化不是由地壳的拉张引起的，而是与重力驱动的铲状断层有密切关系，这种断层沿着近水平的滑脱发生在沉积物中，这样地壳的张性构造力并不控制新增可容空间的产生；而且区域性的海平面变化很可能在断层两边不同厚度的地层中同时产生响应。虽然由于下

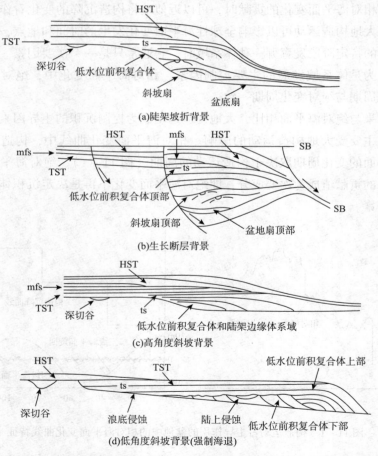

图 11 - 2　生长断层控制背景下的层序及其体系域特征（据 Vail 等，1993）

降盘的水深较大，其地层特点也与上升盘有所不同，但所采用的全球性或区域性海平面升降及体系域等术语与 Vail 所观察到的地层关系是相一致的，Vail 认为这个断层坡折等同于滨岸线坡折。这样，这个结果很难用到典型的裂谷盆地中去。

在典型的裂谷盆地中，以大地构造活动引起的地壳断层为边界。在这种盆地中，沉积体系域的分布主要与局部构造运动有关，而与区域性的全球海平面变化无关。因此，这种盆地构造运动幅度大、速度快，是可容空间产生的主要因素，在这种情况下，体系域中沉积体系的组成也主要与构造运动有关。此时使用"构造层序""构造体系域"等术语更合适。

在描述这一构造层序和构造体系域的特点、探讨它们的实用性之前，有必要强调一下构造运动对沉积的影响，澄清一下关于裂谷盆地地层的一些错误见解。

第二节　构造体系域的划分

一般的断陷盆地的演化可以明显地划分为四个阶段，即断陷初始阶段、强裂陷阶段，裂谷后早期阶段和裂谷后晚期阶段。这四个阶段分别对应着四个不同的体系域。每个体系域的沉积体系组成及其三维展布情况有明显的差异。

一、裂谷初始期体系域

断层的初次活动在地壳表面形成断陷，之后可靠重力驱动的沉积体系将在断陷中沉积。在这个阶段，盆地常位于地表物源供应很充足的地区，形成了永久性的冲积体系，主要由河流和冲积扇沉积组成。

在这个阶段：①沉降速度等于沉积速度；②由于断陷周围由固结的坚硬的岩石组成，所以在新形成的盆地的短轴方向上，没有建立起水系；③在盆地的长轴方向上，发育前期形成的水系，因此长轴方向上沉积物的输入占绝对优势；④存在小的孤立的次级盆地，其沉积面积较小；⑤断层的上升盘一侧存在小的断层崖，下降盘发生倾斜，冲积水道平行于轴向分布，提供较细粒的成熟度较高沉积物（图 11 - 3）。

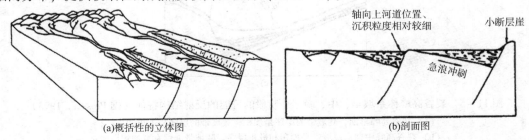

(a)概括性的立体图　　　　　　　　　　　　　　(b)剖面图

图 11 - 3　裂谷初始期体系域（据 Prosser，1993）

图中表示的是由小的、局限的、以断层为边界的盆地组成，主要的沉积体系来自长轴方向，新断层崖上的凸起很小沉积体系组成是：①一个具有河道和河道间沉积的纵向河流体系；②来源于低起伏的断层崖的小的粗碎屑岩锥。

二、裂谷高峰期（强裂陷期）体系域

在该阶段，由于断层的剧烈活动，导致沉降速度大大增加，使沉降速率大于沉积速率。同时可容空间增大，沉积面积增加。但由于受该阶段水文地质条件（如周围新水系不发育，峡谷不发育等）的控制，导致沉积物的聚集速度很小，因此不可能记录下较小的海平面变化（图11-4）。

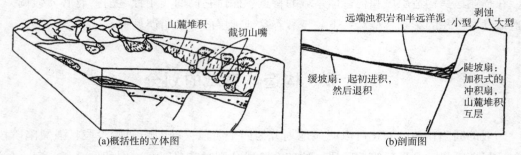

图 11-4　裂谷高潮期体系域（据 Prosser，1993）

裂谷高峰期体系域沉积期，断层上升盘上的地形起伏增加，其上水系的体积仍很小，但可供沉积的面积增加了。

此图代表裂谷高峰期的晚期阶段，其缓坡带遭受到了海侵，并没入到水下。

其早阶段的体系域表现为盆地轴向上的湖相和海湾环境，在盆地边缘发育冲积扇和扇三角洲

裂谷发育高潮期，可以划分出三个不同的发育阶段，形成三个不同的裂谷高潮体系域（图11-5）。

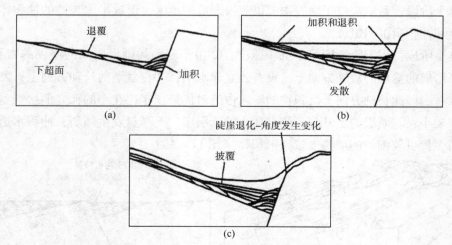

图 11-5　裂谷高峰体系域早、中、晚三个阶段的可能的反射结构特征（据 Prosser，1993）

（a）裂谷高峰早期，陡坡带的层序是加积，缓坡带的层序是进积和顶超；

（b）裂谷高峰中期，缓坡带是加积和进积层序，陡坡带继续发育加积层序；

（c）裂谷高峰晚期，铺天盖地的地层覆盖下来，盖层的厚度是恒定的

1. 裂谷高峰早期体系域

在理想情况下，早期裂谷高峰期体系域下超在裂谷初始体系域之上。可以通过寻找下超面把两者区分开。在陡坡带主要是加积作用，在缓坡带主要是进积和顶超。

2. 裂谷高峰中期体系域

该体系域的特点是在缓坡带和陡坡带都形成退积。海进的速度决定着缓坡带进积和加积的数量，而在倾角小的地方，退积和被淹没的速度可能很快。

3. 裂谷高峰晚期体系域

该体系域的特点是在全盆地形成披覆沉积层。这个披覆盖层可以盖到缓坡带和陡坡带的顶上。

4. 沉积体系

对裂谷高峰阶段，其沉积体系也随时间有所差异：①裂谷早期阶段，陡坡带发育锥状扇体或滑塌岩体沉积；缓坡为陆上冲积扇和浅水型三角洲；②裂谷中期阶段，陡坡带发育小型水下扇沉积，缓坡发育浅水相带沉积，其余大部分地区充填有半远洋泥页岩沉积；③除陡坡带发育小型粗粒水下扇、滑塌体沉积外，大部分地区覆盖有远洋泥和浊积扇沉积。

三、裂谷后早期（收缩期早期）体系域

在该阶段，随着盆地边界断层的活动的停止，断层面两边的差异沉降和缓坡带的倾斜作用也停止，区域沉降的速率将降低。由于构造沉降机制的改变，断层不再活动，绝对海平面变化所引起的地层中较小规模特征的变化将变得明显起来。图 11 - 6 显示了裂谷后早期体系域的特点。

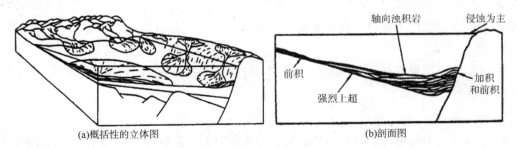

(a)概括性的立体图　　　　　　　　　　(b)剖面图

图 11 - 6　裂谷早期体系（据 Prosser，1993）

水系的扩大和下切作用，通过充填而不是通过差异沉降形成沉积相的加积，沉积物从短轴方向和
长轴方向向盆地内进积，形成明显的上超面。虽然较低的层序边界是由构造运动产生的，
但在地层系列的内部或盆地边缘，全球性海平面的影响则更重要

1. 地震特征

为连续性较好、反映加积特征的反射与部分反映进积特征的反射。盆地中部形成一大面积下超面，缓坡端上超强烈 ［图 11 - 6（b）］。

2. 沉积体系

纵向上来说，由于沉降速度的降低，导致沉积物颗粒向上变粗，沉积水体向上变浅。平面上来说，在盆地中央部位，以半深水泥岩夹含有大量浊积岩沉积为主，陡坡带发育水下扇沉积体系，缓坡带为河流—三角洲沉积体系（图11-6）

四、裂谷后晚期（收缩期晚期）体系域

一个裂谷盆地从形成到被沉积物充填，是将断裂活动产生的地貌进行逐渐的、缓慢的填平补齐的过程。这个过程要花费几百万年的时间，一旦裂谷发生，这个沉积充填过程也必然发生。这个裂谷后晚期体系域可能被之后的大地构造事件所掩盖。但在某些实例中，该期沉积体系域可以被识别出来，如图11-7所示。

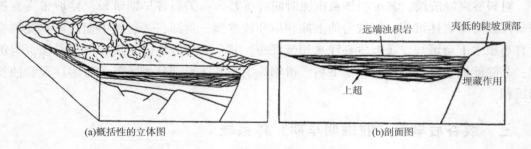

(a)概括性的立体图　　　　　　(b)剖面图

图11-7　裂谷后晚期体系域（据Prosser，1993）

由于河流剖面达到了平衡，陡坡带上的断崖消失了，由于热沉降作用可能保存有深水相沉积，而且产生与断裂活动有关的地形的埋藏作用，导致形成上超面。地层的内部结构特点受绝对海平面和气候的波动影响较大

该期特点是：①沉降可有可无，若有沉降，其沉降速率约等于沉积速度。②由于断层崖的消失和热力引起的沉降使大多数暴露地表的水系被淹没，使得沉积物的粒度变细。③绝对海平面变化产生的特征很可能被记录下来。

1. 地震特征

与下伏地层反射相比，该期地层反射连续性好，近于平行；向缓坡端和陡坡端上超（图11-7）。

2. 沉积体系

由于物源区的夷平和断裂活动的退降，造成随时间变化沉积物粒度减小。缓坡端发育有河流—三角洲沉积体系，靠断层一侧发育河流—扇三角洲沉积体系，盆地中心发育浊积扇沉积体系（图11-7）。

五、构造层序的发育模式

在断陷（裂谷）盆地中所聚集的沉积体系的结构和类型有一个基本模式，这个模式是大规模的特征，内部会有一些受气候物源成分和可能的海平面波动引起的细微特征。因为控制沉积的因素很复杂，要预测一个给定的盆地中沉积物的类型是很难的，但在裂谷盆地中的地层中，有一个受大地构造运动控制的共同特点。通过寻找特征的相关联的沉积体系把它们与特定的构造体系域进行对比，可以把这些特征与其他变量区分开来。这样就可以确定盆地发展的阶段。Posamenlier 和 Vail 的全球海平面体系域术语（高位、低位、海侵）对于描述影响被动大陆边缘和过程是理想的，因为这些术语督促解释者考虑影响沉积物在时间上和空间上聚集 的所有方面（因素）。然而在描述活动的断陷盆地中沉积物的聚集时，这些术语就不太适合，因为在这种盆地中，局部的构造活动成为重要的控制因素，这些因素在上述体系域中没有包 括进去，也没有引导解释者考虑这些因素。如果能把地层中的大地构造影响确定出来，且盆 地分析按着这个观点进行，则会从时间和空间的角度强调裂谷盆地中发育的沉积相，这样也会阐明油源岩、盖层及储层相互关系的存在。

　　一个理想的裂谷盆地可以在它的地层中很明显地显示出每一个构造体系域。但实际上，如果仅是充填盆地的地层厚度很薄的部分，或局部因素限制了该套地层的形成和保存，要识别出每一个构造体系域也是不可能的。一个能识别出每一个发展阶段的盆地类似于图 11 – 8 所示的剖面，按图 11 – 8 中箭头所示的位置进行绘制沉积剖面，由其特征就如图 11 – 9 所示。理想剖面旁边的文字是对体系域的解释和它对盆地分析的重要性。

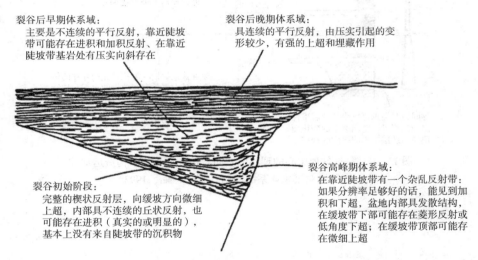

裂谷后早期体系域：
　　主要是不连续的平行反射，靠近陡坡带可能存在进积和加积反射、在靠近陡坡带基岩处有压实向斜存在

裂谷后晚期体系域：
　　具连续的平行反射，由压实引起的变形较少，有强的上超和埋藏作用

裂谷初始阶段：
　　完整的楔状反射层，向缓坡方向微细上超，内部具不连续的丘状反射，也可能存在进积（真实的或明显的），基本上没有来自陡坡带的沉积物

裂谷高峰期体系域：
　　在靠近陡坡带有一个杂乱反射带：如果分辨率足够好的话，能见到加积和下超，盆地内部具发散结构，在缓坡带下部可能存在菱形反射或低角度下超；在缓坡带顶部可能存在微细上超

图 11 – 8　穿过一个理想盆地的理想解释剖面（据 Prosser，1993）
从该剖面上可以鉴定出每一个构造体系域

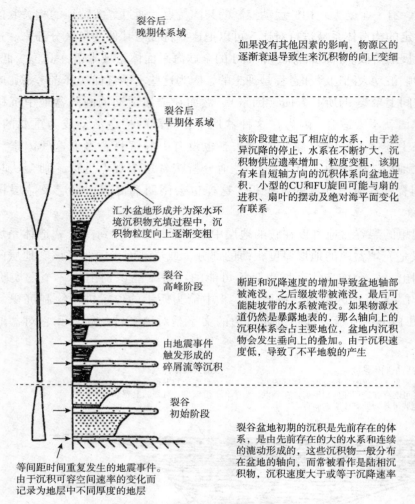

裂谷后
晚期体系域

如果没有其他因素的影响，物源区的
逐渐衰退导致生来沉积物的向上变细

裂谷后
早期体系域

该阶段建立起了相应的水系，由于差
异沉降的停止，水系在不断扩大，沉
积物供应遗应率增加、粒度变粗，该期
有来自短轴方向的沉积体系向盆地进
积。小型的CU和FU旋回可能与扇的
进积、扇叶的摆动及绝对海平面变化
有联系

汇水盆地形成并为深水环
境沉积物充填过程中，沉
积物粒度向上逐渐变粗

裂谷
高峰阶段

断距和沉降速度的增加导致盆地轴部
被淹没，之后缓坡带被淹没，最后可
能陡坡带的水系被淹没。如果物源水
道仍然是暴露地表的，那么轴向上的
沉积体系会占主要地位，盆地内沉积
物会发生垂向上的叠加。由于沉积速
度低，导致了不平地貌的产生

由地震事件
触发形成的
碎屑流等沉积

裂谷
初始阶段

裂谷盆地初期的沉积是先前存在的体
系，是由先前存在的大的水系和连续
的漉动形成的，这些沉积物一般分布
在盆地的轴向，而常被看作是陆相沉
积物，沉积速度大于或等于沉降速率

等间距时间重复发生的地震事件。
由于沉积可容空间速率的变化而
记录为地层中不同厚度的地层

图 11－9　穿过盆地中心的理想的垂向岩性剖面反映了构造运动的
不同阶段对沉积体系的控制（据 Prosser，1993）

第三篇

陆相层序地层学

第十二章　陆相湖盆层序地学研究基础

　　层序地层学是根据地震、钻孔和露头资料对地层形式做出综合解释，其中心思想在于建立沉积盆地的等时地层格架。目前层序地层研究的成功经验主要来源于大陆边缘盆地，由于板内构造条件下陆相盆地的地质结构明显不同于大陆边缘盆地，因此，陆相盆地层序地层研究与大陆边缘盆地相比具有较大的差异。主要区别包括：①陆相盆地主要受控于构造因素，而且沉积盆地内构造分区明显，沉降分异大；②陆相盆地具物源近、堆积快等特点，沉积物中含突发性事件沉积所占比例较大，气候变化对沉积物供给影响更明显；③陆相盆地具有多物源、多沉积中心、相变快、相带窄、水域面积小，变化大等特点，其沉积体系域类型比大陆边缘盆地更多样化和复杂化；④陆相盆地内湖底扇或深水重力流沉积主要发育于深湖泥岩段，而大陆边缘盆地海底扇则发育于低水位体系域。

　　陆相盆地层序地层学研究的核心是层序的成因问题。层序成因的合理解释是确定层序划分标准、建立层序演化规律和层序模式等研究工作的前提。国外比较典型的是K. W. Shanley 等所作的工作。他在 1994 年 AAPG 上发表的 "陆相地层的层序地层学前景" 一文反映了国外陆相层序地层学研究的现状。他的主要观点为：控制层序发育的因素随其所处地理背景不同，而差别较大（图 12 – 1）。在陆架边缘以外，主要受海平面升降变化控制，向陆地方向海平面变化的影响逐渐变小，最后气候和物源区抬升成为对地层基准面较重要的控制因素。

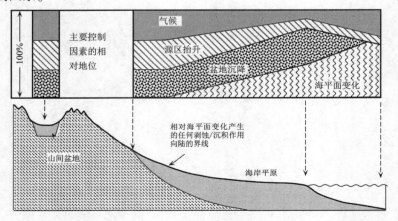

图 12 – 1　气候、全球海平面升降、盆地沉积和物源区上升效应对陆相地区的
储集层规模的控制（据 Shanley，1994）

第一节　内陆盆地中的基准面和地层结构

相对海平面的变化对滨海和海岸平原环境的平衡面有着重大影响，并控制着形成的地层结构形式。然而，随着内陆距海盆的距离的增大，可容空间和平衡剖面受相对海平面变化的影响减小。实际上，把内陆盆地中地层形态与相对海平面变化进行对比存在致命的问题。在内陆盆地中，相对海平面变化没有什么重要意义。然而，在内陆环境中，地层的沉积仍然受可容空间和沉积基准面的控制。那么，在内陆环境中如何确定这些沉积基准面就成为一个重要问题。

水文地质学将湖盆分成闭流湖盆和敞流湖盆两种类型：①闭流湖盆是指注入湖盆的水量小于蒸发量和地下渗流量之和，湖平面的位置常低于盆地最低溢出口高程的湖盆 [图 12 − 2（a）]；②敞流湖盆是指注入湖盆水量大于蒸发量和地下渗流量之和，湖平面的位置维持在与湖盆的最低溢出口相同的高程上，多余的水通过泄水通道流出盆地的湖盆 [图 12 − 2（b）]。在湖相环境中，无论湖泊是敞流湖盆（例如具有湖水外流）还是闭流湖盆，湖平面的变化影响着湖相地层。湖平面的变化首先决定着湖泊的可容空间和能量的分布。湖平面对湖相地层及其邻近的河流相地层起主要控制作用，其控制方式与相对海平面对海相和海岸平原相地层的控制方式相同。因此，湖相地层的地层结构反映了沉积物输入与湖面变化所决定的可容空间变化之间的相互作用。此外，湖平面的变化也影响注入湖泊的河流系统，这一点与相对海平面的变化对注入海盆的河流系统的影响类似。湖岸附近的河流下切和加积作用与湖平面的对应关系十分密切。而随着离岸距离的加大，这种相关性减弱。

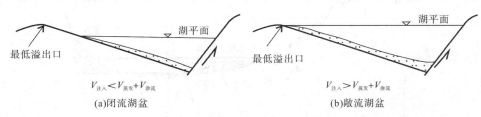

图 12 − 2　闭流湖盆和敞流湖盆

目前，在除了河流相和湖相地层之外的其他陆相地层中建立基准面的工作开展得较少，但这也确实是一个令人感兴趣的研究领域。在风成体系中，大量沉积物的保存与广布的风蚀面有关，而这种风蚀面又与地下水位有关。这些区域性展布的风蚀面被称为基准面。这种风蚀面可以在滨岸进积沙海和内陆沙海等各种风成沉积中见到。这个风蚀面的面积可达数十平方千米，在一定范围内可以控制沉积物的保存和侵蚀。因此，地下水位可以看成是风成沉积体系内沉积基准面的一种形式。地下水位的升降变化控制着风成地层的沉积格架。在海盆或湖盆边缘的风成体系中，地下水位与湖平面或相对海平面密切相关。但是，远离湖盆或海盆，地下水位只与当地的长周期气候变化有关。因此，在内陆盆地或远离海洋的地区，可容空间主要与气候和构造运动有关。

第二节 层序地层学在湖泊环境中的应用

　　针对浅海环境发展起来的层序地层学的概念和原理能够很容易地应用于"闭流"湖泊体系（Shanley，1994）。湖面变化对湖相地层沉积作用的控制，其方式与相对海平面变化对浅海地层的控制很相似。许多文献中谈到湖平面变化影响地层沉积的例子。穿过一些湖泊的高分辨率地震剖面说明其 25000 年前的湖平面比现在湖平面低 200m（Gasse，1977）。这些例子说明，湖平面变化的幅度不小于甚至大于海平面变化的幅度。已在许多湖盆中识别出了由湖平面变化所产生的层序边界，这些地层层序边界以削蚀方式下伏于"高水位"湖相沉积之下，"低水位"期的沉积相明显地向盆地方向迁移（Scholz 等，1993）。且"低水位"的沉积相与"高水位"的沉积相类型及其组合明显不同（图 12 - 3）。

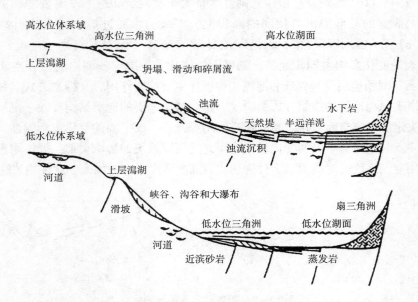

图 12 - 3　综合的半地堑模式，显示了湖相高水位和低水位体系域的
可能组成（据 Scholz，1991，有修改）

　　Smith（1991）研究了坦噶尼喀湖的沉积特征，认为坦噶尼喀湖的主要沉积单元反映了可变的湖面、气候和物源区的相互作用。地震资料中所观测到的湖相地层的层序地层单元，尽管比相应的海相单元薄，但是它们在形态上与许多被动大陆边缘盆地的观测结果极为相似。

　　美国非海相层序地层学研究小组描述了阿根廷白垩系地层中的湖相体系域的一个模式。完全干枯的湖泊相低水位沉积由向上变粗的碎屑楔式席状体组成，且顶部被河道切割。低水位期间有如吉尔伯特型三角洲的发育。湖面上升导致以滨岸线退积式准层序组为特征的水进体系域，它们由分支河道和河口坝相的细粒砂岩组成，上覆有氧化的近滨至远滨湖相地层。高水位体系域由沉积在深水缺氧环境中的薄而广的暗色有机页岩构成（Shanley，1994）。此外，还描述了荷兰湖泊盆地的例子：地层中层序边界是响应于干旱气候条件下的低湖面形成的。低水位体系域以盆地中心的蒸发岩系以及过渡区内广布的风成沉积为 特征。水进体系域由盆地中心的湖相和泥坪沉积以及过渡区的潮湿砂坪组成。沿盆地边缘具有干谷型砂坪。这些地层内的最大洪泛面以伸展到湖泊中心的湖相组以及盆地边缘广布的内陆萨布哈和河流沉积作为标志。高水位沉积以盆地中心的泥坪和湖相沉积以及过渡区和部分盆地边缘的干谷和潮湿砂坪为主（Shanley，1994）。

第三节　湖平面

一、湖盆类型

水文地质学将湖盆划分为两种类型，即敞流湖盆和闭流湖盆（图 12 - 2，其定义见本章第一节）。通常干旱气候条件下容易形成闭流湖盆，潮湿气候条件下易成敞流湖盆。

二、湖平面的定义

目前研究陆相湖盆层序地层学的学者，都在使用"湖平面"一词，但并没有给"湖平面"下明确的定义，对"湖平面"的理解也不一样，有些学者把水深的变化当成湖平面的变化，因此引起了许多不必要的争执。

1. 相对湖平面

参照 H. W. Posamentier 等（1988）对海平面和海水深度的定义，本书也试图给湖平面下一个描述性的定义。定义湖平面的位置，需要选择一个参照系，本书选择断陷湖盆基底的某一基准面作为参照系。这样，相对湖平面就是湖平面到基准面的高度；水深则是湖面到湖底沉积物表面的高度（图 12 - 4）。因此，如果我们说湖平面升降，就是指湖盆中任意一点处的湖面到基底高度的变化。

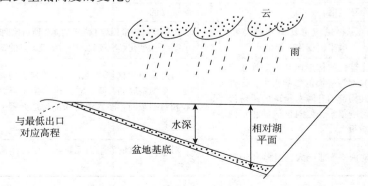

图 12 - 4　相对湖平面及水深的定义

相对湖平面的变化决定着水下可容空间的变化，可容空间与沉积物供应速度比值的变化导致湖盆地层沉积格局的变化。

2. 绝对湖平面

绝对湖平面的定义没有相对湖平面的定义那样简单。海洋中，在其他条件不变的情况下，绝对海平面只与海水的绝对体积有关。但对于敞流湖盆，绝对湖平面无法定义，因为在这种湖盆中，湖水面已达到最低出口，大气淡水的注入已不能提高湖平面。相对湖平面的提高只能由盆地构造沉降引起，如果消除了构造沉降，就会得出绝对湖平面不变的结论。

对于闭流湖盆，我们可以把绝对湖平面定义为湖面到基岩的高度。由于闭流湖盆周围地形高，最低溢出点位置高，所以，大气淡水的注入可以引起湖平面的上升，而湖盆基底总体 构造沉降则不会影响湖平面。这样，就等于湖平面的变化已基本上扣除了构造沉降的影响，可称为绝对湖平面变化。因此，闭流湖盆的绝对湖平面，实际上与湖水总体积的变化有关。相对湖平面的变化决定着可容沉积空间的变化，通过相对湖平面变化曲线的编制就可以反映出陆相断陷湖盆水下可容空间的变化情况。对于断陷型敞流湖盆，由于盆地基底是不断沉降的，其相对湖平面只升不降；而对于闭流湖盆，相对湖平面是由绝对湖平面决定的，有升也有下降。

实际上，在地质历史中，敞流湖盆和闭流湖盆是相互转化的，这样就导致了湖平面变化曲线的复杂性。

第四节　湖平面变化的控制因素

湖泊与海洋相比体积小，水体少，影响因素多，外界条件的稍微改变就会引起湖平面的变化，因此湖平面的变化比海平面的变化要频繁，变化频率高。表12−1表示海平面与湖平面变化控制因素的对比。

表12−1　海平面与湖平面变化控制因素的对比表

项　目	海　盆	湖　盆
面　积	大	小，仅相当于海盆的一部分
连通性	全球连通	孤立的
沉积物供应量	沉积物供应量比海水的体积小得多，对海平面变化的影响小	沉积物供应量相对于湖水的体积所占比例较大；对闭流湖盆的湖 平面变化影响较大，但对敞流湖盆的湖平面无影响
构造运动	全球性的构造运动（如洋中脊的扩张）对海平面的影响很大，区性或局部性构造的升降对全球的绝对海平面的影响很小，但对该区的相对海平面影响很大	与海盆中"区域或局部"面积相当的基底的升降可能就是整个湖基底的升降。它不会影响闭流湖盆的绝对湖平面和相对湖平面。湖盆中的局部构造升降，因面积小，无实际意义
气候	对海平面影响大，但影响速度慢	对敞流湖盆的湖平面无影响，但对闭流湖盆的湖平面影响大

续表

项　目	海　盆	湖　盆
河水注入量	对海平面影响很小	对闭流湖盆的湖平面影响大，对敞流湖盆的湖平面无影响

在影响湖平面变化的诸因素中，主要有构造运动、气候变化、沉积物充填、河水的注入和海侵等。但对于不同类型的盆地，这些因素所起的作用的分量是不同的。

一、构造运动

构造运动是决定陆相湖盆湖平面变化的最主要因素。构造运动决定着盆地蓄水空间的形成与消亡，若构造运动不形成蓄水空间，就不可能形成湖泊，也就更谈不上湖平面了。构造运动在不同的湖盆中有不同的表现。

1. 构造运动对敞流湖盆的影响

盆地基底构造沉降是导致敞流湖盆相对湖平面上升的因素。构造沉降的速率决定着湖平面上升的速率。盆地基底的构造抬升导致相对湖平面下降（图12-5）。从图12-5中看出，构造沉降距离等于相对湖平面上升的距离，构造沉降曲线与湖平面上升曲线互呈镜像关系。

2. 造运动对闭流湖盆湖平面变化的影响

对于闭流湖盆，盆地基底的总体构造沉降会引起湖平面的下降，两者幅度一般情况下相等，即相对湖平面不变。也就是说，盆地基底的整体构造运动对闭流湖盆的相对湖平面变化无影响（图12-6）。由于湖盆的面积小，局部构造升降与盆地基底的整体升降是一致的，这一点与海洋不同。

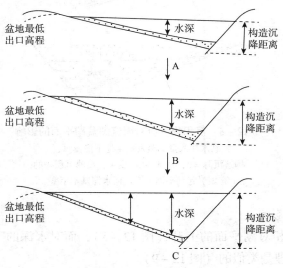 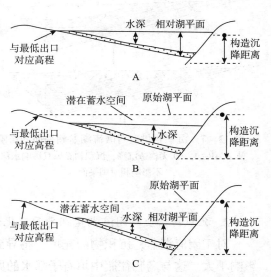

图12-5　构造沉降对敞流湖盆　　　　图12-6　盆地基底构造沉降与闭流湖盆湖
　　　　平面变化的影响　　　　　　　　　　平面变化的关系

从A→B→C，构造沉降距离在增加，相对湖平面上升　　从A→B→C，构造沉降距离的增加不影响相对湖平面

二、气候的变化

大气降水是湖水的主要来源，在其他条件相同的情况下，大气降水量与气候的变化密切相关，潮湿的气候条件将使淡水供给充沛，可使闭流湖盆的相对湖平面上升，直至形成敞流湖盆。敞流湖盆形成后，潮湿的气候对其湖平面不再产生直接影响。在干旱的气候条件下淡水补给少，使敞流湖盆变化成闭流湖盆，长期下去将导致闭流湖盆湖平面的下降。

三、沉积物供应的影响

与海盆相对比，湖盆的体积小，而沉积物的供应速率并不低。因此沉积物的供应对湖平面的变化有很大的影响。

1. 沉积物供应对敞流湖盆湖平面的影响

对于敞流湖盆，沉积物的充填不影响湖平面的变化，只会导致湖泊水深的减少，最终导致湖泊的消亡（图 12 - 7）。

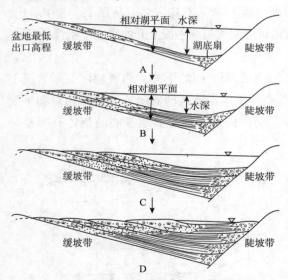

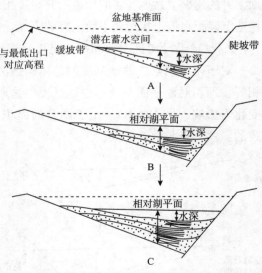

图 12 - 7　沉积物供应对敞流湖盆湖平面的影响
从 A→B→C→D 无构造沉降，沉积物充填只影响水深，
不影响相对湖平面

图 12 - 8　沉积物供应对闭流湖盆湖平面的影响
湖水注入量 = 蒸发量 + 地下渗流量，
构造沉降 = 0，从 A→B→C→，反映沉积物的
充填引起湖平面上升，而水深基本不变

2. 沉积物供应对闭流湖盆湖平面变化的影响

对于闭流湖盆，沉积物的充填，将导致相对湖平面的上升（图 12 - 8），而对水深的影响不大。这与乌鸦往瓶中填石子喝水的原理是类似的（图 12 - 9）。

图 12 - 9　乌鸦往瓶中填石子喝水的原理图

四、海侵的影响

当近海湖盆最低溢出点高程低于海平面的位置时，海平面才可能对湖平面产生直接影响。一旦海洋与湖泊连通，那么原来的湖泊就变成了海湾，湖平面等同于海平面，则湖平面变化的影响因素完全与海平面变化的影响因素相同。湖平面变化曲线也与海平面变化曲线相同。

更复杂的情况是，湖泊与海洋时而连通，时而隔绝，则地质历史时期中湖平面的变化曲线将非常复杂。

第五节　湖平面变化的研究方法

一、利用古水深和沉积地层厚度确定相对湖平面变化

某一时间范围内的相对湖平面变化为同期的水深变化和沉积物厚度变化之和，因此，只要知道某一沉积时间范围内的古水深变化和沉积物原始厚度变化，便可计算出相应的相对湖平面的变化。

（一）古水深的确定

盆地的古水深可根据沉积物的分布规律、沉积构造、古生物类型及生态等多方面的标志来确定，下面就各个方面加以详述。

1. 沉积物的分布规律

一般情况下，湖盆的粗碎屑为浅水沉积，由浅水至深水，砂砾沉积减少，黏土质沉积递增，较深和深水区主要是黏土质沉积（表 12 - 2）。当湖盆的化学岩发育时，由盆地边缘至湖盆中心，依次呈现陆源碎屑沉积区—颗粒碳酸盐岩及生物碳酸盐岩沉积区—泥晶碳酸盐岩沉积区—膏盐沉积区。由于湖水的进退、沉积作用的演化与发展，在垂向上呈现由陆源碎屑岩过渡为碳酸盐岩—蒸发岩沉积旋回，或由碳酸盐岩—蒸发岩过渡为陆源碎屑岩

沉积旋回。但也有例外，在有浊流发育的情况下，深湖区也可出现粗粒碎屑沉积。

表 12 – 2　不同岩性对应的形成水深

岩　性	形成时水深/m
蒸发岩	0 ~ 5
砾岩、砂岩	1 ~ 10
颗粒灰岩	1 ~ 15
泥质粉砂岩	5 ~ 20
礁灰岩	5 ~ 25
泥岩	>20
油页岩	>50

2. 沉积构造

湖泊沉积中各种类型沉积构造皆可发育，其类型变化取决于水体深浅和水动力条件（表 12 – 3）。概括起来，盆地的深水、较深水区主要形成微细水平层理，连续韵律发育，深湖浊积岩具复理石构造，槽模、沟模是其特征沉积标志；浅水地区层理类型多样，间断韵律发育，波痕、冲刷侵蚀现象较发育，干裂、雨痕、细流痕等层面构造都是反映沉积物出露水面的标志。不同沉积构造与水深关系复杂，与湖面开阔程度有关。

表 12 – 3　不同沉积构造对应水深

沉积构造	形成时水深/m
雨痕、干裂、盐晶痕、鸟眼构造	0 ~ 1
大型交错层理	0.5 ~ 5
波状层理、平行层理	5 ~ 20
水平层理	>17
鲍马序列、槽模、丘状交错层理	>30

3. 古生物类型及生态

生物光合作用能力和水体透光能力决定了水深与生物类型及生态之间存在着密切关系。根据现代生物研究，生物的属种组合、结构、构造及大小变化都与水深有关。浅水生物壳大而厚，纹饰发育；而深水生物壳小而薄，纹饰简单。如东营凹陷沙一段以反映浅湖—较深湖的组合为特征，其属种组合为：①惠民小豆介、普通小豆介、玻璃介、华北介、湖花介和小玻璃介组合，反映水深 2 ~ 15m；②普通小豆介、惠民小豆介、玻璃介、小玻璃介、华花介、中国玻璃介组合，反映水深 15 ~ 20m；③玻璃介、小玻璃介、华花介、惠民小豆介、伸玻璃介组合，反映水深 1 ~ 2m。

在缺少遗体化石的湖泊沉积环境中，可以采用遗迹化石来确定相对古水深，如潜穴、足迹、爬痕以及其他生物扰动构造等。赵澄林等（1989）在研究东濮凹陷下第三系湖相地层时建立了五个遗迹化石相，即滨浅湖的石针迹相、浅湖区上部的卷迹相、浅湖区下部伸展迹相、半深湖区始网迹相和深湖区古网迹相。又如，在湖滨近陆一侧的外滨湖区，潜水面变动较大，生物潜穴也随之发生变化。当潜水面下降时，生物潜穴形态由近水平状或浅的垂向穴变化为深的垂向穴（Hasiotisetal，1992）。因此，古生物是确定古水深的可靠标志（表12-4）。

表12-4 不同遗迹化石相与水深对应关系

遗迹化石相	形成时水深/m
石针迹相	1~2
卷迹相	2~10
伸展迹相	10~17
始网迹相	17~25
古网迹相	>30

4. 自生矿物和微量元素

自生矿物，如铝、铁、锰结核等，均按照自己的化学规律形成，除了与特定的环境有关外，还与水深有间接的关系。常用的标志是含铁自生矿物，水体由浅变深、由氧化环境到还原环境依次为：褐铁矿—赤铁矿—鳞绿泥石—鲕绿泥石—菱铁矿—白铁矿和黄铁矿（表12-5）。含铁矿物分散在岩石中主要显现在颜色上，尤以黏土岩的颜色判断水深更为直接。

表12-5 某些自生矿物与水深对应关系

自生矿物	形成时水深/m
赤铁矿	0~1
褐铁矿	1~3
菱铁矿	3~15
黄铁矿	>15

地壳元素的迁移与富集规律一方面取决于元素本身的物化性质，另一方面受地质环境的极大制约。氧和锰的亲合力低于氧与铁的亲合力，导致在沉积过程中铁、锰分离，时间上铁的沉积早于锰，空间上铁多沉积在浅水，而锰多沉积在较深水域，随水深的增加，锰的含量增加。另外，根据周瑶琪等人研究成果，沉积物中钴的含量与沉积速率成反比，而与沉积时的水深呈正相关关系。具体公式如下：

$$R_s = k (Co - a) \qquad (12-1)$$

$$h = c/R_s^{3/2} \qquad (12-2)$$

由式（12-1）、式（12-2）整理得

$$h = (Co - a)^{3/2} \cdot c/k^{3/2} \qquad (12-3)$$

式中 R_s——沉积速率；

Co——钴的含量；

h——沉积时的水深；

k, a, c——常数，与湖盆中平均沉积速率、平均钴含量有关。

5. 生物分异度

生物分异度是指岩层中生物种类多样化程度的一种度量。在滨浅湖环境中，随水深的增加而生物种类变多，分异度高则表示水体加深；在湖岸环境（如三角洲、河流）中，生物分异度低。

为了定量化的研究古水深与生物分异度的关系，我们应用了化石群信息函数分异度方法。信息函数是信息论的一个概念，是指某种信息在空间的概率分布，复合分异度 Hs 和优势度 dm 是其常用的两个具体表达式。

1）复合分异度

复合分异度表示为

$$Hs = -\sum_{i=1}^{s} P_i \cdot \ln(P_i) \tag{12-4}$$

式中　P_i——第 i 个化石种个体数（n_i）占样品中同类化石总数（N）的百分率；

s——样品中某类化石的种数。

东营凹陷介形类的复合分异度（Hs）研究结果表明，在水深小于 30m 的范围内，Hs 值随水体深度增加而增加。

2）优势度

优势度 dm（Dominance）是指样品中最多的一个化石种（n_{max}）占样品中该群个体总数（N）的百分数。

$$dm = n_{max}/N \times 100$$

据倪丙荣等（1990）对东营凹陷的研究成果，优势度 dm 随水深增加而减小，它们的关系见表 12-6。

表 12-6　湖盆水深 d 与介形虫优势度 dm 的关系

环境	dm/%	d/m
滨湖、三角洲平原、冲积扇	>45	<9.5
浅湖、三角洲前缘	33~45	9.5~20.5
半深湖、前三角洲	25~35	18~35

（二）沉积物原始厚度估算

每一个旋回沉积时的相对湖平面，等于该旋回沉积时的古水深加上基底到沉积界面之间的沉积物原始厚度。沉积物在上覆地层的作用下，孔隙度减小，排出孔隙中的流体，因而沉积物的厚度减少，因此，现今的沉积地层厚度必须进行压实校正，才能进行原始厚度的估算。

设地层厚度的变化值为 Δh

$$\Delta h = h_0 - h$$

式中　h_0——原始厚度；

　　　h——压实后的厚度。

则埋藏不同时间后或不同深度下压实率（K）为：

$$K = \frac{\text{沉积物受压实后减少的厚度}（\Delta h）}{\text{沉积时的原始厚度}（h_0）} = \frac{h_0 - h}{h_0} = \frac{h}{1 - h_0}$$

所以

$$h_0 = \frac{h}{1 - K} \tag{12-5}$$

由岩石压实模拟实验求得，一般情况下，砂岩最终压实率为 0.2，泥岩最终压实率为 0.6 ~ 0.7。

东营凹陷下第三系岩石压实模拟实验得到砂泥岩压实回归曲线（图 12 - 8）和回归方程：

$$K = 0.143762 + 0.00014425H \tag{12-6}$$

式中　K——不同埋藏时间或深度下的压实率；

　　　H——深度，m。

根据式（12 - 6）进行脱压实校正可计算出，每一个旋回沉积时，沉积基底到沉积物表面之间沉积物的厚度。第 i 个旋回沉积时，其沉积表面到基底之间的沉积物的总厚度等于

$$H_i = h_i/(1 - K_{i,1}) + h_{i-1}/(1 - K_{i-1,i}) + h_{i-2}/(1 - K_{i-2,i}) + \cdots + h_i/(1 - K_{i,1})$$

式中　　　　H_i——第 i 个旋回沉积时，沉积物表面到盆地基底的高度；

$h_i，h_{i-1}，\cdots，h_1$——表示第 i，$i-1$，$\cdots$，1 个旋回目前的厚度；

　　　$K_i - 1，i$——表示第 $i-1$ 个旋回在第 i 个旋回沉积时的压实率，该值可从压实曲线

　　　　　　　　上读出。

（三）相对湖平面变化曲线的获得

根据以上古水深的估算和压实校正（图 12 - 10），可以算出相对湖平面变化曲线。

$$L_i = h_{wi} + H_i$$

式中　L_i——为第 i 个旋回沉积时的相对湖平面高度；

　　　h_{wi}——为第 i 个旋回沉积时的古水深；

　　　H_i——为第 i 个旋回沉积时，经脱压实校正之后的沉积物厚度。

通过对东营凹陷金 31 井、金 29 井、樊 26 并和牛 38 井的分析和对比，绘制出湖平面变化曲线（图 12 - 11），即孔店组—东营组沉积时期湖平面相对变化曲线。

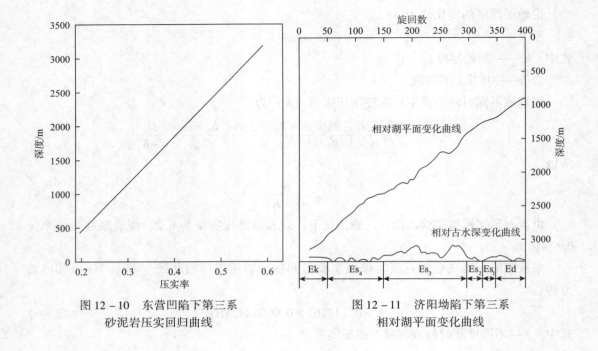

图 12 – 10　东营凹陷下第三系
砂泥岩压实回归曲线

图 12 – 11　济阳坳陷下第三系
相对湖平面变化曲线

二、利用地震资料确定相对湖平面的变化

(一) 湖平面相对变化的地震标志

反映湖平面的相对变化最为可靠的地层标志是湖相层序中的湖岸上超和顶超现象。利用湖岸上超标志可以确定湖平面变化持续的时间和变化幅度，可以编制反映湖平面升降变化周期的图件。

1. 湖平面的相对上升

湖平面的相对上升是相对于原始沉积面 (基底) 的视上升，并且由湖岸上超向陆的迁移来指示 [图 12 – 12 (a)]。相对湖平面的上升起因可能是：①敞流湖盆中，由于构造沉降运动，湖平面保持不变，原始沉积面下降；②闭流湖盆中在洪水期，湖平面实际上升了。

湖平面相对上升期间，若沉积物供应充足，湖岸沉积物逐渐地上超在下伏的原始沉积面之上，可据此准确度量湖平面的相对上升高度和湖岸上超的水平距离。但是必须注意的是，河流携带碎屑物质入湖，在高于湖水面数米处形成"假上超点"，在地震资料分辨率不高的情况下，计算湖平面相对上升时会引入一个误差。

2. 湖平面的相对静止

湖平面的相对静止是湖平面相对于下伏原始沉积面明显处于固定位置，由湖岸沉积物的顶超现象所指示 [图 12 – 12 (b)]。其可能起因是：①敞流湖盆中湖平面与下伏原始沉积作用面二者实际静止不动，如边界断层活动停止期；②在闭流湖盆中，河水注入与沉积物注入等同于湖泊的蒸发量。

湖平面相对静止时期，在沉积物供应充足的地方，地层不能够逆着斜坡上超到原始沉积面之上，只能形成顶超（削蚀）。

3. 湖平面的相对下降

湖平面的相对下降是湖平面相对于下伏原始沉积面的一种视下降，由湖岸上超向湖盆中央的迁移来指示。其可能成因是：①在闭流湖盆枯水期，湖平面实际下降了，发生强制性湖退［图 12 – 12（c）］；②敞流湖盆中湖平面维持不动，由于构造抬升，原始沉积面上升。

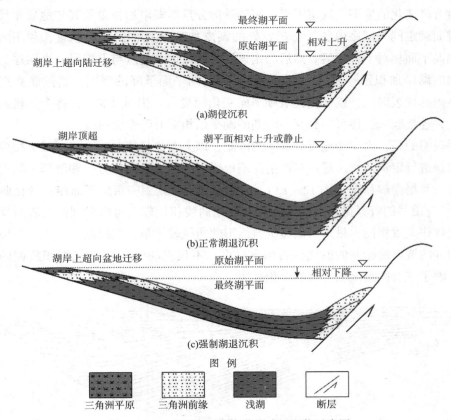

图 12 – 12 相对湖平面变化形成沉积物示意图

（二）湖平面相对变化曲线的编制

湖平面相对变化曲线的编制是在掌握区域地质背景的基础上进行的，具体编制湖平面变化曲线的步骤如下。

第一步：熟悉研究区地质背景。结合前人研究成果，了解盆地类型和结构、盆地古地理特征及盆地构造演化历史。

第二步：选择区域性地震剖面。地震剖面的选择应遵循以下几条原则：①测线最好穿过不同的构造单元，但构造变形少而简单；②地震剖面应具有清楚的湖岸上超记录；③地震剖面有充足的控制井。

第三步：进行层序划分和地质年代的确定。根据不整合的地震反射终止关系，结合钻井、测井等资料进行层序划分，并追踪反映湖岸上超点、顶超点的靠近物源方向的沉积边界。利用同位素、古生物组合和地震记录对沉积层序进行尽可能详细的年代标定。

第四步：编制层序年代地层格架。将地震剖面上解释的层序地层剖面转换成纵坐标为地质年代的年代地层剖面，以反映各个层序的地质时代范围、各层序的相互接触关系及其空间展布。

第五步：确定湖岸上超的加积量，编制湖平面相对变化曲线。结合层序划分，确定湖平面相对升降变化的周期，确定湖岸上超的垂向分量即湖岸加积量及其与地质年代的对应关系，进而确定同一层序内各个上超点处的湖岸加积量及它们的累积量，利用时—深转换，得到湖平面相对上升幅度。然后测定该层序的最远上超点与上覆另一个层序的最低上超点之间的湖岸加积量，利用时—深转换，得到湖平面下降的幅度。通过建立直角坐标系，让纵坐标代表时间，横坐标代表湖平面变化幅度（上升或下降），将个点投到直角坐标系中，并连接起来，便可得到某一时期的湖平面相对升降变化曲线。

需要说明的是，由于受地震分辨率的限制，以上方法只能对一、二、三级层序的湖平面变化曲线进行定量研究。通过对阳信洼陷地质横剖面的追踪、分析和解释，绘得比较完整的下第三系层序解释图（图12-13），经定量研究，得到一条湖平面相对变化曲线（图12-14），与用井的资料得到的湖平面相对变化曲线相比较，可以发现，二者所反映的湖平面变化规律大致相同，只是由地震资料绘得的曲线较简单，仅反映一、二、三级层序信息，而用井的资料所绘制的曲线包含信息较多，不仅反映了一、二级沉积旋回的变化规律，还反映了三、四级沉积旋回的变化规律。

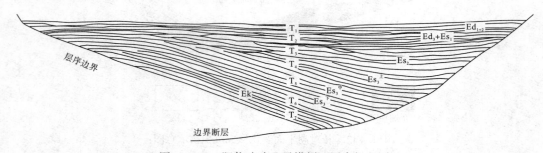

图12-13　阳信洼陷地震横剖面层序解释图

通过对曲线的局部放大，更清楚地反映出二者的异同（图12-15）。Ed、Es_1、Es_2吻合较好，但$Es_3^{上}$的地震资料的解释仅反映出湖平面的相对静止，而经钻井资料解释后，可清楚反映出湖平面先是相对上升而后是相对静止，$Es_3^{中}$的地震资料解释为1个三级层序，用钻井资料解释结果表明有3个四级层序。

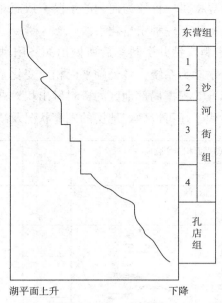

图 12 – 14　东营凹陷下第三系湖平面相对变化曲线（据地震资料）

图 12 – 15　两种方法得出的 $Ed – Es_3$ 湖平面相对变化曲线比较图

三、湖平面变化曲线的应用

　　对某一盆地恢复全盆地的湖平面变化曲线，有助于预测该盆地缺乏控制资料地区的层序年代和填补区域性湖平面变化曲线的空缺。把全盆地曲线与局部地区曲线上的不整合面、低水位期和高水位期的时间相对比，有助于预测各层序的沉积相分布。通过对比，为准层序的划分和寻找层序边界提供一种较为便利的手段，依照对比结果，可清楚地看到地层的缺失情况，为地层对比提供了一种定量化手段。

图 12-16 是综合地震资料、钻井资料等后所做出的济阳坳陷下第三系湖平面相对变化综合图。由于湖盆为一个水动力系统，各处湖平面相对变化基本一致，因此它可以作为本地区地层划分与对比的标准。根据局部地区的资料做出相对湖平面变化曲线并与其对比后，不仅可以确定地层的时代，还可以确定地层的发育状况及缺失情况。

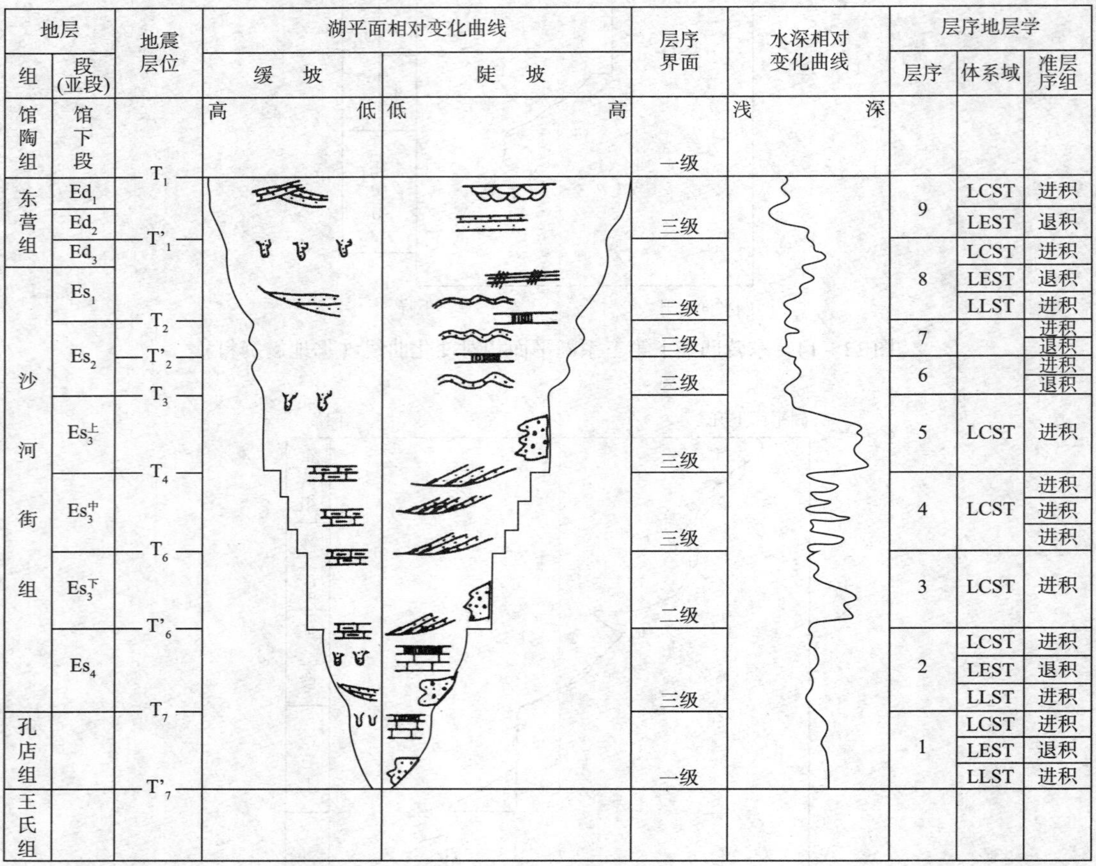

地层		地震层位	湖平面相对变化曲线		层序界面	水深相对变化曲线	层序地层学		
组	段(亚段)		缓坡	陡坡			层序	体系域	准层序组
馆陶组	馆下段	T₁	高 低	低 高	一级	浅 深			
东营组	Ed₁				三级		9	LCST	进积
	Ed₂	T'₁						LEST	退积
	Ed₃							LCST	进积
	Es₁				二级		8	LEST	退积
		T₂						LLST	进积
沙河街组	Es₂	T'₂			三级		7		进积 退积
		T₃			三级		6		进积 退积
	Es₃上				三级		5	LCST	进积
		T₄							进积
	Es₃中						4	LCST	进积
		T₆			三级				进积
	Es₃下				二级		3	LCST	进积
	Es₄	T'₆					2	LCST	进积
								LEST	退积
					三级			LLST	进积
孔店组		T₇					1	LCST	进积
					一级			LEST	退积
		T'₇						LLST	进积
王氏组									

图 12-16　济阳坳陷下第三系层序地层学及湖平面相对变化综合图

第十三章　层序边界形成机制及层序级别划分

　　起源于被动大陆边缘海相盆地的经典层序地层学理论，将层序界面定义为以不整合或与之相对应的整合面为特征的、横向上连续的、广泛分布的界面，并对层序界面类型和特征进行了详细的阐述。在陆相湖盆的沉积充填中同样也存在一系列不同规模的不整合面和沉积间断面，分割着不同规模的沉积层序单元，其展布形式决定了层序地层格架的基本样式。层序界面的识别标志已在本文第四章第五节进行了详细的介绍。但陆相盆地层序的形成受构造作用控制明显，大部分构造活动不具周期性和旋回性的变化特征，而幕式活动和突变作用是构造活动的主要表现特征，在湖盆边缘往往发育多级不整合面，尤其是复合不整合面较多，这就给层序边界识别及其级别的确定带来了很大的困难。因此，在陆相盆地层序地层分析过程中，分析层序界面成因，识别、追踪和对比各级次层序界面是建立盆地层序地层格架的关键，也是准确划分层序结构的前提和基础。

第一节　层序边界的形成机理

一、构造运动形成层序边界

1. 区域性构造抬升运动形成层序边界

　　受板块构造运动的影响，如大洋板块的碰撞所产生的水平挤压作用力可使盆地基底发生区域性整体抬升，导致沉积物暴露于沉积基准面之上而遭受剥蚀，由于抬升幅度及范围较大，可形成分布较广甚至遍布全盆的剥蚀不整合面。这些不整合面纵向上持续遭受剥蚀的时间久，横向上展布范围广，常常形成二级层序甚至是一级层序的边界。这种受区域性构造抬升运动所形成的大规模的不整合在地震、测井、岩性剖面上都有明显的反映，地震上多显示为角度不整合接触关系，削截特征明显，岩性上多表现为突变接触面，测井上多表现为旋回的转换面。如临清坳陷东部古近系沉积末期，受东营运动的影响，临清坳陷发生整体抬升，形成古近系与新近系间的区域不整合（图13-1）。

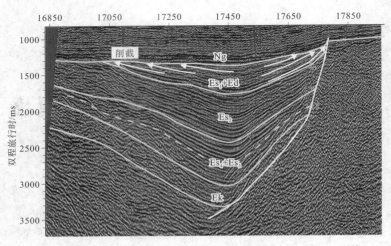

图 13 – 1　临清坳陷东部 Ng 与 Ed 间的构造不整合面（43.0 测线）

2. 断陷盆地边界断层停止活动形成层序边界

断陷盆地的边界断裂活动可引起盆地可容空间的增加，盆地可容空间的增长速度取决于盆地边界断裂的活动速率。当边界断裂停止活动以后，盆地可容空间便不再增加，沉积物的充填会消耗已产生的可容空间，伴随着沉积物的连续供应，盆地可容空间逐渐减小。在盆地边缘部位，由于可容空间较小，沉积物可优先充填至沉积基准面，之后便作为沉积物过路区不再接受沉积，形成沉积间断面，在地震剖面上表现为顶超的反射终止关系。沉积间断面的分布范围与边界断裂活动停止所持续的时间有关，持续的时间越长，沉积间断面所分布的范围占整个盆地面积的比例也就越大。伴随着边界断层的又一次活动，又可以产生新的可容空间，盆地接受新的沉积充填，下一个层序开始发育。断陷盆地边界断层停止活动形成的层序边界常常作为三级层序边界。

伴随着沉积物的连续供应，沉积物被源源不断的搬运到盆地中心沉积，直至整个盆地被完全充填满，此时从盆地边缘到盆地中心部位均可产生沉积间断面，范围遍及整个盆地。一般而言，覆盖范围遍及整个盆地的大型沉积间断面往往也是一个区域性的不整合面。

3. 断陷盆地断块掀斜作用形成层序边界

在单箕状断陷湖盆中，受边界断层活动的影响，湖盆会整体下沉。由于受地壳均衡作用的影响，边界断层的活动常常表现为断块掀斜运动，具体表现为断层下降盘一侧在盆地不同部位的差异沉降特征（谢习农，1996；操应长等，2003）。在陡坡带边界断层向盆地一侧为沉降中心，构造沉降幅度最大，向缓坡带方向盆地沉降幅度逐渐减小。一般而言，在盆地陡坡带基底沉降的同时，湖盆缓坡边缘地带往往会发生构造抬升作用，在缓坡带存在一个平衡点（又称枢纽点），在平衡点位置既不发生构造抬升也不发生构造沉降，基底位置不变，自平衡点向盆地方向构造沉降引起的可容空间不断增加，自平衡点向湖盆缓坡边缘一侧，构造抬升引起可容空间的减小，高出沉积基准面的沉积物遭受侵蚀，形成不整合面（图 13-2）。断块掀斜作用形成的层序边界分布较局限，一般作为三级层序边界。如塔南凹陷在南屯组沉积期，边界断层发生翘倾运动，在构造掀斜高点地层被剥蚀，形成局部剥蚀不整合面（T_{22}），可作为一个三级层序边界（图 13-3）。

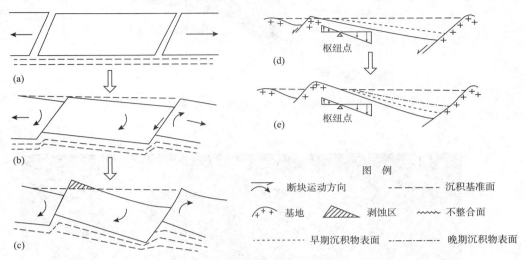

图 13-2 断陷盆地断块掀斜作用形成层序边界示意图

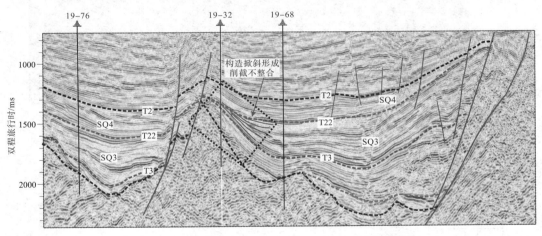

图 13-3 塔南凹陷过 19-76 井~19-68 井地震剖面

4. 前陆盆地逆冲末期构造应力松弛作用形成层序边界

在前陆盆地中，存在着强烈的逆冲挠曲作用与相对平静过程的交替，一次逆冲加载导致挠曲快速沉降，在前渊远端边界发育一个上升的前缘隆起区，其下部的黏弹性区产生应力松弛，导致前缘隆起向造山带迁移或卸载而形成不整合（图 13-4）（P. L. Heller，1988；王家豪等，2006）。应力松弛形成的削截不整合在前隆带分布最广，向盆地方向逐渐过渡为整合接触。如在准噶尔南缘 99SN5 地震剖面上，在 $E_{1-2}z + E_{2-3}a$ 与 $N_1s + N_1t$ 的界面处（SSB2）、$N_1s + N_1t$ 与 N_2d 的界面处（SSB3）存在一定规模的削截不整一现象，为前缘隆起区逆冲末期应力松弛形成的不整合（图13－5）。

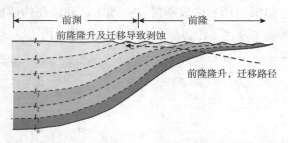

图 13－4 前隆迁移形成不整合示意图（据王家豪，2006 修改）

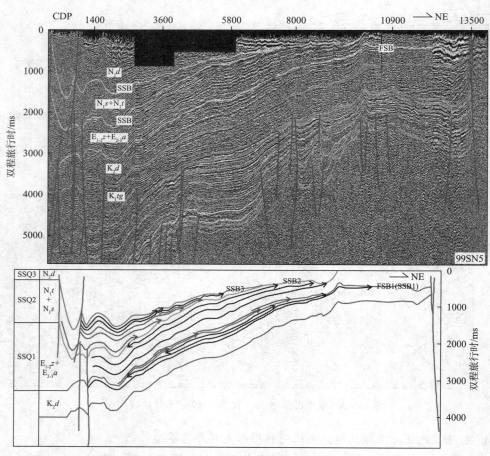

图 13－5 准噶尔盆地南缘 99SN5 测线层序地层格架剖面

二、气候变化形成层序边界

气候变化形成层序边界这种情况主要发生在闭流湖盆中。当气候变干旱时，如果湖泊水体蒸发量大于大气淡水注入量，绝对湖平面便会下降，湖岸上超向盆地迁移，发生强制性湖退。若湖盆基底保持稳定，则相对湖平面也发生下降，沉积物高出湖平面而遭受剥蚀，因而形成层序边界。这种受气候影响引起湖平面下降所形成的层序边界范围比较局限，一般分布在盆地边缘，多作为三级层序或次一级层序的边界。

第二节　层序界面类型

在陆相盆地分析过程中，不同级别界面的分析是准确控制各级层序地层单位的沉积构成及其相互关系的关键。由于陆相盆地彼此相互分隔，盆地内相变十分复杂，因此寻找区域性稳定的层序界面比较困难。但沉积盆地的形成和演变过程仍具有某种相似性，沉积盆地内较高级别的层序界面，如构造层序的层序界面，都与区域性构造事件有关。结合中国中新生代陆相盆地特点，以下四种界面可作为层序界面（图13-6）。

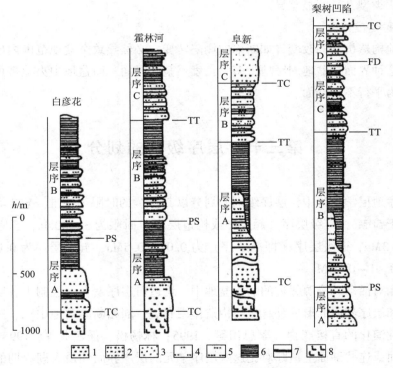

图13-6　某些典型陆相盆地的层序界面

TC—古构造运动面；TT—构造应力场转换面；PS—大面积侵蚀或冲刷不整合面；FD—大面积超覆界面；

1—砾岩；2—砂砾岩；3—粗砂岩；4—中砂岩；5—细砂岩；6—泥岩和粉砂岩；7—煤层；8—火山岩

1. 古构造运动面

代表盆地的基底面或湖盆萎缩阶段古风化剥蚀面，通常代表一定规模的构造运动中所形成的不整合面。这种界面与区域构造事件吻合，即区域性不整合面。这种古构造运动面不仅在同一沉积盆地内等时并普遍发育，而且在相同应力场作用下的同期盆地也普遍发育，因而具有较好的可比性。这种界面是较高级别的层序界面，往往是一级层序界面或二级层序界面。

2. 构造应力场转换面

盆地从扩张到萎缩过程有时是由于盆地构造应力场的转换导致盆地沉降速率的急剧变化，进而使得充填沉积物发生较大的变化。构造应力场的转换面在沉积上表现为沉积体系或体系域的转换面。这种界面在盆地中央可能为整合界面，而在盆缘地带为侵蚀或冲刷界面。这种界面往往是三级层序界面。

3. 大面积侵蚀或冲刷不整合面（或称沉积间断型界面）

相当于 Van Wagoner 等（1988）的层序中的 II 型不整合界面。这种沉积间断型界面在盆地不同地区表现出不同特征。盆缘地带为陆上沉积间断，除出现无沉积作用外，还出现明显的大面积侵蚀和冲刷现象，地震剖面上常见到明显有顶削现象；坳陷中央为由沉积作用非常缓慢或无积作用所产生的时间间断，间断面上下不仅岩性差异较大，而且在有机质丰度和有机质类型上具明显差异。

4. 大面积超覆界面

由于盆地构造机制的改变，如断陷向坳陷转变，必然导致全盆地范围内出现大面积的超覆界面。这种界面在盆地周缘地带多为角度不整合界面，而盆地中央地带可能为连续整合沉积或者为平行不整合面。

第三节　层序级别的划分

经典层序地层学理论中，层序级别的划分以其持续的时限为标准。Vail 等确立的一级层序时限大于 50Ma，二级层序（超层序或构造层序）时限为 3～50Ma，三级层序（即层序）为 0.5～3Ma，四级层序（即准层序）为 0.08～0.5Ma，五级层序为 0.03～0.08Ma，六级层序为 0.01～0.03Ma。

在构造相对活动、物源邻近的陆相盆地中，构造对层序发育的控制十分明显，许多高级别的层序和层序界面的形成都直接与构造作用有关。陆相断陷盆地中二、三级层序常常是构造阶段性演化的直接产物（李思田等，1995；林畅松、任建业等，1995）。在盆地范围的地震剖面或连井剖面上追踪对比这些层序单元的层序界面和最大湖泛期的泥质岩段的是建立盆地层序地层格架的基础。从层序发育的控制机理看，低频层序的形成受构造因素控制，高频层序受构造或气候因素控制，经碳、氧同位素研究证实了海、湖相 4～6 级层序与米兰柯维奇气候旋回吻合。陆相湖盆的充填序列一般可以划分为五级层序地层单元（表 13－1、图 13－7）。

表13-1　陆相层序地层划分级别

层序级别	一级层序	二级层序	三级层序	四级层序	五级层序
层序边界	不整合面的面积超过盆地面积或占盆地绝大部分区域	不整合面分布面积广，占盆地面积大	不整合面分布在凹陷边缘及局部地区	较大湖泛面与较大湖泛面之间	较小湖泛面与较小湖泛面之间
成因	板内构造运动	区域性构造运动	构造成因及气候变化引起湖平面升降	构造、气候、湖平面、物源变化	气候、湖平面变化及物源因素
对应沉积旋回	板内沉积旋回	区域性沉积旋回	盆地内沉积旋回（三级）	岩性组旋回（四级）	岩性旋回（五级）
与地层界线比较	相当于系或更小的地层单位	相当于统或更小的地层单位	相当于组或更小的地层单位	相当于一组地层叠置方式	相当于一个沉积旋回
时间/Ma	60~120	30~40	2~5	0.1~0.4	0.02~0.04
厚度范围	几米至数千米	几米至上千米	几米至数百米	几米至上百米	几米至几十米

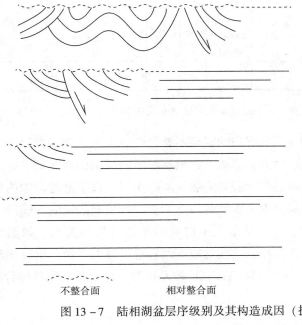

一级层序：常为构造层序，由具有重要地层缺失的区域性角度或微角度不整合面所限定

二级层序：盆地构造阶段性演化、幕式构造作用或长周期的湖平面变化形成的构造或沉积层序，常由区域性隆起产生的不整合面或区域性沉积间断所限定

三级层序：由局部构造作用或湖平面变化产生的不整合和与其对应的整合面所限定的沉积地层

四级层序：主要由湖泛面变化产生的水退或水进面限定，其叠置方式常受构造沉降速率变化的控制

五级层序：由次要的湖泛面变化产生的水进界面限定，一般与构造作用无关，但其发育程度和叠置样式受到构造沉降速率变化的影响

不整合面　　　　相对整合面

图13-7　陆相湖盆层序级别及其构造成因（据蔡希源，2003修改）

一、一级层序（巨层序）

整个盆地充填可看作一个巨层序或一级层序。它是沉积盆地从形成到衰亡整个构造演化的产物，代表一级构造事件所形成的层序单元。其顶、底界面多为盆内广泛发育的区域性角度或微角度的构造运动不整合面。在叠合盆地中，这一级层序的划分具有重要意义，它们代表了叠合盆地中分隔原盆地沉积层序或盆地规模的构造旋回的沉积响应，是重塑原盆地的重要地层单元。如塔里木盆地库车中、新生代前陆坳陷的沉积序列可依据大范围分布的不整合面划分出大体上与系相当的多个一级层序地层单元（图13-8）。

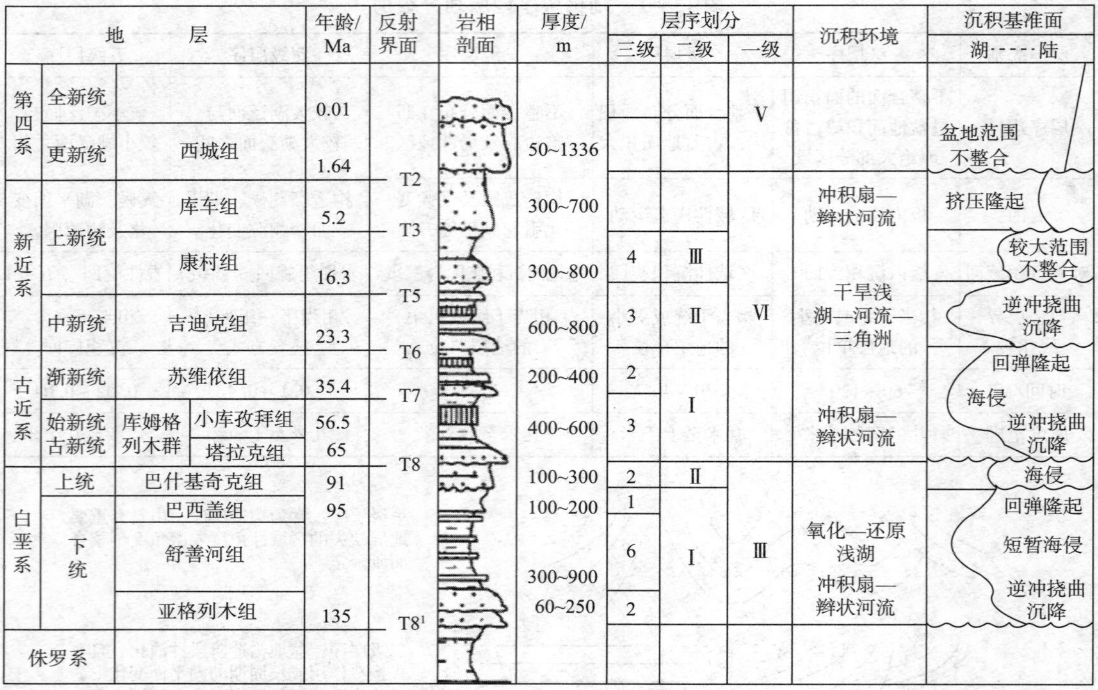

地层			年龄/Ma	反射界面	岩相剖面	厚度/m	层序划分			沉积环境	沉积基准面 湖----陆
							三级	二级	一级		
第四系	全新统		0.01			50~1336			V		盆地范围不整合
	更新统	西城组	1.64	T2							
新近系	上新统	库车组	5.2	T3		300~700				冲积扇—辫状河流	挤压隆起
	上新统	康村组	16.3	T5		300~800	4	III	VI	干旱浅湖—河流—三角洲	较大范围不整合 逆冲挠曲沉降
	中新统	吉迪克组	23.3	T6		600~800	3	II			回弹隆起 海侵
古近系	渐新统	苏维依组	35.4	T7		200~400	2		I	冲积扇—辫状河流	逆冲挠曲沉降
	始新统 古新统	库姆格列木群 小库孜拜组 塔拉克组	56.5 65	T8		400~600	3				海侵
白垩系	上统	巴什基奇克组	91			100~300	2	II		氧化-还原浅湖	海侵
	下统	巴西盖组	95			100~200	1		I		回弹隆起 短暂海侵
		舒善河组				300~900	6		III		
		亚格列木组	135	T8¹		60~250	2			冲积扇—辫状河流	逆冲挠曲沉降
侏罗系											

图 13-8　库车前陆坳陷白垩系—第三系沉积充填序列和层序划分（林畅松，2005）

在裂谷盆地中，分隔裂陷期和拗陷期沉积的裂后不整合面有时可作为一级层序的分界面，这一界面是一个典型的古构造运动面，形成于盆地从断陷向拗陷的转化期。裂陷末期岩石圈的拉伸达到最大时，软流圈的强烈隆起和绝热的融熔作用导致了盆地范围的热隆和差异沉降，造成剥蚀；随之盆地格局出现了重要的构造调整，即从断陷转向为裂后的热衰减拗陷沉降，地层广泛上超，形成了上、下地层不协调的不整合接触关系。如渤海湾盆地、松辽盆地均存在典型的裂后不整合面，这些盆地下的岩石圈强烈变薄并出现明显的裂后隆起，拉伸系数均达到 2~2.5。当裂后坳陷期充填较发育时，可把裂陷期和裂后坳陷期的沉积充填分别看作一级层序。

二、二级层序（超层序）

二级层序又称超层序，一般由一个水进到水退的区域性沉积相旋回所组成。超层序以盆地内大部分地区可追踪的不整合或沉积间断面为界，超层序的形成受控于构造演化的周期性，多与二级的构造事件有关。二级层序界面的形成与构造反转、区域应力场的改变、岩浆侵入或火山喷发等构造事件相吻合，二级层序则与盆地的幕式演化阶段耦合一致。

在我国陆相盆地分析的实践中，超层序常对应于盆地构造演化的阶段性。在我国东部伸展类盆地中裂陷期的多幕伸展是普遍存在的特点，此种特点主要受控于地幔深部过程和板块的相互作用。在沉降史分析中每一个裂陷作用幕对应于沉降速率由快速到衰减的过程。例如我国东部陆上和海域，古近纪裂陷期普遍可划分出 3 或 4 个裂陷幕，与之相应的层序地层单元相当于超层序（图 13-9）。层序界面大多数属于古构造运动面，具有角度或微角度接触关系，发育有规模较大的下切谷充填或风化残积和底砾岩。构造沉降速率的幕式变化是这一级别构造层序的重要标志。

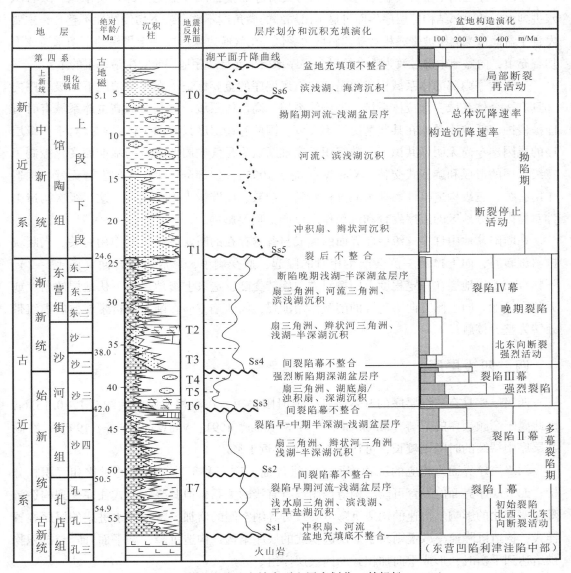

图 13-9　渤海湾盆地充填序列和层序划分（林畅松，2005）

在挠曲类盆地中，以前陆型盆地为代表存在着强烈的挠曲作用与相对平静过程的交替。因此，构造活动期逆冲、推覆及水平挤压应力强化，在盆地边缘部位推覆块体对岩石圈产生的负载效应使沉降和充填加速；在构造挤压的松弛期，呈现较缓慢沉降甚至回弹，此种板内应力场的周期性变化可产生层序地层单元的交替。在鄂尔多斯、四川和准噶尔盆地晚三叠世前渊部位都曾存在此种过程，并可在地层单元中识别出相应的超层序单元。

三、三级层序

三级层序是由不整合（盆地边缘）和与其对应的整合面（盆地内部）所限定，具有从水进到水退的内部结构。层序界面可显示出局部的微角度不整合或下切侵蚀性不整合，主要发育于盆地边缘的缓坡带或相对隆起斜坡边缘区，在盆地边缘形成一定规模的下切水道或下切谷充填，向盆地中部过渡为整合接触。层序地层单元是层序地层研究中最基本的单元。

三级层序内部的体系域构成也是确定三级层序的重要标记。在正常情况下三级层序内部具有 3 个体系域：低位体系域、湖侵体系域、高位体系域，但其中的高位体系域有时可能被侵蚀，低位体系域在某些情况下不发育，因此有些层序只有两个体系域。对于三级层序的成因迄今尚无明确共识，多数沉积学家推断认为是气候周期导致的基准面变化控制了三级层序的形成和旋回式交替（Van Wagoner，1995）。但部分三级层序的发育无疑与构造作用有关，三级构造事件表现为同沉积断裂、褶皱、底辟、火山作用等，这一级次构造事件对盆内部分地区的层序发育和沉积作用可产生重要影响。

在断陷盆地中许多三级层序界面的形成与普遍存在的断块掀斜旋转作用有关。当断块掀斜旋转时，向上掀斜一侧会产生相对的隆起，遭受剥蚀，形成不整合面（图 13 - 2）。不整合面下伏地层在一定程度上向掀斜方向旋转变陡，造成上覆地层与下伏地层的角度或微角度接触。向上倾方向不整合的削截作用加强，向洼陷方向在断裂坡折带或掀斜枢纽带处转为整合接触。

四、四级层序

四级层序具有三级层序的基本特征，但时限很短，在海相地层中大约 0.1 ~ 0.15Ma，因此属于高频层序的范畴（Mitchum 和 Van Wagoner，1991；VanWagoner 等，1995）。在湖盆层序中持续的时间则较长，可达 0.5 Ma 或接近 1 Ma。

四级层序界面为相应的沉积旋回的水进界面，这有利于进行横向的对比和沉积相分析。四级层序界面的发育可能与构造作用没有直接的关系，但其叠置形式往往受到构造沉降速率变化的影响。快速的构造沉降可导致可容纳空间的增加，常形成水进式的层序叠置样式；构造沉降速率减慢则易于形成进积式的层序结构；构造沉降、湖平面升降与沉积物供给达到平衡时，形成垂向加积式的四级层序组。

五、五级层序（准层序）

Vail 等以准层序作为层序地层序列中的五级单元。准层序被定义为由湖泛面或其对应面限定的有成因联系的层的组合。在高精度储层层序地层研究中需要划分对比到五级单元。

准层序是高频层序地层分析中的基本单元，大致相当于砂层组，只能在钻井露头研究中划分和使用，在地震剖面上大致相当于一个同向轴，其对比在油气勘探中有着重要的意义。过去进行砂层组对比时，主要依据砂层组的相似性并参考岩性韵律，结果很容易造成对比的穿时。在引入准层序及湖泛面概念后，更加强了砂层组内部韵律相似性在对比中的作用。

层序地层与旋回地层最大的区别是对古间断面和其他关键性物理界面的重视，并以其作为划分层序地层单元的界线，这在三级及其以上级别的层序划分中很有效。但针对四级及五级层序地层单元的研究多数情况下难以找到不整合间断面，因此在划分和对比上实际是使用近代旋回地层学和事件地层学的原理（Einsele，2000），但在界线选定上不同学者有所差异，Van Wagoner 等强调以海泛层及其相对应面作为五级单元的起点，这对多数海相沉积体系和湖泊三角洲体系适用，但在河流体系中则应以河道的底冲刷面为界。总之，在划分和对比五级单元时应考虑沉积体系的类型。在陆相地层大量存在的河流体系中，五级单元的下界不是湖泛面，而经常是水道底冲刷面；而在三角洲体系中则以湖泛面为下界（见图 13 – 10，层序上部）。

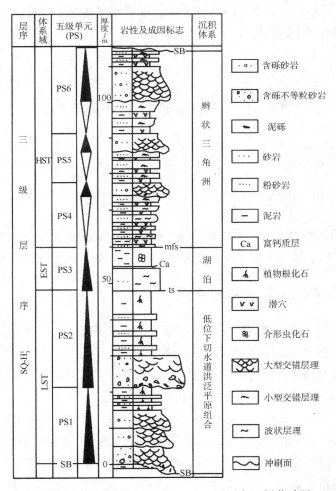

图 13 – 10　南阳盆地露头剖面核桃园组的一个三级层序（据蔡希源，2003 修改）

第十四章 陆相湖盆层序形成机制

盆地的层序地层格架和沉积充填样式取决于盆地充填的动力学过程，即盆地构造作用、海或湖平面变化、沉积物供给量变化等的综合作用。前已述及，陆相湖盆与海相盆地在层序形成的基本地质因素方面有着很大的差异，与海盆相比，湖盆具有规模小、结构复杂、多物源、近物源、构造作用控制明显等特点，湖盆内层序的发育受构造运动、气候、沉积物供给、湖平面升降等因素控制作用明显（姜在兴，1996；纪友亮，1998；朱筱敏，1998）。但是，并不总是四个因素的同时作用，在特定的地质背景下，可能是其中的某两个或者某三个因素的共同作用，且上述某一因素发生变化，均将影响到湖泊层序的形成、发展和消亡。

第一节 陆相湖盆的可容空间

与海洋环境有很大的不同，陆相湖盆的沉积基准面和可容空间有两种情况。

一、基准面和可容空间

陆相湖盆中的基准面，是湖平面和河流平衡剖面。沉积物表面到这个基准面之间的所有空间称为可容空间，在沉积的同时所形成的可利用的空间称为新增可容空间。

二、盆地基准面和盆地可容空间

陆相湖盆中的另一种基准面叫盆地基准面（Base level），是由盆地最低出口位置所决定的水平面或河流平衡剖面。这个面是一个抽象的面。

沉积物表面到盆地基准面之间的可供沉积物充填的空间叫盆地可容空间。它包括老空间（早期未被充填而遗留的空间）和新增盆地可容空间。

新增盆地可容空间（New basin space added）指沉积过程中新形成的空间。

盆地可容空间是构造作用所控制的，与其他因素无关，当沉积物供应量超过了盆地可容空间时，盆地中沉积作用就会停止，形成沉积间断和不整合面，即形成层序边界。这种层序边界往往超过整个盆地，因此这种层序又叫构造层序，完全是由构造旋回所决定的，其级别较高，往往属于一级或二级层序。其内部沉积物可以完全是河流沙漠相，也可以是河、湖交替相。

1. 敞流湖盆的盆地基准面和盆地可容空间

敞流湖盆的盆地基准面与沉积基准面是同一个面。盆地可容空间等于可容空间。因此敞流湖盆层序边界的形成也是完全受构造因素所控制。湖水存在只是影响了层序内部的沉积相类型、分布模式和地层内部格式。

2. 闭流湖盆的盆地基准面和盆地可容空间

对于闭流湖盆，盆地基准面和沉积基准面不是同一个面，盆地基准面高于沉积基准面，盆地可容空间大于可容空间（图 14 - 1）。可容空间受相对湖平面的控制。而湖平面的变化主要 由气候和沉积物的充填所决定，与盆地基底的整体构造升降无关。湖平面的相对降低，导致剥蚀作用的产生，在盆地边缘区形成层序边界，这种层序边界分布面积小，为次级层序边界。形成这种层序的时间短、频率高，且完全受气候控制，可称为气候层序。国外在 Tangankyka 盆地的地震剖面上观察到了这种层序，这种层序很薄，但与海相层序的几何形状相似。

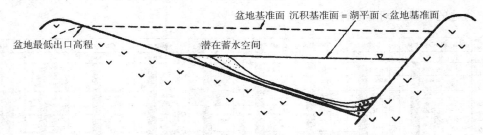

图 14 - 1　闭流湖盆中盆地基准面和沉积基准面的关系

盆地可容空间的大小决定着气候层序数量的多少。一个构造层序至少由一个次一级气候层序组成。闭流湖盆中，盆地基准面的相对升降与沉积基准面的相对升降无关，两者的相对升降可以是同向的，也可以是反向的。

第二节　构造运动对层序发育的控制

陆相盆地构造层序地层研究表明，构造作用是不同级次层序地层形成与发育的主要控制因素，盆地的幕式裂陷、多期挤压挠曲、构造反转、同沉积构造活动对盆地的可容空间、沉降速率、沉积物分散体系等都可产生深刻的影响，导致了层序结构、沉积体系域构成、砂体分布样式等的显著差异（R. Ravnas 等，1998；U. Strecker 等，1999；L. J. Wood，2000；Lin Changsong，2001）。此外，构造因素还会通过改造地貌特征等方式，间接影响剥蚀速率、沉积物类型、沉积物供给速率甚至局部的气候条件。因此，构造活动是陆相层序形成的决定性因素，陆相层序成因分析应与区域构造背景紧密结合。

一、断陷盆地构造运动对层序发育的控制

在裂谷型盆地中，构造演化的阶段性或幕式的裂陷过程往往是形成盆内高级别层序或沉积旋回及区域性不整合面的直接因素。我国东部中新生代的断陷盆地的研究表明，在裂陷期发育的二级超层序或部分三级层序的形成与幕式的裂陷过程有着密切的成因联系，且裂陷期有大致的同步性，即始于白垩纪末或古新世。盆地的裂陷阶段一般形成复式的半地堑构造，大型盆地深部常由半地堑群及其间的断隆构成；裂后阶段形成坳陷，呈披盖式覆于断陷盆地之上，形成"下断上坳"的双层结构。现已证实在古近系所划分的 4 个二级层序与盆地裂陷期发生的多幕伸展过程相吻合，各裂陷幕间的不整合面的形成与每一裂陷幕末期的构造抬升和下一裂陷幕开始的构造变动有关。上述特征在中国东部古、新近系陆相断陷盆地中有普遍性，并可作为进行层序界面划分和对比的基础（图 14 - 2），说明了区域构造运动对一、二级层序单元形成的主控作用。但三级界面及其层序单元的沉积充填在各断陷盆地中差异较大，其原因可能与该盆地所处的构造及其应力背景、古气候带、物源供给、盆地的可容空间等条件有关。

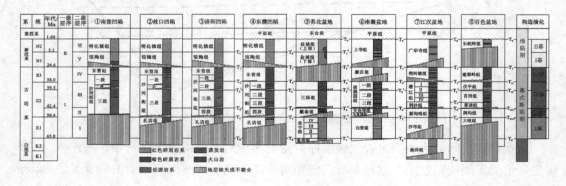

图 14 - 2　中国东部古、新近系典型陆相断陷盆地区域层序单元和界面划分（据王华，2010）

（一）断陷期盆地边界断裂的扩展作用与可容空间变化

1. 原地式断陷

以单箕状断陷湖盆为例，其可容空间的增加方式主要是依靠其边界断层的扩展作用。在伸展期边界断层上盘持续沉降，平面上向两侧扩展，属于原地型扩展断陷，如东营凹陷、泌阳凹陷等。

原地型断陷主要从垂向上来扩大可容空间，断陷的沉积中心基本稳定，边界断层在同一点持续活动，沉积作用以垂向加积作用为主。随着边界断层的活动，上下盘断距在增大，控制盆地基底的沉降范围也在扩大，沉积物可容空间也在不断增加（图 14 - 3）。若忽略其他影响因素，盆地基底沉降面积 S 和断层断距 Δh 之间有如下关系：

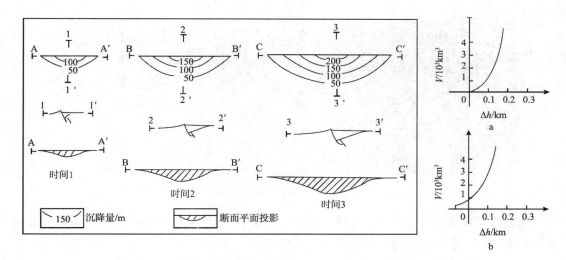

图 14-3　沉降面积、累计可容空间与断距的关系

$$S = a\left(\Delta h + h_0\right)^2 + S_0 - a\Delta h^2 \qquad (14-1)$$

式中　h_0——生长断层在本次活动之前的累计的断距；

S_0——本次活动之前生长断层控制的沉降面积，$S_0 = a'h_0^2$；

a——与本次断层活动强度有关的系数；

a'——与生长断层以前活动强度有关的系数。

$$V = b\left(\Delta h + h_0\right)^3 + V_0 - b\Delta h^3 \qquad (14-2)$$

$$V_0 = b'h_0^3$$

V_0——本次断层活动之前生长断层产生的可容空间的累积增加量；

a——和本期断裂活动强度有关的系数；

a'——与本期断裂活动之前生长断层活动强度有关的系数。

在一条边界断层的发育期，h_0、S_0 和 V_0 都取 0。

从式（14-1）、式（14-2）可以看出，断层控制的沉降面积和断距呈二次方关系，产生的累积可容空间和断距呈立方关系。断层停止活动前，其断距越大，沉降范围就越广，可容空间就越大。

2. 后退式断陷

后退式扩展模式中，边界主断裂的形成时代向下盘断块方向依次变新。这种断陷形成机制与下盘断块的重力与区域张应力作用有关。这种倾向方向新生断裂的活动中心往往也沿断裂带的走向方向发生转移，充填类型为退积型，粒序下粗上细。林甸断陷是这种类型的典型实例（图 14-4）。这类断陷主要从横向上来扩大盆地的可容空间。

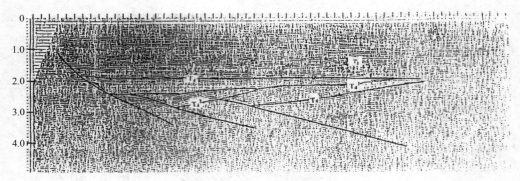

图 14 - 4　林甸断陷剖面图

随着边界断层的向后迁移，尽管上下盘断距变化不大，但边界断层控制的盆地基底的沉降范围扩大，导致沉积物可容空间也在不断增加（图 14 - 5）。因此我们说后退式扩张模式中，边界断层主要通过使横向上沉降面积的不断扩大来增加可容空间的。

其实哪种断陷盆地以横向还是垂向上来扩大可容纳空间并不是绝对的，原地式断陷既有以垂向式扩大的可容空间，也有以横向式扩大的可容空间，不过以前者为主；而后退式断陷也包括两种方式扩大的可容空间，不过以横向式扩大为主。

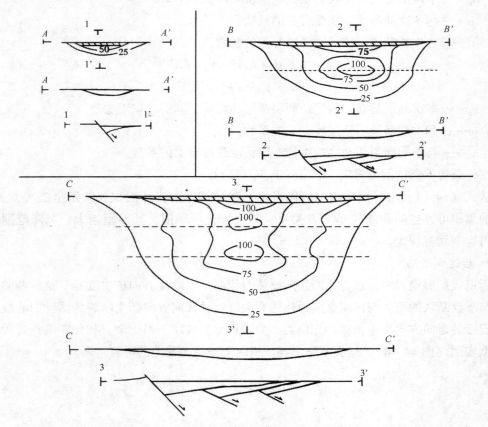

图 14 - 5　后退式断陷的沉降面积、沉降量与断层迁移的关系

（二）断陷盆地边界断裂活动对层序发育的控制

构造运动控制着可容空间和层序界面的形成，而湖平面的变化控制着地层的分布格局。不同的断陷盆地或同一断陷盆地不同的发育时期，其盆地基底构造沉降方式不同，这主要取决于盆地边界大断层的活动方式。因此，在陆相断陷盆地中研究构造对层序发育的控制主要是研究盆地边界大断层的活动方式对层序发育的控制。

张性断裂活动的表现形式主要有：①一次性强烈断裂；②同生（同沉积）断裂；③多期性断裂。

一次性强烈断裂活动持续时间短，活动强度大［图14－6（a）］，在短期内使盆地形成巨大的可容空间供沉积物充填，之后很长一段时间内停止活动；同生断裂活动发育时间较长，活动　强度初期较强，随后逐渐衰减［图14－6（b）］，在沉积物沉积的同时，断层持续活动，使断陷盆地的可容空间不断得到补偿；多期性断裂活动，发育时间较长，每次断裂强度较弱［图14－6（c）］。不同类型的断裂活动，由于活动方式上的差异，造成盆地的可容空间的产生、沉积物 的充填及相对湖平面变化的不同，从而反映在电性特征、地层叠置特征及地震反射特征上。

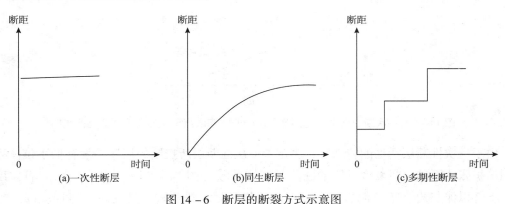

图14－6　断层的断裂方式示意图

1. 一次性断裂活动对层序发育的控制作用

一次性断裂活动对层序的控制主要体现在可容空间的产生上，它在短期内形成深湖，产生巨大的可容空间，为层序的发育提供了空间基础，层序的演化就是在断层停止活动的很长 一段时期内对这个巨大可容空间的充填，因此可容空间的形态决定了层序的三维展布方式。

图14－7中，（a）为某一断陷敞流湖盆基底的构造沉降曲线，该曲线表示盆地在瞬间由断层的突然断裂形成，形成后在相当长一段时间不再活动。潮湿气候条件下，周围河流的注入使湖水很快充满湖盆后，湖平面不再变化。（b）表示其湖平面变化曲线和沉积物供应曲线，沉积物供应曲线的斜率不同，表示其供应速率不同。沉积物供应速率的差异只会影响湖盆被充填满的时间，不影响沉积物的分布模式和相的分布。在湖水充填到盆地基准面之前，湖平面不断提高，水深增加。湖水面积不断扩大，湖相沉积范围也不断扩大，形

成湖泊扩张体系域。在实际情况下，湖水充满湖盆的速率要比沉积物充填满湖盆的速率快得多，即在相对很短的时间内，沉积物很薄，湖泊扩张体系域很薄或根本不发育，很难识别。湖平面升到盆地基准面后，不再继续升高，湖泊范围达到最大，此时湖水最深，形成最大湖泛面之后，沉积物的进积，使湖水范围逐渐缩小，水深逐渐减小，直到填满整个盆地为止。这个时期，形成湖泊收缩体系域，沉积物充填到盆地基准面（湖平面）后不再接受沉积，形成沉积间断面（不整合面），即层序边界。层序界面的形成，标志着一个层序结束了。一次性断裂活动控制发育的层序很简单，只有一个体系域，叫简单断坳层序，它是指从一次性断裂活动开始至下一次断裂活动开始这段时间内沉积的一套地层。

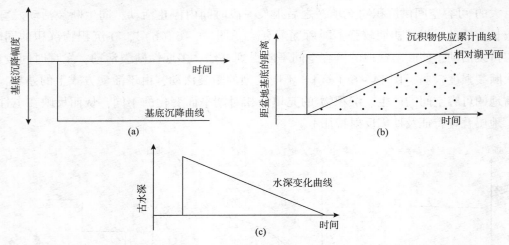

图 14-7 一次断裂活动引起的盆地沉降曲线和敞流湖盆的湖平面变化曲线图

由于一次性断层活动的特殊性，决定了一次性断层所控制的层序不发育低水位体系域和湖泊扩张体系域，只发育巨厚的湖泊收缩体系域（图 14-8）。从下向上，岩石粒度变粗，下部以泥灰岩、暗色泥岩为主，夹薄层细砂岩、粉灰岩，具反映安静环境的水平层理；中部砂泥岩互层，发育波状层理；上部粗砂、中砂岩夹薄层泥岩。SP 曲线呈漏斗形〔图 14-9（b）〕。

简单断坳层序与进积式堆层序组相比有如下区别：①一个简单断坳层序可由一个进程式准层序组组成。②层序与层序之间有沉积间断面，而准层序组之间的界线应是最大湖泛面及其对应的界面，而不是"不整合面及其对应的界面"。③准层序与准层序组边界的形成是"沉积速率＞可容空间增长速率"转化为"沉积速率＜可容空间增加速率"形成的。而层序边界是当新增可容空间的增加停止或新增可容空间减少时形成的。

简单断坳层序的地层结构具有如下特征（图 14-10）：①缓坡端层序下边界不见地层上超现象，上边界顶超明显，常到削蚀。②陡坡端层序下边界有地层上超、下超现象，上边界见顶超或削蚀现象。③在湖盆中心部位，下部地层强烈下凹，向上逐渐变平缓。

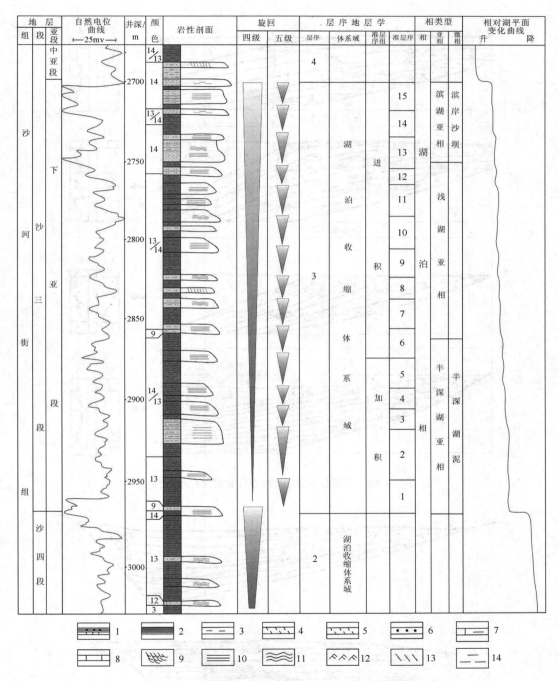

图 14－8　樊 13 井第三层序（简单断坳层序）单井层序地层学分析图

1—油页岩；2—页岩；3—泥岩；4—细砂岩；5—粗砂岩；6—含砾砂岩；7—泥灰岩；8—灰岩；
9—槽状交错层理；10—水平层理；11—波状层理；12—微波状层理；13—变形层理；14—均质层理

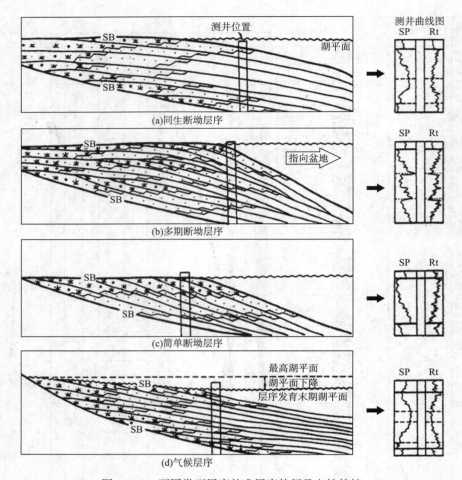

图 14 – 9　不同类型层序的准层序特征及电性特性

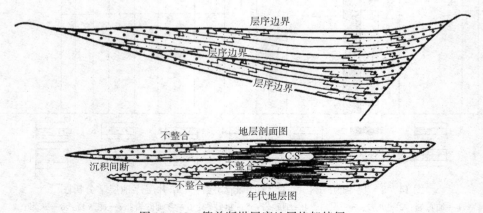

图 14 – 10　简单断坳层序地层格架特征

2. 同生断裂活动对层序的控制作用

与一次性断裂活动相比，同生断裂活动对层序发育的控制具有同时性，在沉积物充填湖盆占去可容空间的同时，盆地边界的断裂活动不断使盆地产生新的可容空间。

层序的演化特征与基底沉降速率和沉积速率的比例有关。由于其比值的不同，发育了同生层序不同的体系域类型和准层序叠加方式。同生断层的活动方式决定着盆地基底的沉降方式和速度。

1）盆地基底均匀沉降

图 14–11（a）为某一断陷敞流湖盆的基底构造沉降曲线，即表示盆地基底的沉降是均匀的，而后又停止活动。这种情况在地质历史中也是存在的，盆地基底的构造沉降总不会无休止地持续下去，总会有停止的时候。潮湿气候条件下，淡水持续不断地注入能把湖水充满到盆地基准面，由于盆地基准面是不断相对上升的，故湖平面也是不断上升的；当构造沉降停止时，湖平面终止上升，而保持恒定。图 14–11（b）为湖平面变化曲线和沉积物供应曲线，沉积物供应曲线形态的不同，表示沉积物供应速度是不同的。

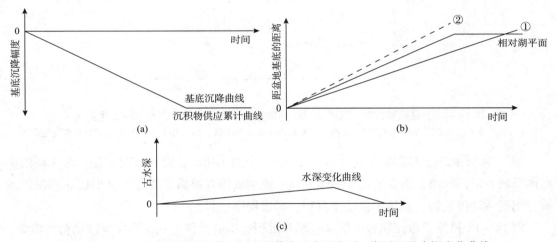

图 14–11　盆地基地均匀沉降、沉积物供应速率不变时，湖平面及水深变化曲线

（1）若沉积物供应速率是恒定的，且大于或等于盆地基底构造沉降速度［盆地可容空间增加速度）图 14–11（b）中的②］，则盆地完全被冲积相沉积物充填满，湖水深度等于 0，控制沉积物沉积的基准面为盆地基准面。由于盆地基准面的不断上升，形成了加积式的冲积河流相准层序组。当盆地基底构造活动停止时，则盆地停止接受沉积，形成全盆地分布的沉积间断界面或不整合面，即层序界面。这种层序也称为构造层序，但是与后一种情况不同，由于无湖水存在，层序内部的沉积相类型和地层结构也就不同。

（2）当沉积物供应速度恒定，且小于盆地基底构造沉降速度［图 14–11（b）中的①］，则湖水水深变化曲线如图 14–11（c）。表示湖盆在基底沉降期间扩张，在构造沉降停止后收缩。扩张期形成湖泊扩张体系域，收缩期形成湖泊收缩体系域。沉积物到盆地基准面后，停止沉积，形成层序界面。

（3）沉积物供应速度曲线为图 14 - 12（b）中的②所示，水深变化曲线为图 14 - 12（c）中的①。早期沉积物供应速度大于或等于盆地基底沉降速速度，则盆地不会形成湖泊，盆地早期只沉积充填加积式的陆相河流或冲积扇沉积物。由于无湖泊存在，这套沉积物的沉积不受湖平面控制，而受盆地基准面控制。中期沉积物供应速度小于盆地基底构造沉降速度（可容空间增加速度），湖水加深，湖面扩张，形成湖泊扩张体系域。（b）时湖水最深，水体分布最广，形成最大湖泛面。后期，构造沉降停止，沉积物的充填使湖面缩小，湖水变浅，形成湖泊收缩体系域。

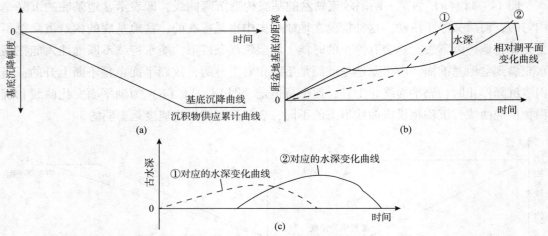

图 14 - 12　盆地基底均匀沉降、沉积物供应速率变化时湖平面及水深变化曲线

图中（b）的①、②分别为沉积物供应累计曲线和相对湖平面变化曲线；（c）中为分别与其对应的水深变化曲线

（4）沉积物供应速率曲线如图 14 - 12（b）中的①所示，湖盆早期扩张，形成湖泊扩张体系域，后期收缩，形成湖泊收缩体系域，晚期沉积物填满了湖盆，又形成非湖泊体系域，构造活动停止后，盆地不再接受沉积，形成层序边界。

图 14 - 13 概括了敞流湖盆中沉降速率和沉积速率的比值变化对层序内部结构的影响。

2）盆地基底的沉降曲线呈对数型

前面讨论了突然形成的湖盆和均匀形成的湖盆。这两种都是较为理想的情况，大多数湖盆的形成既不是瞬间的，也不是线性的，其构造沉降曲线常如图 14 - 14（a）所示，因为我们讨论的是敞流湖盆，湖平面变化曲线如图 14 - 14（b）所示。

从图 14 - 14 中可以看出，当沉积物供应速率不变时，水深曲线为图 14 - 14（c）中的①所示，湖盆先扩张，后收缩，先形成湖泊扩张体系域，后形成湖泊收缩体系域，最后发育非湖泊体系域。当沉积物供应曲线为图 14 - 14（b）时，则早期形成低水位体系域，中期发育湖泊扩张体系域，后期形成湖泊收缩体系域，最后发育非湖泊体系域。

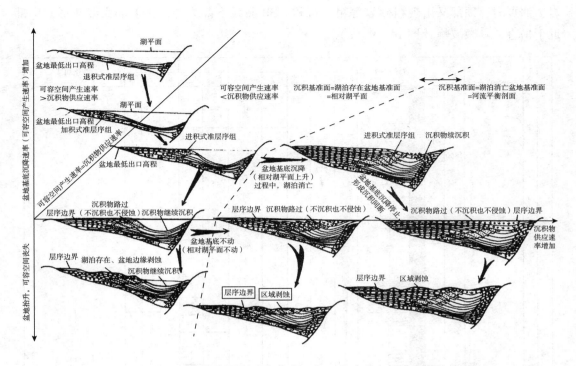

图 14 – 13　在断层控制的敞流湖盆中 $V_{供}/V_{降}$ 的变化与层序发育的关系

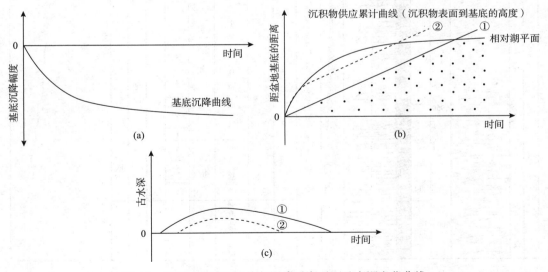

图 14 – 14　盆地基底不均匀沉降时湖平面及水深变化曲线

　　受同生边界断裂活动控制发育的层序称为同生断坳层序，它是陆相断陷湖盆中最常见的一种层序类型。同完整的同生断坳层序具备低水位体系域、湖泊扩张体系域、湖泊收缩体系域（图 14 – 15）和非湖泊体系域。低水位体系域和非湖泊体系域可以不出现。岩性上表现为底部粗，以粗砂岩、含砾砂岩为主；向上过渡为大套泥岩、泥灰岩，夹薄层细砂岩、油页岩；顶部又出现粗砂岩等粗粒沉积。SP 曲线下部为钟形，上部为漏斗形，中部近于平直，具微波峰 [图 14 - 9 (a)]。

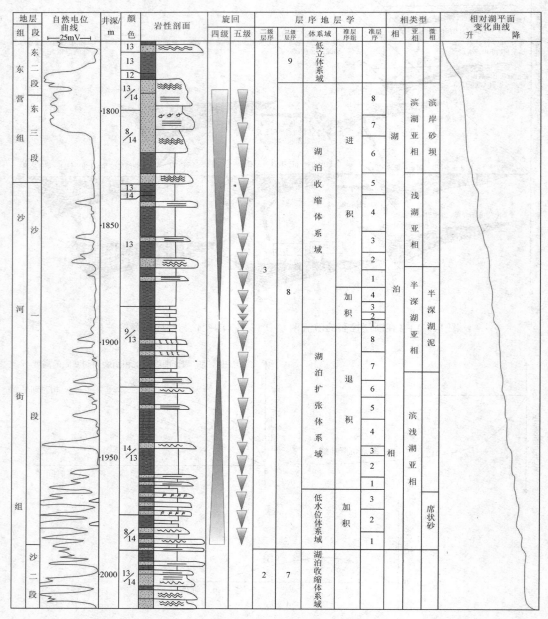

图 14 - 15　通 28 井第八层序（同生断坳层序）单井层序地层学分析图（图例同图 14 - 8）

同生断坳层序的地层结构具有如下特征（图 14 - 16）：①陡坡、缓坡端层序下边界都有地层上超现象，上边界缓坡见有顶超或削蚀现象，陡坡偶见顶超，削蚀少见。②层序内部特征是：下部地层较平坦、上超缓慢；中部上超加快，在沉积中心附近地层开始下凹，向下凹的程度先加剧后又变缓。

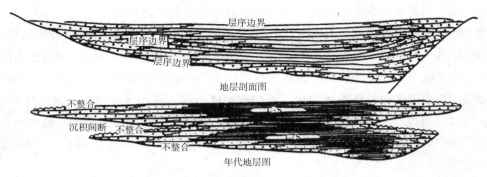

图 14 – 16　同生断坳层序的地层格架特征

3. 多期性断裂活动对层序发育的控制作用

图 14 – 17 （a） 为某一断陷敞流湖盆地的构造沉降曲线，表示盆地基底的沉降是多期性的，最后停止活动。这种情况在济阳坳陷古近系沙河街组沙三中亚段沉积期是存在的。由于潮湿气候条件下大气淡水的持续注入，能及时地把湖平面升高到盆地最低出口高程，所以湖平面也是不断上升的，当构造沉降停止时，湖平面也终止上升，而保持恒定。图 14 – 17 （b） 中的①为相对湖平面变化曲线，它与盆地基底的沉降曲线呈镜像关系。图 14 – 17 （b） 中的②表示出了沉积物供应曲线。假设供应速率均匀，则水深变化曲线如图 14 – 17 （c） 所示。随着沉积物的不断填积形成三个进积式准层序组。

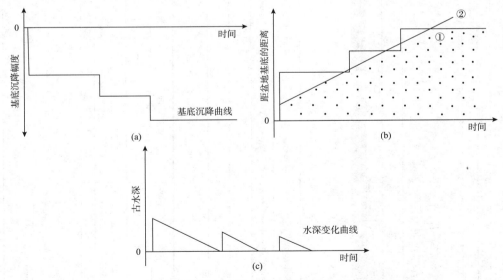

图 14 – 17　多期性断裂盆地基底的构造沉降曲线及湖平面变化曲线

多期性断裂活动开始活动时，断层活动剧烈，在很短时间内形成较大的可容空间，随后停止活动，沉积物不断进积充填，形成进积式准层序组，湖盆水体变浅，水域变小，不等湖盆消亡和沉积物顶部遭受侵蚀，第二次断裂开始活动，重复前一次的演化。接着又发生第三次的次一级断裂活动，直到断层停止活动湖盆沉积物停止沉积或遭受侵蚀，形成多期断坳层序上边界，多期断裂活动才结束了它对本层序发育的控制。

受多期性断裂活动控制发育的层序叫多期断坳层序，它是在多期性断裂活动控制后，湖盆中沉积的一套地层，它由多个更次一级的简单断坳层序（四级层序）或进积式准层序组组成，每个次一级层序间呈整合接触或只存在小范围短期的沉积间断（图14－18）。多期断坳层序仅由湖泊收缩体系域组成，湖泊收缩体系域可以由多个进积式准层序组组成。岩性上一般表现为多个由细变粗旋回的叠加，每个岩性旋回下部为大套深灰色泥岩，夹薄层砂岩，其中发育变形构造；向上过渡为砂泥岩互层和粗砂岩夹薄层泥岩。SP曲线是多个小漏斗形组合［图14－9（b）］。

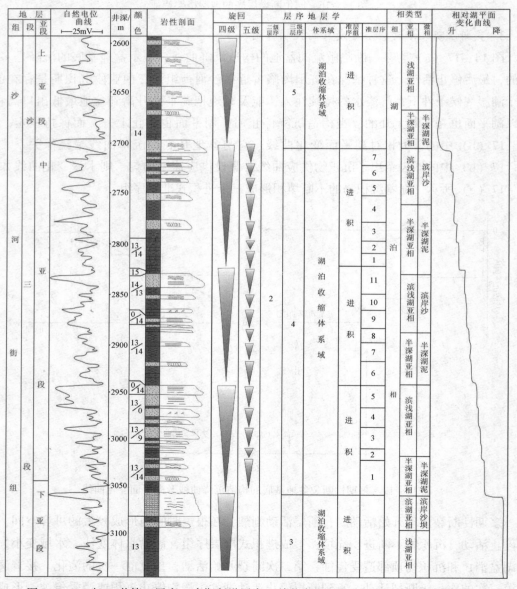

图14－18　牛35井第四层序（多期断坳层序）单井序地层学分析图（图例同图14－8）

多期断坳层序的地层格架特征如下（图 14 – 19）：①陡坡带见地层上超、下超现象，缓坡带发育顶超现象。②层序内部有这样的地层界面：界面之上有下超现象。这些地层界面对应的是两个进积式准层序组的分界面。既是湖泛面也是湖相密集段。多期断坳层序，由多个进积式准层序组组成，具有多个湖相密集段。

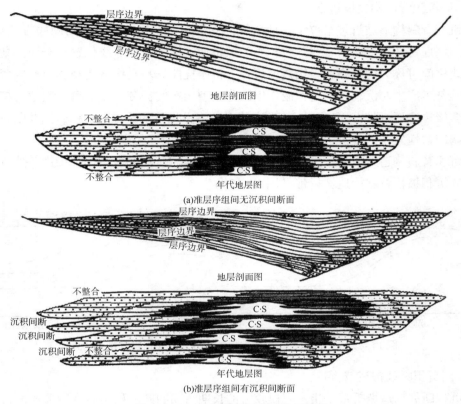

图 14 – 19 多期断坳层序的地层格架

（三）断陷盆地构造古地貌对层序发育的控制作用

在层序地层学中，"沉积坡折"（Slope break）是一个重要的概念，在具陆架坡折边缘或具生长断层边缘（断裂坡折）的盆地中，在低水位期，坡折带以上为剥蚀区或暴露区，可形成不整合面和深切谷；坡折带以下则为沉积区，可能形成盆底扇、斜坡扇等陆坡体系和低水位楔形体。近年来对渤海湾等第三纪湖盆的研究发现，在陆相断陷盆地中，规模较大的同沉积断裂常常形成构造古地貌上的突变带或坡折带，分割着不同的古地貌构造单元。这些坡折带的存在制约着盆地可容纳空间的变化，控制着低位域、高位域三角洲—岸线体系的发育部位，对沉积体系的发育和砂体分布起重要的控制作用（林畅松等，2000，2003；李思田等，2002；任建业等，2004；冯有良）。在中国陆相湖盆的勘探中，"坡折带"已成为广为关注的热点，也是寻找隐蔽油气藏的重要领域之一。

1. 构造坡折带概念及类型划分

"构造坡折带"（Tectonic slope break）是指由同沉积构造活动所形成的、古地貌上发生突变的地带（林畅松，2000）。由于同沉积构造的长期活动，构造坡折带对盆地的可容纳空间和沉积作用可产生重要的影响，制约着盆地沉积相域（Facies tracts）的空间分布。

陆相断陷盆地的坡折带类型与同沉积构造类型密切相关，可归纳为两个主要类型：①同沉积背斜构造坡折带；②同沉积断裂构造坡折带。

1）同沉积背斜构造坡折带

同沉积背斜构造坡折带指位于盆地边缘的同沉积背斜构造带造成的湖底古地貌弯曲、倾斜带。湖底古地貌弯曲的脊线部位相当于低位期湖泊的沉积滨线位置，脊线与湖底古地形的槽线之间可称为同沉积背斜构造坡折带。挤压挠曲、基底构造活动、断弯或弯折等构造作用等都可产生对沉积起重要控制作用的背斜型构造坡折带。如准噶尔盆地与挤压逆冲有关的多级构造坡折带，松辽盆地（大庆油田）古龙坳陷的边缘弯折带，以及断陷类盆地中，如南阳盆地发现的弯折带等。

同沉积背斜构造坡折带，进一步可划分为两个样式：①同沉积逆牵引背斜构造坡折带；②同沉积披覆背斜构造坡折带（图14－20）。

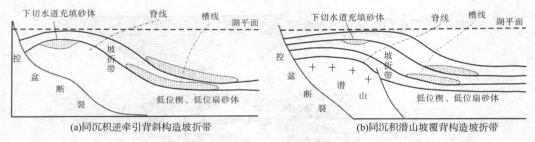

图14－20　同沉积背斜构造破折带类型划分（据冯有良，2006）

2）同沉积断裂构造坡折带

同沉积断裂构造坡折带是指由规模较大的长期活动的同沉积构断裂所形成的古地貌突变带或斜坡带。在断陷盆地内各种断裂作用，如掀斜旋转断块、犁形断裂和反向调节断裂等均可形成断裂坡折带，这些断裂（带）一旦形成，在整个裂陷期由于应力易于集中而长期活动。在渤海湾盆地古近系中，形成构造古地貌上突变的沉积坡折带的主控断裂，其生长系数一般在1.4～2.0（下降盘与上升盘同期沉积层的厚度比），靠近洼陷或陡坡一侧可达2～2.5，长期构成盆内构造古地貌单元和沉积相域的边界。

一般而言，边界断层和凹陷内部断层的活动规模、性质和强度都有所差异，其所控制的古地貌形态也不同。以塔木察格盆地塔南洼陷为例，根据地貌的形态特点，可以将断裂坡折带划分为4种类型，即陡坡断崖型坡折带、陡坡断阶型坡折带、缓坡断阶型坡折带和盆内坡折带（图14－21）。

（1）陡坡断崖型坡折带。

断崖型陡坡坡折带分布于塔南凹陷北部，位于东部凸起的西侧，其形成受形成时间较早、长期活动、规模较大的边界控凹大断裂（1号断层）控制。由于断面较陡，断层与湖区构成陡岸地貌。凹陷沉降中心与沉积中心靠近凸起一侧，凸起前缘直接为深水湖区，为湖盆最大可容空间发育区。来自凸起上的水系所携带的沉积物入湖后直接在凹陷内堆积，形成近岸水下扇沉积体系，在剖面上呈楔形，靠近断层厚度大，向洼槽方向，厚度明显减薄［图 14-22（a）］。

（2）陡坡断阶型坡折带。

在塔南凹陷的南部区域，由于东部的控陷断层（1 号断层）派生的二级断层（2 号断层）的存在，形成断阶型陡坡坡折带。靠近主断层部位发育近岸水下扇和扇三角洲沉积体系，而在二台阶下部常发育远岸湖底扇，最典型的为 19-38 井区及以西的二台阶［图 14-22（b）］。

名称	剖面示意图	砂体类型	典型实例
(a) 陡坡断崖型坡折带	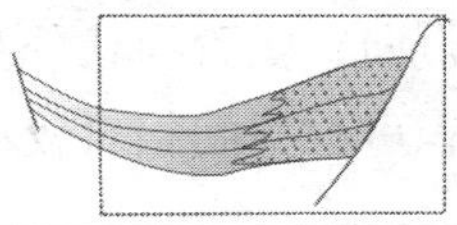	近岸水下扇 扇三角洲	19-38井 19-07井
(b) 陡坡断阶型坡折带	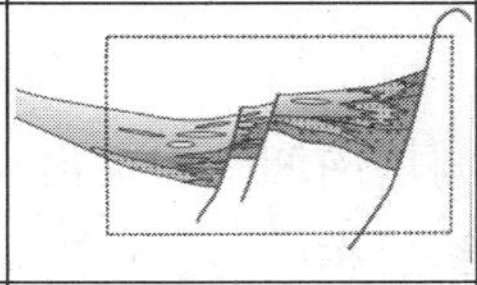	扇三角洲 远岸水下扇 浊积岩	19-82井
(c) 缓坡断阶型坡折带	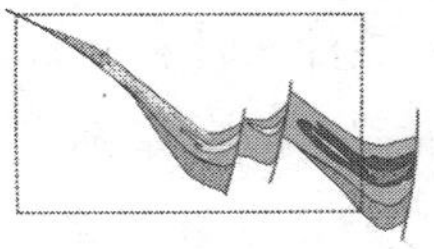	扇三角洲 三角洲 浊积岩	19-82井
(d) 盆内坡折带	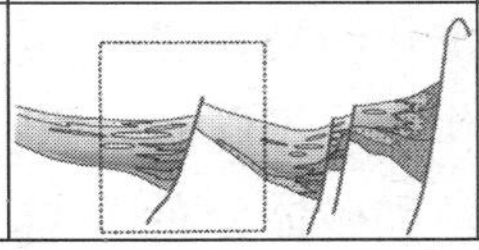	远岸水下扇 浊积岩	19-78井 19-52井

图 14-21　塔南凹陷裂陷期坡折带类型与沉积体系模式

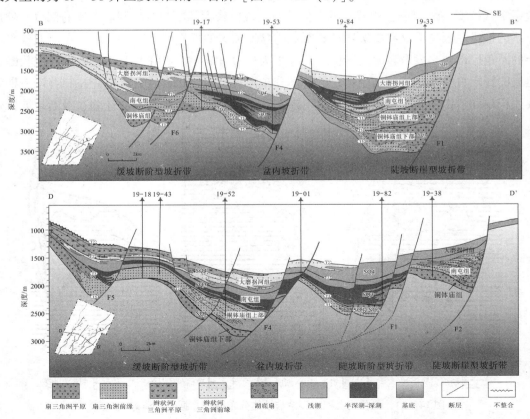

图 14-22　塔南凹陷不同部位构造沉积剖面

（3）缓坡断阶型坡折带。

断阶型缓坡坡折带发育在塔南凹陷西部较缓坡的一侧，主要受 4 号断层控制，斜坡背景上多发育平行于斜坡走向、呈阶梯状分布的二、三级次级断裂。断阶的存在使凸起与凹陷之间呈缓坡相接，沉积可容空间相对较小，易形成斜坡背景下的水下扇或扇三角洲体系 [图 14 – 22（c）]。

（4）盆内坡折带。

盆内坡折带的形成与塔南凹陷中央沿长轴方向伸展的基底断裂（3 号断层）的活动有关，断层两盘沉降和沉积速率的差异造成盆地内部地形坡度突变而形成盆内坡折，在下降盘形成更深的深水洼槽。该深水洼槽距离陡坡带物源较远，在低水位期，从陡坡带水下扇滑塌过来的重力流在此沉积形成远岸湖底扇，在剖面上也呈透镜状 [图 14 – 22（d）]。

2. 构造古地貌样式与砂体分散体系

断陷盆地盆内的同沉积断裂在规模和组合样式上多样化，受控于构造应力场、先存断裂系再活动及重力调节作用。不同的沉积断裂组合样式形成不同的沉积古地貌特征，从而控制着盆地内的沉积充填和砂体分布样式。

1）梳状断裂与砂体分布

梳状断裂系是由主干同沉积断裂和与之垂直的一组伴生次级调节断裂构成的。梳状断裂系常常控制一个"沉积相域"的总体分布。规模较大的断裂带控制着水道的部位，碎屑体系的推进一般是沿这些次级同沉积断裂向盆地推进的 [图 14 – 23（a）]。在剖面或平面上的断角底部位多发育较厚的砂体，可称之为"断角砂体"。由主干断裂坡折与梳状断裂组成的特定坡折带样式控制着特定的砂体分布样式。如孤北东的梳状构造控制着沙三期湖底浊积扇和沙四期扇三角洲沉积相带（域）的分布。在沙三沉积期，洼陷边缘断裂坡折带

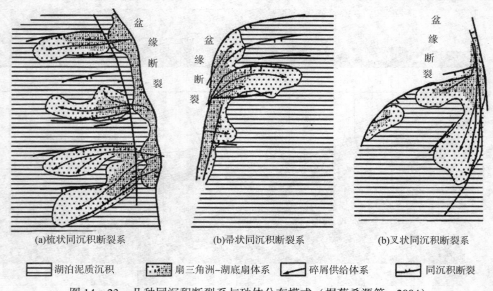

(a)梳状同沉积断裂系   (b)帚状同沉积断裂系   (b)叉状同沉积断裂系

湖泊泥质沉积   扇三角洲–湖底扇体系   碎屑供给体系   同沉积断裂

图 14 – 23   几种同沉积断裂系与砂体分布模式（据蔡希源等，2004）

控制着湖底浊积扇的发育带，而垂向的梳状断裂控制着主要砂体发育部位和延伸方向（图 14－24）。沙四期的扇三角洲朵体分布也明显的与梳状断裂系的控制有关。

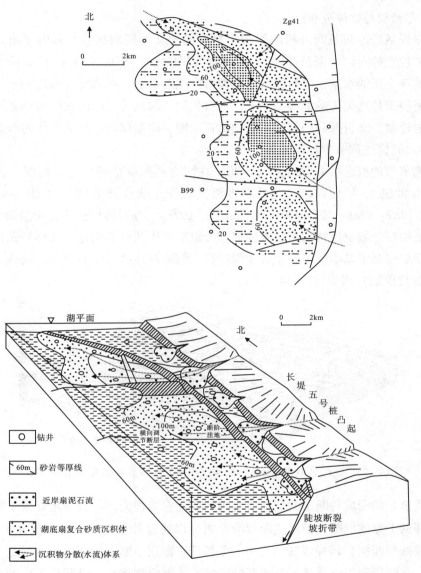

渤海湾盆地孤北洼陷沙河街组砂三段梳状同断裂构造带古地貌与砂分散体系

图 14－24　梳状断裂系的砂体分布样式（据蔡希源等，2004）

2）帚状断裂与砂体分布

帚状断裂系一般是由一二条主干断裂向一端发散或分叉成多条规模变小、断距变小的次级断裂系［图 14－23（b）］。在平面上呈帚状，如沾化凹陷的义东帚状断裂带、邵家帚状断裂构造带、惠民凹陷的临商断裂系等。渤海湾盆地内的帚状断裂系多呈左步阶排列，这与盆地曾受到过右旋张扭作用有关。断裂系的主干断裂常控制着粗碎屑供给水系的方向，帚状发散的部位一般控制着砂质沉积中心，帚状发散断裂的延伸方向控制着碎屑体系向盆内的推进方向。

3）叉形断裂与砂体分布

叉形断裂系是由两条同沉积断裂带相交形成的叉形断裂构造，其内叉角是构造低部位，多发育较厚的所谓"断角砂体"，控制着沉积中心［图14-23（c）］。沿主断裂的上游端可能捕获主要的水系，碎屑体系沿断裂带向洼陷推进。在渤海湾盆地的孤南洼陷东端的孤东6断裂带是这类构造的典型例子。来自长堤凸起或垦东凸起的碎屑体系的堆积受到该断裂带的控制。来自孤岛凸起的水系则沿孤南断裂南端堆积，形成叉状的砂质沉积带。

4）断层间构造调节带与砂体分布

构造调节带的概念由Dahlstrom（1970）在研究挤压变形带中逆冲断层几何形态时首次提出。20世纪80年代以来，国外学者将其应用于研究伸展构造（Ebinger等，1987；Rosendahl，1987；Morley等，1990；R. Ravnås，1998）。在伸展构造中，构造调节带被定义为构造变形中在区域上保持缩短量或伸展量守恒而产生的调节构造。在伸展断陷中，大型的同生正断层控制了基本的半地堑式地貌特征，断陷盆地可以由一个单一的或一系列半地堑（也有少数地堑）组成（图14-25）。

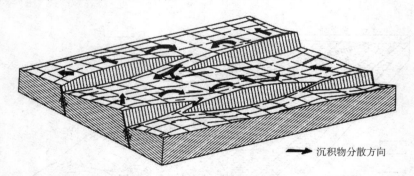

图14-25　断陷盆地内的构造地貌和沉积物分散体系（据R. Ravnås，1998）

构造调节带的形成与断层的位移沿走向的变化密切相关，伸展作用导致了断层下盘的上隆和相邻的上盘的沉降，控洼主断裂沿走向可以通过其他形式（如分支正断层，凸起，走向斜坡或撕裂断层）传递或转换为另一条控凹正断层。断层的两盘，在垂直于断层走向的方向上，在断层附近位移最大，离开断层越远，则位移越小。沿断层走向的方向，离开断层的中心向断层的两端，位移逐渐减小。上述位移的空间变化特征导致了典型的直立剖面上呈楔状的、平面上呈勺状形态的半地堑式可容纳空间。上盘的沉降可以达到相当大的深度，沉积巨厚的地层。

伸展构造体系中构造调节带的研究表明，盆地内不同规模的横向调节带对水系及砂体分布发育起着重要的控制作用。大量勘探实践证明，在同一物源条件和同一条控凹断层的下降盘，不同部位的扇三角洲或水下扇砂体的规模差别悬殊，以粗碎屑为主的大型扇三角洲或水下扇砂体往往只在局部发育，而其他部位仅发育由粉—细砂岩组成的小型砂体。一般来说，断陷盆地边缘同生断裂带，由于主断层中心地带断层位移量大而其末端调节带处断层位移量减小，主水系会在横向调节带相对较低的地形进入凹陷中，形成富砂冲积扇、扇三角洲和浊积体系。因此，在断陷盆地中，陡坡一侧两条侧列断层交汇处发育的调节带常常是水流携带碎屑物质注入盆地的通道，进而控制着盆地强烈沉降期层序地层形成的主体物源方向、沉积体系类型与分布特征。

塔木察格盆地塔南凹陷为一典型断陷盆地，由于主干断层的分段性和差异断陷活动，发育了多种类型的构造调节带。参照 Morley 等（1990）对伸展断层构造调节带的分类，将塔南凹陷裂陷期发育的构造调节带划分为两类：同向倾斜未叠置型构造调节带和同向倾斜叠置型构造调节带，不同类型构造调节带形成不同的古地貌特征，其水系及砂体分布分布特征也不相同。

（1）同向倾斜未叠置调节带。

同向倾斜未叠置调节带的形成与盆缘主干断层沿走向位移发生变化（差异性活动）有关，盆地边界主断层的强烈活动一方面导致断层上盘强烈沉降形成深洼；另一方面导致下盘均衡抬升，形成幅度较大的凸起。当断层活动强度沿走向减弱直至消失时，下盘隆起逐渐消失，形成相对低地或缓坡。控洼主断裂沿走向可形成多个横向隆起（断鼻构造）来调节断层沿走向上断距的变化。根据横向凸起调节带处断层面的几何形态，同向倾斜未叠置调节带又可细分为 2 种类型：线状断层横向凸起调节带、凹面断层横向凸起调节带（图 14－26）。

横向凸起调节带通常沿主干断层走向形成多个古地貌的高点，作为正向地貌单元可将塔南凹陷沿走向分割为若干直接对应于半地堑的独立沉积中心，这种控制作用会一直持续到裂陷期结束。由于主断层中心地带断层位移量大而其末端调节带处断层位移量减小，在调节带处其下盘会形成漏斗状的相对低地或缓坡，主水系会在横向调节带相对较低的地形进入凹陷中，之后在上盘横向凸起上向四周分散，形成富砂扇三角洲或近岸水下扇沉积体系。勘探实践证明，在同一条控凹断层的下降盘，不同部位的扇三角洲或水下扇砂体的规模差别悬殊，以粗碎屑为主的大型扇三角洲或水下扇砂体往往只在构造调节带处发育，而其他部位仅发育由粉—细砂岩组成的小型砂体。

（2）同向倾斜叠置型调节带。

同向倾斜叠置型调节带主要发育在两条同倾向侧列主干断层的叠置处；在两条断层的倾末端会形成一走向斜坡来调节两条断层断距沿走向的变化。走向斜坡连接着一条断层的下盘与另一条断层的上盘，斜坡走向通常与边界断层走向近垂直。在主断层断距较大的部位，其下盘相对隆起而阻碍了物源的导入，下盘的水系会向主断层断距较小的部位（调节带）汇聚，然后沿走向斜坡注入盆地，沉积物在斜坡坡脚沉积，以扇三角洲沉积为主（图14－26）。

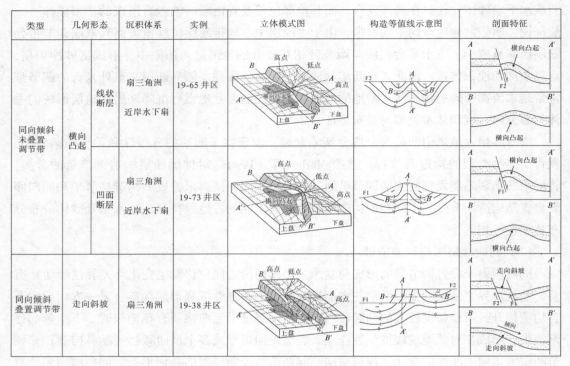

图 14 – 26　断陷盆地构造调节带发育特征

二、前陆盆地构造运动对层序发育的控制

在我国西部前陆盆地中，逆冲挠曲沉降过程控制着区域性沉积旋回或层序的发育演化，中—新生代以来的内陆前陆盆地中的主要不整合面与前陆盆地的构造作用，如前陆带的多期挤压逆冲、前隆构造作用等密切相关。林畅松（2002、2004）对塔里木盆地中新生代库车前陆盆地层序地层的研究，揭示了逆冲挠曲沉降过程对区域性沉积旋回或层序发育演化的控制机制：一次逆冲加载将导致挠曲快速沉降，随后逆冲作用的变弱和停止而使沉降减慢，并由于剥蚀和应力松弛等造成回弹隆起，形成微角度不整合—侵蚀不整合，标志着一次逆冲事件结束和构造层序界面的形成。这种过程可能是多次进行的，导致盆内古构造格架、沉积物分散体系和物源以及沉积体系域的时空配置的多旋回变化。

（一）前陆期盆地造山带构造活动与可容空间变化

前陆盆地是挤压体制的产物，挤压应力既可使盆地中心差异性沉降，又可使盆地边缘差异性隆升（H. W. Posamentier，1993），从而使盆地呈现沉降与隆升交替的格局。造山带的负载与卸载控制了前陆盆地的形成演化，并导致前渊与前隆带的可容空间发育呈相反的趋势（图 14 – 27）。在造山带负载期间，近端前渊带挠曲沉降，可容空间增大，而远端前隆带则挠曲隆升，可容空间减小。在造山带侵蚀、卸载期间，由于基底弹性回弹隆升，造山带近端可容空间减小，而远端则发生沉降，可容空间增加。可容空间发育的不协调性在前渊至前隆部位表现突出，前隆至前渊带强烈不对称楔形地层正是可容空间不协调发育的结果。由于湖平面变化引起的可容空间变化在全盆一致，因此，前陆盆地可容空间发育的不协调性与构造活动密切相关。

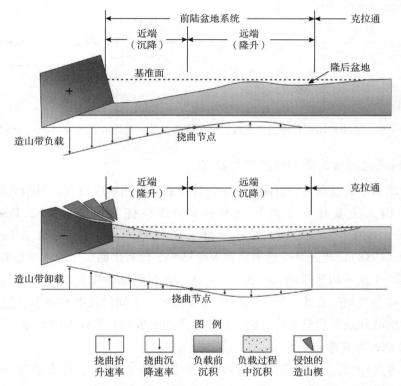

图 14 – 27　造山带负载和卸载阶段前陆盆地演化（据 O. Catuneanu，1998 修改）

　　大量的研究表明，前隆的形成、演化与造山带逆冲推覆构造活动有关，前隆产生和迁移指示着可容空间不协调发育的演化过程。如图 14 – 28（a）所示，在时间 t_1，造山带逆冲负载会引起区域性均衡补偿调整，导致前陆盆地岩石圈挠曲下弯，形成前渊，相应的向克拉通方向则发生岩石圈挠曲抬升，形成前隆，再向克拉通方向岩石圈又平缓下弯，形成隆后盆地；在时间 t_2，随着造山带逆冲推覆作用的进行，冲断负载横向上向克拉通方向迁移，导致挠曲作用也向克拉通方向移动，前期抬升的前隆区（A 点，时间 t_1）被迫下弯而进入前渊坳陷沉降区，而前期的隆后盆地（B 点，时间 t_1）则受挠曲抬升作用变为新的前隆区［图 14 – 28（b）］。

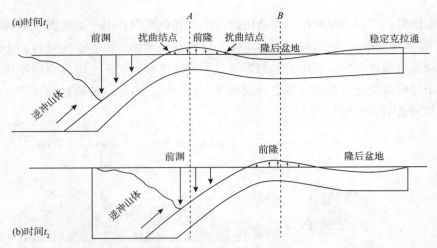

图 14 - 28 前陆盆地岩石圈挠曲与可容空间变化关系示意图（据 K. A. Giles，1995 修改）

（二）前陆盆地挠曲类型与层序的发育

前陆盆地的形成过程是岩石圈对造山逆冲负载的挠曲响应过程，根据前陆盆地岩石圈流变性质，前人主要建立了两种挠曲模型：弹性挠曲模型（P. B. Flemings，1989；H. D. Sinelair，1991）和黏弹性挠曲模型（G. M. Quinlan，1984；A. J. Tankard，1986；C. Beaumont，1988）。通过对准噶尔盆地南缘 99SN5 地震剖面层序地层学解释可知（图 13 - 5），在第二个逆冲构造活动幕（$N_1s + N_1t$），强烈活动早期盆地基底为弹性流变性质，强烈活动高峰期盆地基底性质转为黏弹性流变性质。不同的挠曲模型下，挠曲变形过程、逆冲作用对前陆盆地沉积充填的控制、层序边界的形成都有着较大的差异。

1. 弹性挠曲与层序的发育

Karner 等（1983）、何登发等（1996）、王家豪等（2006）、陈发景等（2007）认为，弹性挠曲模型是指岩石圈为弹性流变性质，具有常量的挠曲刚度，岩石圈上加载时抗挠刚度和岩石圈厚度的变化仅仅取决于负载的热年龄，如果负载不发生变化，弹性弯曲应力不会松弛，弹性岩石圈所发生的向下弯曲形状也不会随时间变化，前陆盆地将保持挠曲形状一直到地表负载改变［图 14 - 29（a）］。

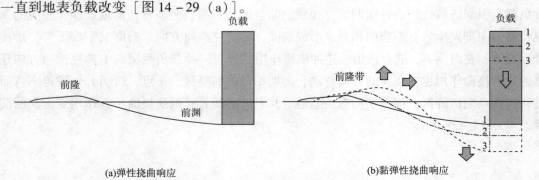

图 14 - 29 前陆盆地岩石圈弹性、黏弹性挠曲响应（据 C. Beaumont，1988 修改）

在弹性挠曲模型中，岩石圈挠曲变形过程如图 14 – 30 所示。逆冲活动初期，盆地变窄，前隆向逆冲带方向迁移；随着逆冲活动增强，盆地向克拉通方向扩展，盆地变宽；逆冲活动停止后（构造宁静期），以沉积负载沉降为主，由于造山带侵蚀、卸载作用，临近造山带的岩石圈回弹隆升，盆地继续变宽，前隆则进一步向克拉通方向迁移。

弹性挠曲模型下形成的层序结构特征如图 14 – 30 和图 14 – 31 所示。在逆冲活动初期，因前隆的形成，地层向负载方向收缩（$t_0 \sim t_3$），前渊带缓慢沉降，可容空间持续增加；前隆及其斜坡带则向造山带迁移，可容空间逐渐减小，顶部遭受剥蚀而发育不整合面。在随后的逆冲活动高峰期至构造宁静期，地层逐渐向克拉通方向超覆（$t_3 \sim t_{10}$）。在强烈逆冲活动高峰期（$t_3 \sim t_7$），盆地向克拉通方向扩展，前渊带持续沉降，可容空间不断增大；前隆及其斜坡带向克拉通方向迁移，可容空间逐渐增大。在构造活动相对宁静期（$t_7 \sim t_{10}$），岩石圈回弹隆升，盆地变宽、变浅，可容空间逐渐减小。弹性基底前陆盆地不同构造部位可容空间变化曲线如图 14 – 32 所示，前隆迁移形成的不整合位于层序的下部（图 14 – 31）。

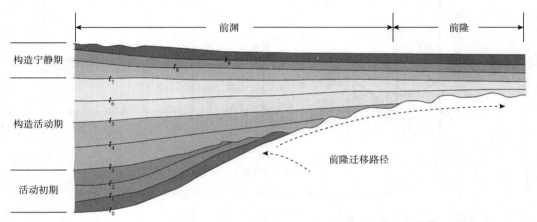

图 14 – 30　弹性岩石圈前陆盆地挠曲变形过程及前隆迁移（据王家豪等，2006 修改）

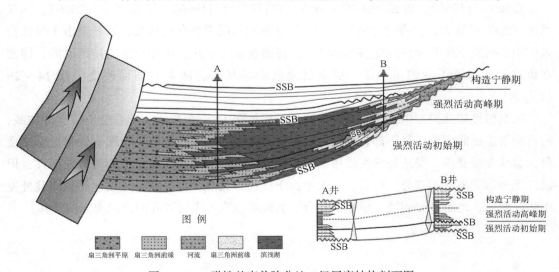

图 14 – 31　弹性基底前陆盆地二级层序结构剖面图

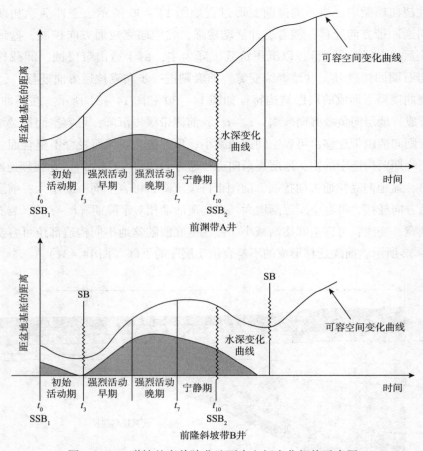

图 14 - 32　弹性基底前陆盆地可容空间变化规律示意图

2. 黏弹性挠曲与层序的发育

Tankard（1986）、Beaumont 等（1988）、何登发等（1996）、王家豪等（2006）、陈发景等（2007）认为，黏弹性挠曲是指岩石圈在加载后随着负载的增加，岩石圈由于黏性松弛作用，抗挠刚度和弹性厚度将迅速减小，挠曲度取决于其上所加负载的持续时间，即使在负载大小保持不变的情况下，前陆盆地挠曲形状也会随着时间而改变 [图 14 - 29（b）]。

在黏弹性挠曲模型中，岩石圈挠曲变形过程如图 14 - 33 所示：随着造山带逆冲加载，岩石圈发生挠曲变形，其下部黏弹性区产生应力松弛、蠕变，导致岩石圈有效弹性厚度变薄，盆地变窄变深，受地壳均衡作用影响，前隆地区则上升侵蚀并向造山带方向迁移，形成广泛分布的削截不整合。随后，造山带由于侵蚀卸载以及岩石圈应力松弛导致卸载处发生弹性回跳，地层遭受剥蚀，形成不整合，而前隆区则发生沉降并向克拉通方向迁移。

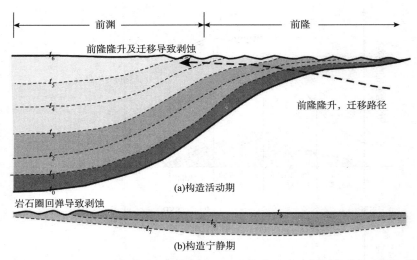

图14-33 黏弹性岩石圈前陆盆地挠曲变形过程及前隆迁移（据王家豪等，2006修改）

　　黏弹性挠曲模型下形成的层序结构特征如图14-33和图14-34所示。构造活动期（$t_0 \sim t_6$），造山带逆冲加载，前隆带不断向造山带方向迁移，地层分布逐渐向负载方向收缩。在强烈逆冲活动早期（$t_0 \sim t_3$），前渊带沉降速率较小，可容空间持续缓慢增加；前隆及其斜坡带向造山带方向迁移，可容空间缓慢减小。在强烈逆冲活动高峰期（$t_3 \sim t_6$），前渊带快速沉降，可容空间快速增加；前隆及其斜坡带继续向造山带迁移，可容空间迅速减小，顶部长期遭受剥蚀而发育一个广泛分布的不整合面。在构造宁静期（$t_6 \sim t_9$），岩石圈回弹导致前渊带可容空间逐渐减小，靠近造山带方向的地层减薄且顶部遭受剥蚀而缺失，前隆及其斜坡带发生沉降并向克拉通方向迁移，可容空间突然增大后快速减小。弹性基底前陆盆地不同构造部位可容空间变化曲线如图14-35所示，前隆迁移形成的不整合位于层序的上部（图14-34）。

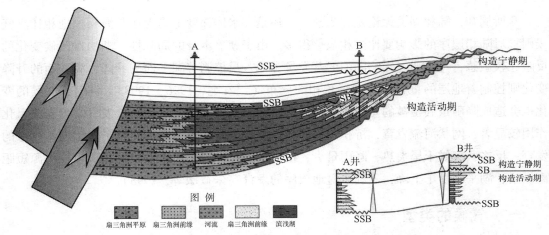

图14-34 黏弹性基底前陆盆地二级层序结构剖面图

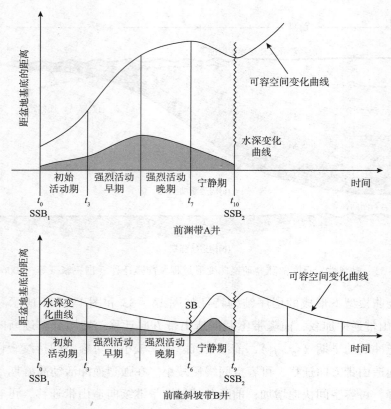

图 14－35　黏弹性基底前陆盆地可容空间变化规律示意图

第三节　气候对层序发育的控制作用

众所周知，陆相湖盆无论是在规模上，还是在水体深度上均无法与海相盆地相比，气候因素对陆相层序的影响要比海相显著得多。由于湖盆本身的局限性，湖泊对气候变化的反映比较敏感，气候通过影响湖泊的蒸发量和注入量控制着湖平面的升降，湖平面的升降变化则控制着地层的重叠样式和沉积相的分布（纪友亮，1996、1998）。同时，气候的变化也会造成降雨量和植被的差异，如气候温暖潮湿，则降雨量多，植被发育，母岩的风化作用较显著，网状河流发育，沉积物供源较多且湖平面易于上升，有利于陆相湖盆层序的发育；反之，气候干旱炎热，降雨量少，植被不发育，辫状河体系较发育，粗粒物源短距离供给，湖平面易于下降，不利于盆地层序的发育（朱筱敏等，1998）。

一、气候的类型

地质历史时期中，气候时冷时热，时湿时干，不但反映在古生物发育的类别组合上，也反映在岩相及沉积物岩性上（纪友亮等，1996、1998）。

1. 根据温度划分

控照地表年温度平均值的大小，不考虑湿度值，将气候类型可以分为炎热型、温暖型和寒冷型（表14-1）。这些古温度信息是根据岩石中所包含的自生矿物、古生物、孢子花粉类型推断得到的，是一种相对值。

表 14-1　按温度划分气候类型

年温度平均值/℃	>20	10~20	<10
气候类型	炎热型	温暖型	寒冷型

2. 根据湿度划分

按照某地质时期年干燥度的平均值，可以将气候分成潮湿型、湿润型和干旱型3种类型（表14-2）。年干燥度是指年最大可能蒸发量与年降水量之比。地质历史时期的年干燥度很难恢复，只能依据对空气湿度反应灵敏的孢子、花粉的类划及其数量的变化推断它的相对值，进而判断气候类型。

表 14-2　按湿度划分气候类型

年干燥度系数	<1.0	1.0~1.6	>1.6
气候类型	潮湿型	湿润型	干旱型

3. 综合分类

古温度、古湿度都是气候的基本要素值，通常分析气候特征时，往往把二者结合在一起考虑，这样就可以划分成9种气候类型（表14-3），具中潮湿—寒冷型、湿润—寒冷型极不常见。

表 14-3　气候综合分类

温度—湿度类型		温度类型		
		炎热型	温暖型	寒冷型
湿度类型	潮湿型	炎热—潮湿型	温暖—潮湿型	寒冷—潮湿型
	湿润型	炎热—湿润型	温暖—湿润型	寒冷—湿润型
	干旱型	炎热—干旱型	温暖—干旱型	寒冷—干旱型

二、气候变化规律

地球发展历史表明，古气候的变化呈现一定的周期性，全球冰期和间冰期的交替出现，称为气候变化的一级周期；而每个间冰期内部温度、湿度以更小周期性变化，可称为气候变化二级周期；以此类推，在高一级气候背景下还会发现更小周期的潮湿与干旱的波动，依次可称为气候的三级周期、四级周期等等。在理想条件下，气候二级周期内三级周期的变化曲线情况基本符合正弦曲线（图14-36）。从 A 到 C，气候由干旱逐渐变潮湿，降雨量逐渐增加，其中 C 点是降雨量最大点；B 点是气候变潮湿速率最大点。从 C 到 F，气候由潮湿逐渐变干旱，降雨量减小，其中 F 点是降雨量最小点；E 点是气候变干速率最大点。气候的周期性变化可影响到盆地汇水量的周期性变化，进而影响层序的发育。

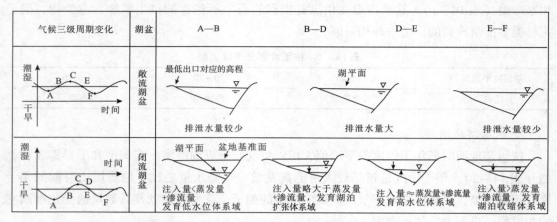

图 14 - 36　完整三级气候周期对湖盆沉积的影响

三、气候对层序发育的控制作用

（一）湖盆对气候变化的敏感性

湖泊与海洋相比体积小，水体少，影响因素多，外界条件的稍微改变就会引起湖平面的变化，对气候变化的反映远比海洋敏感，因此湖相沉积被当作古气候变化的良好记录，不仅反映了大的古气候变化周期，还对极高频的气候变化都可能有良好的反映。从地质历史的角度来看，一个湖泊从形成到消亡其周期相对短暂。干旱气候条件的出现使湖泊迅速咸化，变为盐湖直至湖水干涸并消亡，潮湿气候阶段又再次形成湖泊，此种情况可周期性的出现。在陆相层序地层研究中，与气候相关的三级、四级和五级周期控制或影响了层序的形成发育。例如东濮凹陷始新统沙四段为干热气候、沙三段为温暖气候，气候周期为百万年级。再例如松辽盆地下白垩统泉头组泉一段、泉二段、泉三段分别经历了干热到潮湿的干湿交替的气候变化，气候周期频率约 4Ma。

湖盆对气候变化的敏感性一方面形成了湖平面变化的高频率，而采用一般技术，我们编制的湖平面升降曲线很难达到反映这种高频率变化的精度。另一方面，湖平面变化的敏感性极可能模糊湖平面变化的旋回规律性。对于不同的陆相盆地，控制湖平面变化的不同因素所起的作用分量是不同的，每一个盆地中可能存在一个主控因素，从而使得湖平面变化的旋回性和与主控因素的旋回性（如构造旋回性或气候旋回性）相对应，如能将二者结合起来以揭示沉积旋回的规律性，将有助于油气的勘探开发。

（二）气候对层序发育的控制作用

1. 气候对三级层序发育的控制

在闭流湖盆中，由于湖平面低于盆地基准面，相对湖平面的变化不受基底整体构造沉降的影响，只受气候的影响；对于敞流湖盆，气候只控制沉积物供应量，而不影响湖平面的变化。所以，研究气候对陆相层序的控制主要是指对闭流湖盆层序的控制。

由于气候变化的旋回性和周期性，在干旱的气候条件下，大气降水少，注入湖盆的水量小于蒸发量，湖平面将不断降低，甚至消亡；在潮湿气候条件下大气的降雨量大，注入湖盆的水量大于蒸发量，湖平面将不断上升。另外河流的入湖将带来大量的沉积物，沉积物的充填可进一步提高了相对湖平面。

闭流湖盆相对湖平面的变化曲线如图 14 – 37 所示。湖水深与沉积厚度叠加在一起，即为相对湖平面的变化。从图 14 – 37 中看出，沉积物供应速度是周期性变化的，潮湿气候河流注入量大，沉积物供应量大，而干旱气候雨水少，陆源沉积物的供应量就少。

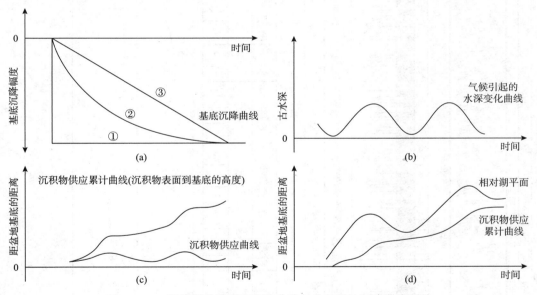

图 14 – 37 闭流湖盆湖平面变化曲线与盆地基地沉降曲线无关

气候对层序的控制是通过它对降雨量、蒸发水量的影响，进一步引起湖平面的变化所完成的，湖平面的低→高→低的一次长周期变动，就形成一套气候层序。气候层序的体系域类型包含有低水位体系域、湖泊扩张体系域、高水位体系域和湖泊收缩体系域（图 14 –38）。干旱气候期，水位最低，沉积低水位体系域，由盐湖和低水位三角洲体系组成，低水位体系域厚度小，在地震剖面上不好识别，只能在岩心及测井资料上识别。在气候由干旱向潮湿转化时期，湖平面快速上升，湖面扩大，水深增加，沉积了湖泊扩张体系域。在潮湿期湖平面达到最高，湖面积最大，形成最大湖泛面，同时沉积了高水位体系域。由于高水位期，河流注入量最大，同时，沉积物输入量也大，因此高水位体系域沉积物厚度大。之后，气候由潮湿向干旱转化，湖平面相对降低，沉积物供应量减少，湖平面以上的早期沉积物遭受剥蚀，形成层序边界，沉积范围缩小（图14-39）。

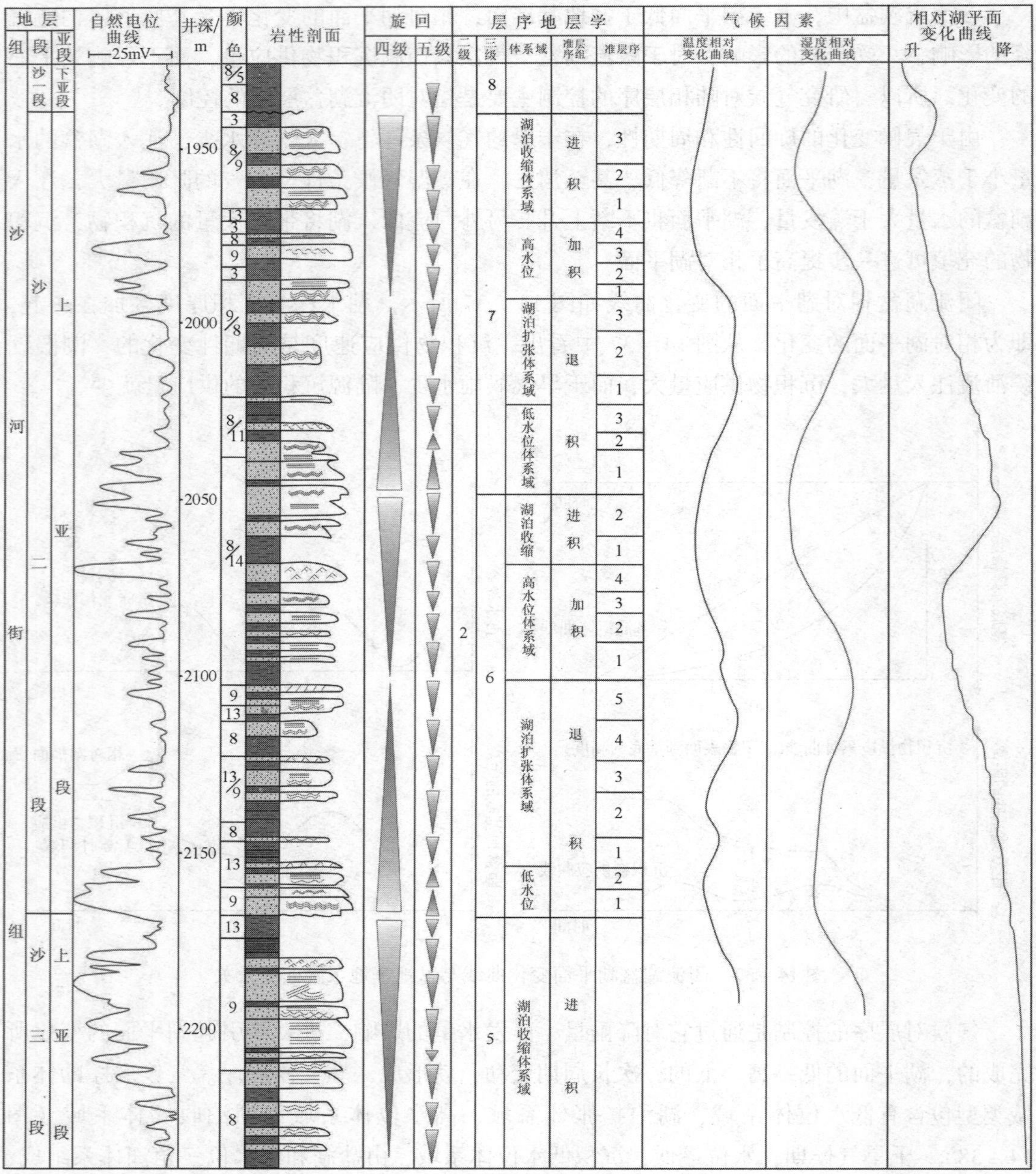

图14-38 花21井第六、七层序（气候层序）单井层序地层学分析图（图例同图14-8）

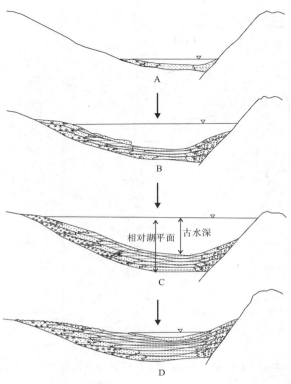

图 14 - 39 气候变化引起闭流湖盆湖平面的变化对层序发育的影响
A—低水位期；B—湖泊扩张期；C—高水位期；D—湖泊收缩期

气候层序常常是在干旱气候条件下形成的，沉积物供应不充足。每种体系域要比对应的同生断坳层序的体系域薄得多，只能通过井的资料来识别。层序底部、顶部皆为粗砂岩、含砾砂岩，具反映强水动力条件的大型槽状交错层理、板状交错层理；中部细粒组分增多，以灰色泥岩、碳质泥岩夹薄层粉砂岩、细砂岩为主。SP 曲线齿化严重，下部呈钟形，上部漏斗形 [图 14 - 9 (d)]。

另外，在敞流湖盆的情况下，气候的变化虽然已不再影响湖平面，但继续影响沉积物的供应量和沉积相类型。当沉积物供应速度大于盆地基底的构造沉降幅度时，形成湖泊收缩体系域；当沉积物供应速度小于盆地基底的构造沉降幅度时，形成湖泊扩张体系域。在无水盆地中，气候的变化只影响沉积相类型。在潮湿气候条件下，形成大型曲流河沉积，在干旱气候条件下，形成小型曲流河沉积。

2. 米兰科维奇天文周期与高频湖泊沉积旋回

国内外学者研究证实，湖盆充填过程中一、二级层序往往与构造沉降变化有关，构造演化的阶段性或幕式的构造作用，对断陷湖盆的一、二级层序或沉积旋回的形成具有直接的联系；而部分三级和四、五级层序的发育则主要与气候变化引起的湖平面变化有关。如 Anadon 等研究了西班牙中新世的湖盆层序结构时认为，一、二级的湖泊扩展旋回主要与构造作用有关，而四、五级的沉积旋回应与气候变化有关（图 14 - 40）。

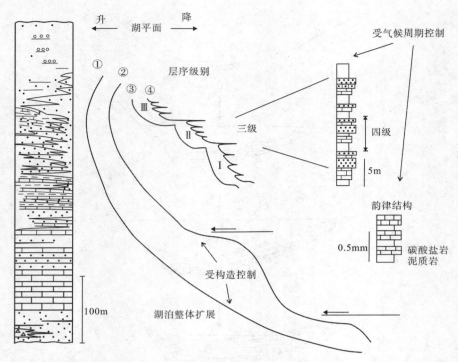

图 14 – 40　西班牙中新世的 Rubielos de Mora 湖盆层序格架及控制因素（据 Anadon 等，1992 修改）

高频气候变化旋回（4～6 级以下的气候旋回）的动力学机制受米兰科维奇周期控制，米兰科维奇周期（Milankovitch cycle）是 20 世纪初期由南斯拉夫学者 Milankovitch 提出来的。由于地球轨道的周期性变化，会引起地球接受日照量的变化，进而引起地球表面气候的周期性变化。轨道周期变化主要有 3 个参数，分别是偏心率（e）、地轴倾斜率（ε）和岁差（p）（图 14 –41）。

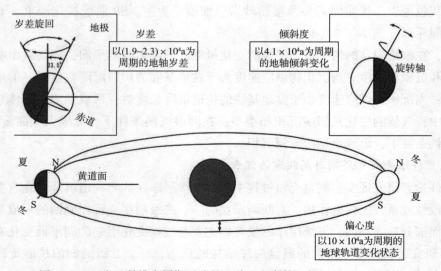

图 14 – 41　米兰科维奇周期反映的 3 种天文参数（据 Chappell，1986）

根据米兰科维奇周期理论，周期性的气候变化会引起极地冰盖的消长，从而导致湖盆经历干旱或潮湿大气环境。大量研究表明，海或湖平面升降和高频的沉积旋回的形成与米兰科维奇天文周期导致的海或湖平面的变化有关（Berger 等，1984；Olsen 等，1986；Talbot 等，1988、1989；王苏民等，1991；Anadon 等，1992）。许多盆地沉积充填中识别出的四级（0.08～0.5 Ma）、五级（0.03～0.08Ma）的沉积旋回或层序，广泛被解释为米兰科维奇天文气候周期（Milankovitch cycle）引起的气候变化的结果（Plint 等，1991、1992；Reading 等，1996）。对深海沉积物中碳氧同位素等的研究广泛证实了最近 2 Ma 以来米兰科维奇周期的存在，并表明米兰科维奇周期对大陆冰川的消长和海平面变化产生重要的影响（Champell 等，1986；Matthews，1986；Schwartz 等，1991）。

纪友亮等（2005）研究了东濮凹陷沙河街组三段中的高频层序发育特征。认为东濮凹陷沙三段沉积时期，盆地为浅盆，可容空间小，由于地形比较平缓，高频（四级以上）气候变化引起的湖平面变化，可以引起湖岸线横向上大幅度迁移，产生的剥蚀区域广，但剥蚀时间短，提供的碎屑物质少，产生的较高频层序低位体系域厚度小（图 14-42）。由于

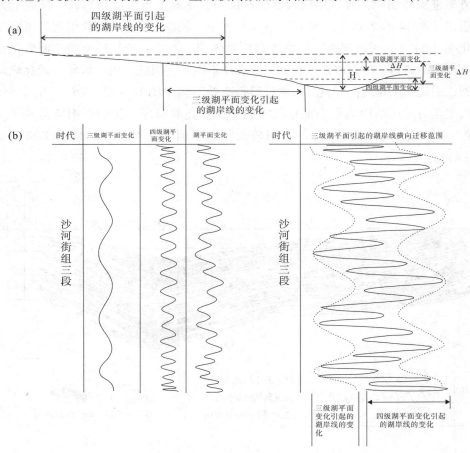

图 14-42 东濮凹陷盆地结构、湖平面变化与湖岸线变化、层序结构之间的关系

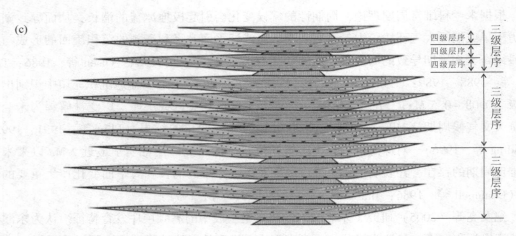

图 14 – 42　东濮凹陷盆地结构、湖平面变化与湖岸线变化、层序结构之间的关系（续）

　　较高频湖平面变化引起的湖岸线的迁移快，相对不稳定，使得沉积物没有足够的时间稳定地向湖盆方向进积和加积，所以形成的储层厚度小，垂向上出现的频率高，横向上分布广，但不稳定［图 14 – 42（c）］。同时，在小湖盆中，较高频湖平面变化引起的可容空间的体积变化率（$\Delta V/V$）可以很大，但由于盆地总体积 V 太小，使较低频湖平面变化在小盆地中没有表演的舞台，对湖岸线迁移的影响表现不出来，因此，由较低频和较高频湖平面下降旋回，引起的湖岸线向湖盆方向的迁移距离差不多［图 14 – 42（a）、（b）］，使较高频湖平面变化对层序结构的影响把较低频湖平面变化对层序结构的影响掩盖掉了。当 V = 较高频的 ΔV 或 h = 较高频 Δh 时，则较低频湖平面变化对层序结构的影响完全消失（图 14 – 43）。

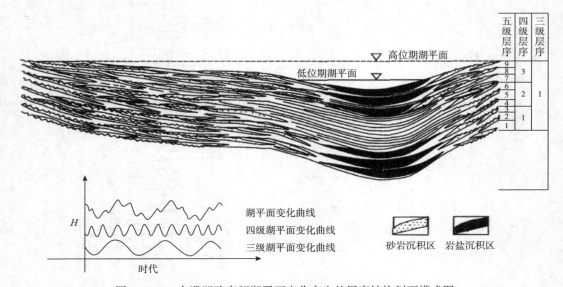

图 14 – 43　东濮凹陷高频湖平面变化产生的层序结构剖面模式图

由于湖平面变化频繁，使得低位期的沉积时间短，形成的砂体很薄，垂向上高位期的暗色泥岩与低位期的薄层砂岩呈互层叠置特征。在湖水位的上升期及高位期，各种碎屑岩体（三角洲、扇三角洲或滩坝砂体）在盆地边缘沉积，随着气候的干旱及湖平面下降，水位降低，进入低位期，此时湖泊缩小，早期沉积物遭受剥蚀、搬运和再沉积，在湖岸线退缩过程中，形成一系列进积砂体，当湖水浓缩到一定程度，在盆地沉积中心形成盐岩（图14-44、图14-45）。

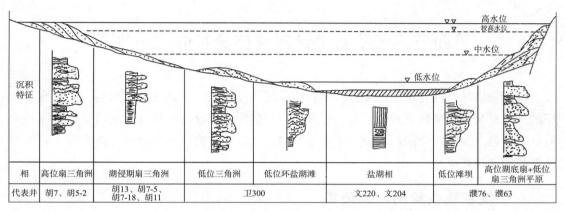

图 14-44 湖平面变化与低水位砂体的分布关系

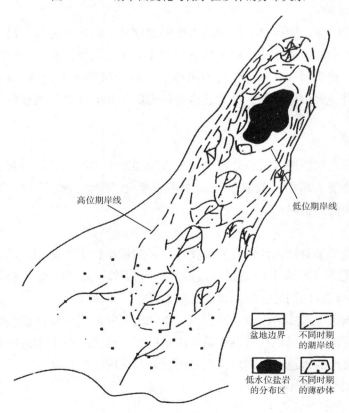

图 14-45 东濮凹陷薄砂体沉积模式

另外由于水体体积小，气候变化引起的蒸发量相对较大，很容易达到岩盐沉积所需的湖水浓度，所以低位期，岩盐沉积发育，且岩盐沉积时期的湖岸线与正常湖岸线相距较远（图14-45）。沙三段沉积时间约5Ma，岩盐与泥岩频繁交互、盐岩累计厚度可达500m，若平均单层盐岩的厚度按10cm计算，则共发育约5000层单盐岩层。因每一单层盐岩的沉积代表一次湖平面的下降，则沙河街组三段湖平面的变化频率达到1000次/Ma，并认为这些高频的湖平面变化可能是由海水入侵的周期性和高频气候旋回变化所造成的。

第四节　沉积物供给对层序发育的控制作用

沉积物供给对陆相层序形成过程的影响是与其他因素一起共同起作用的，它影响着层序的规模及其内部各体系域的特征。一般而言，多物源和近物源是陆相断陷湖盆物源补给的重要特色。根据盆地的长轴分布和物源方向，盆地周缘物源可分成两大体系即轴向物源体系和侧向物源体系。

一、沉积物供给的影响因素

1. 物源区的性质

湖盆中沉积的物质，除少量盆地边缘山体滑塌物外，大部分是经过河流长距离从母岩区搬运而来。因此母岩区的性质、抗风化剥蚀的能力是决定物源量大小的主要因素。通常情况下，花岗岩、变质岩和沉积岩中的石英砂岩、硅质岩等母岩抗风化能力强，基性岩、超基性岩、火山岩、火山碎屑岩、硅酸盐岩等母岩由于其中含有易风化的矿物，故抗风化能力较差。

2. 构造运动

构造运动使湖盆和物源区的高差增大，一方面加速了物源区物理风化作用，另一方面使河流携带物质的能力增强，提高了沉积物供应速度。但高差的增加，很难形成流域盆地，提供沉积物的能力也降低。

3. 气候条件

气候的潮湿或干旱对物源区母岩的风化作用影响较小，主要影响河流的搬运能力。潮湿气候时，雨量充沛，河流水源充足，流量大，可以携带大量物质供给湖盆；干旱气候时，湖盆水量供给较少的同时，物源供应也明显减少。

很多前陆盆地由于紧邻造山带逆冲岩席，因此沉积物的供给量往往非常巨大。如果气候潮湿，剥蚀速度加快，沉积物的供给量就更加巨大。这些剥蚀下来的沉积物得以保存的重要因素是前陆盆地的快速沉降作用，构造的抬升与沉降、气候条件共同决定了沉积物供给量和保存量的大小（图14-46）。

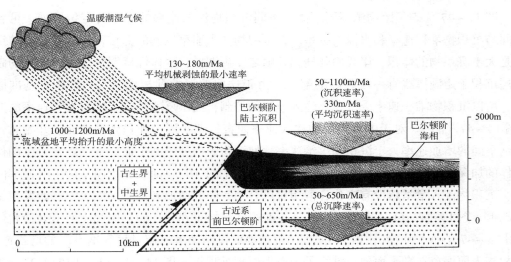

图 14 – 46　扇三角洲巴尔顿阶（约 4.4Ma）的构造—沉积和构造—地貌背景以及
控制其发育的地质作用速率概念模式（据 Lopez – Blanco，2000）

二、沉积物供给速率对层序发育的控制作用

盆地中堆积沉积物的多少是沉积物注入盆地总速率和盆地临近物源程度的函数。若一个盆地不同部位具有相同的相对湖平面变化速率，但沉积物供给速率不同，那么就会产生不同的古水深和岩相变化（图 14 –47）。

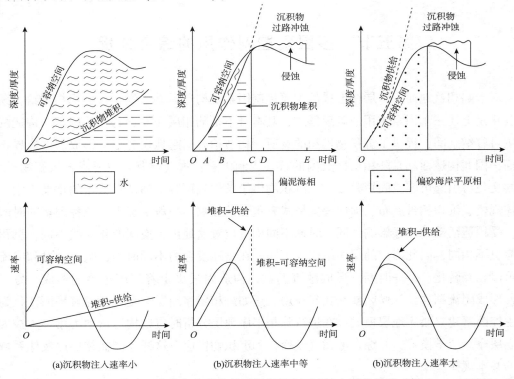

图 14 – 47　在沉积物注入速率变化的条件下沉积相和可容纳空间的关系（据 Jervey，1998）

图 14 - 47 代表了距物源不同距离、不同沉积物注入速率的 3 个特定位置处，可容纳空间与沉积物堆积速率和水深的关系。在沉积物注入速率较慢的部位，沉积物可容纳空间总是大于沉积物的体积，岸线向陆迁移并随之发生湖侵，水体深度明显增加，偏泥的湖相地层沉积于距湖岸线有一段距离的部位。由于这些偏泥的湖相地层沉积堆积于基准面之下，所以沉积物堆积速率受沉积物注入速率的控制，而不反映可容纳空间发育速率的变化 [图 14 - 47 (a)]。对于中等沉积物注入速率而言，湖底可以加积到湖平面。开始时，可容纳空间的增加速率大于沉积物供给速率，使沉积表面处于湖平面以下，随之发生湖侵和水体的加深，形成了湖相沉积 [图 14 - 47 (b) 中的 AB]。随着相对湖平面上升速率的降低，沉积物注入量虽然没有变化，但相对可容纳空间的增加来说是加大了，开始发生了岸线湖退 [图 14 - 47 (b) 中的 BC]，直至湖相沉积加积到湖平面，岸线又回退到初始位置 [图 14 - 47 (b) 中的 C 位置]。此后，沉积物的供给速率已超过可容纳空间的增长速率，沉积物表面保持在湖平面处，堆积了湖岸平原相沉积物 [图 14 - 47 (b) 中的 CD]。未能被湖岸平原容纳的过剩沉积物向盆地方向搬运。随着可容纳空间减小（相对湖平面降低），先前沉积的沉积物可能会遭受剥蚀 [图 14 - 47 (b) 中的 DE]。在快速的沉积物注入处，沉积物的供给速率总是大于可容纳空间的增长速率，从而堆积了湖岸平原或三角洲平原沉积物。在整个湖平面变化旋回中持续发育了岸线的湖退。在快速沉积物注入处的堆积速率受限于可容纳空间增长的速率。在湖平面相对下降期间，可容纳空间消失，原沉积处发生了侵蚀作用 [图 14 - 47 (c)]。

第五节　多因素控制作用的综合分析

对于陆相盆地而言，层序形成的主要控制因素是构造运动、气候、沉积物供给，湖平面变化是上述三个因素作用的表现形式，其本身不是陆相层序发育的主控因素。构造沉降产生可容纳空间，提供了沉积物堆积的场所，构造抬升引起地层变形，形成层序边界不整合面，因此构造活动是陆相层序成因的首要控制因素；古气候背景主要影响沉积物类型，气候变化可引起可容空间短暂波动；沉积物供给条件是可容空间消亡快慢的重要因素，对砂体规模、沉积相带展布、地层叠置样式有重要的影响。一般情况下，三种因素同时起作用，受构造活动和气候影响，同一时期不同构造位置盆地可容空间变化曲线不同，沉积物供应也不相同，因此形成的层序结构也不同；在盆地发育的不同时期，敞流湖盆和闭流湖盆可以相互转化。某一时期，形成敞流湖盆，构造因素决定着层序边界的形成，另一时期，形成闭流湖盆，气候因素又在起作用。正如海相层序地层学是以全球海平面变化为第一主控因素建立层序地层模式，在进行陆相层序地层分析时应以构造活动为第一主控因素建立层序地层学模式，并综合考虑气候变化和沉积物供应，这样才能抓住层序及体系域演化的基本规律。

为了便于讨论这几种因素的共同影响，我们做如下假设，盆地的构造沉降曲线如图14－48（a)所示。气候变化引起的湖平面变化曲线如图14－48（b）所示。该图表示A、C、E段为敞流湖盆阶段，B、D段为闭流湖盆阶段。图14－48（c）表示盆地的实际湖平面变化曲线，根据该曲线特征，判断出在盆地演化过程中发育有3个层序。第1层序发育早期受构造沉降控制，形成湖泊扩张体系域。第2层序发育早期受气候控制，形成低水位体系域及湖泊扩张体系域，中期受构造沉降控制，形成高水位体系域（加积式准层序组）；后期又受气候控制，形成湖泊收缩体系域。第3层序发育早期受气候控制，形成低水位体系域和湖泊扩张体系域，后期受构造沉泽控制，形成湖泊收缩体系域，最后发育非湖泊体系域。图14－48（d)为古水深变化曲线。

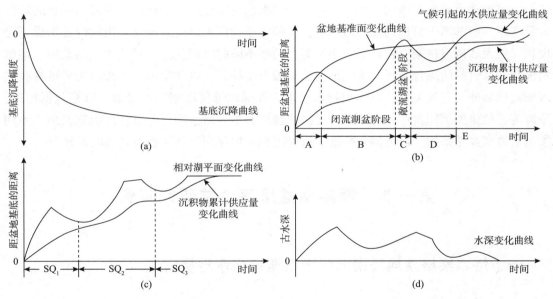

图14－48　气候和构造作用对湖平面的控制

第十五章　陆相湖盆层序地层研究实例

印支运动以后，中国陆块受太平洋板块向西、印度洋板块向北和西伯利亚板块向南等三个方向推动力的相互作用，改变了古生代以来东西构造走向的格局，表现为明显的东西分异现象，西部属于挤压大地构造环境，东部属于拉张大地构造环境。板块内部形成了隆坳相间的大陆构造格架，发育了大小不等、类型不同的沉积盆地。根据大量的地质、地球物理和钻井资料的综合分析，按盆地构造成因力学特征，以贺兰山、六盘山为界可将我国沉积盆地划分为三种类型：以西包括塔里木、准噶尔等挤压型沉积盆地；以东包括松辽、渤海湾等拉张型沉积盆地；界于东西之间的包括鄂尔多斯、四川等过渡型沉积盆地。不同类型盆地在盆地结构、构造演化特征、层序沉积充填序列等方面有着显著的差异。

第一节　断陷湖盆层序地层研究实例

一、塔木察格盆地塔南凹陷下白垩统层序地层研究

（一）地质背景

塔木察格盆地位于蒙古国东部，与中国的海拉尔盆地同属一个盆地，统称海拉尔—塔木察格盆地（图 15 – 1）。海拉尔—塔木察格盆地属早白垩世陆相伸展断陷盆地体系，是分割的断陷群。塔南凹陷位于塔木察格盆地的南部，面积为 3500km²，受不稳定基底隆升及北东、北北东向的张性、张扭性大断裂活动的影响，整体表现为一大型宽缓的"东断西超"的复式箕状断陷。凹陷内部可进一步划分出 5 个北北东向展布的次级构造单元，即东部陡坡带、东部次凹、中央隆起带、西部次凹和西部斜坡带（图 15 – 2）。

塔南凹陷下白垩统地层最大厚度可达 4000m，是该凹陷最主要的生油、含油层系，自下而上依次发育铜钵庙组、南屯组和大磨拐河组地层，整体构成一套粗—细—粗完整的巨型沉积旋回，内部又可分成多个次一级旋回（图 15 – 3）。

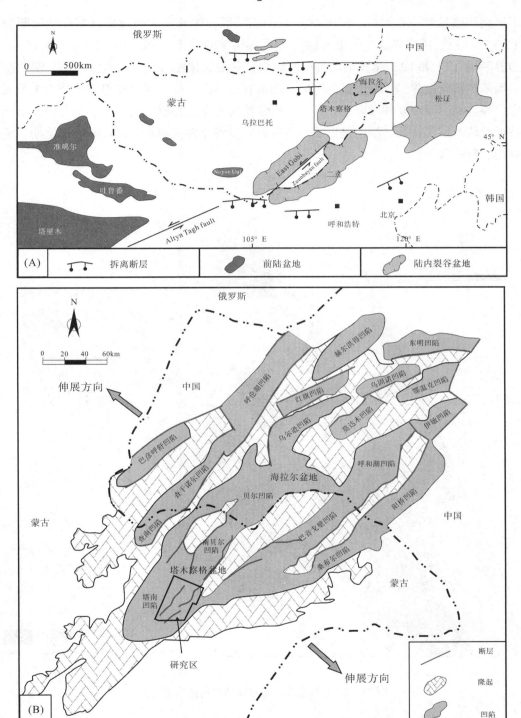

图 15 - 1　海拉尔—塔木察格盆地区域构造位置和内部构造单元划分

塔南凹陷发育一系列 NE/NNE 向展布的正断层，构成三大断裂带：东部陡坡断裂带（F1、F2、F3）、中央隆起断裂带（F4）和西部缓坡断裂带（F5、F6、F7）（图 15 – 2）。受边界断层（F1 和 F2）幕式活动特征的影响，盆地演化经历了早白垩世断陷、晚白垩世裂后坳陷的演化过程，具有明显的断陷—坳陷双层结构，整个演化过程可划分为 3 个发育阶段：裂陷期、断陷期和坳陷期。其中，按盆地内部发育的较大规模的不整合面、沉积充填特征及构造发育特征，早白垩世断陷期可进一步划分为三期断陷幕：断陷初始期、断陷高峰期、断陷收敛期。

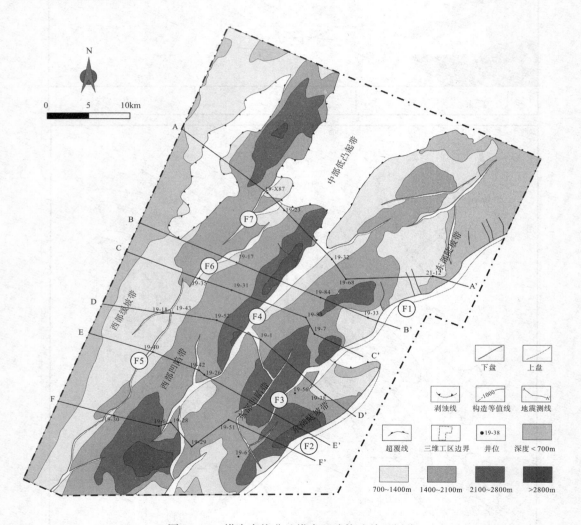

图 15 – 2　塔木察格盆地塔南凹陷构造单元划分

（二）层序地层格架的建立

1. 层序地层划分

依据层序地层划分方法，通过覆盖全区的网格化地震剖面解释，结合钻井、测井、古生物等资料的校正和不整合接触关系分析，在不同级别层序边界识别的基础上，把下白垩统划分为 1 个二级层序和 4 个三级层序（图 15-3）。塔南凹陷下白垩统沉积充填整体表现为一个粗—细—粗的完整旋回，代表了盆地从初始形成到湖进扩大，最后萎缩消亡的沉积充填过程，整体可看成 1 个二级层序地层单元，其顶、底分别对应 T2 和 T5 反射界面，时间跨度约为 14.5Ma。二级层序底界面 T5 显示为不十分连续的强反射轴，可观察到明显的角度不整合接触关系，界面上下地层结构明显不协调；顶界面 T2 显示为连续的中—强反射轴，可观察到明显的削截现象（图 15-4、图 15-5）。二级层序内部又可细分出多个代表不同断陷构造幕的沉积充填，是盆地初始沉降、快速沉降、减弱停滞的结果。

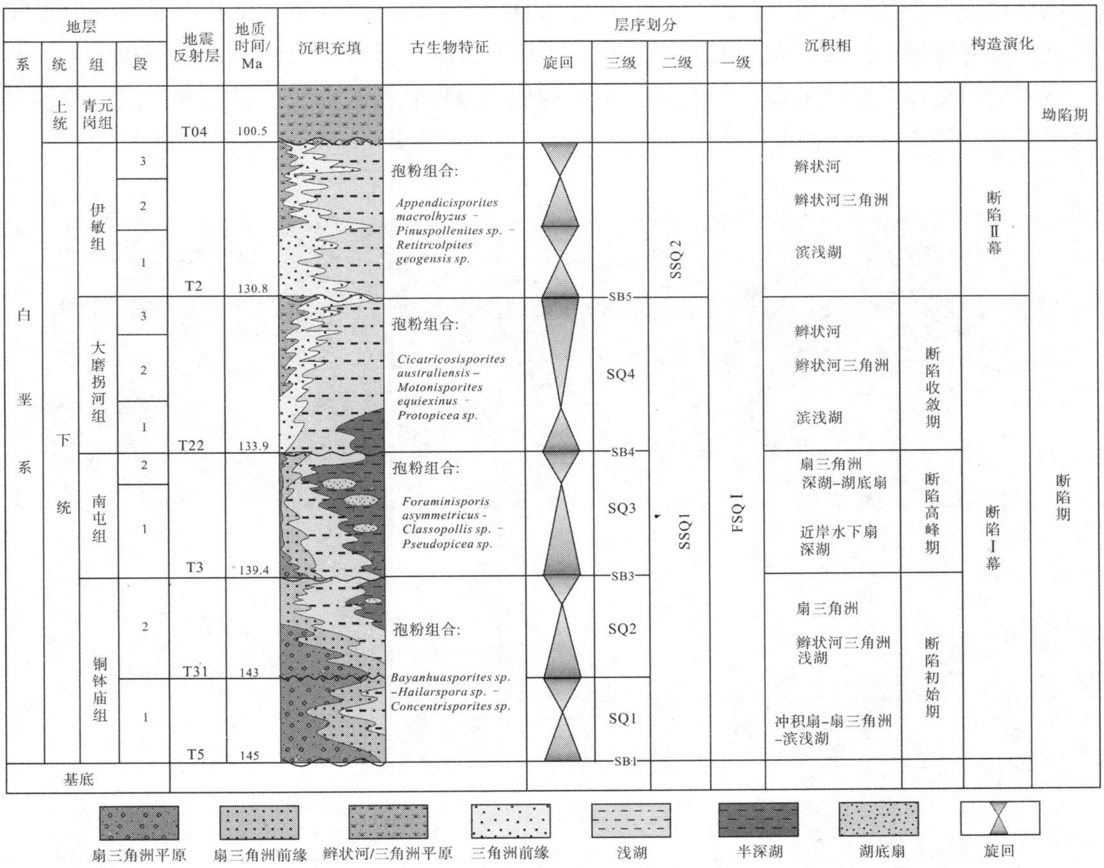

地层				地震反射层	地质时间/Ma	沉积充填	古生物特征	层序划分				沉积相	构造演化	
系	统	组	段					旋回	三级	二级	一级			
白垩系	上统	青元岗组		T04	100.5									坳陷期
	下统	伊敏组	3				孢粉组合：*Appendicisporites macrolhyzus* - *Pinuspollenites sp.* - *Retitricolpites geogensis sp.*			SSQ2		辫状河	断陷Ⅱ幕	断陷期
			2									辫状河三角洲		
			1	T2	130.8				SB5			滨浅湖		
		大磨拐河组	3				孢粉组合：*Cicatricosisporites australiensis* - *Motonisporites equiexinus* - *Protopicea sp.*		SQ4	SSQ1	FSQ1	辫状河	断陷收敛期	
			2									辫状河三角洲		
			1	T22	133.9				SB4			滨浅湖		
		南屯组	2				孢粉组合：*Foraminisporis asymmetricus* - *Classopollis sp.* - *Pseudopicea sp.*		SQ3			扇三角洲深湖-湖底扇	断陷高峰期	
			1									近岸水下扇深湖		
				T3	139.4				SB3					
		铜钵庙组	2				孢粉组合：*Bayanhuasporites sp.* - *Hailarspora sp.* - *Concentrisporites sp.*		SQ2			扇三角洲辫状河三角洲浅湖	断陷初始期	
				T31	143									
			1						SQ1			冲积扇-扇三角洲-滨浅湖		
				T5	145				SB1					
		基底												

图例：扇三角洲平原　扇三角洲前缘　辫状河/三角洲平原　三角洲前缘　浅湖　半深湖　湖底扇　旋回

图 15-3　塔南凹陷下白垩统地层综合柱状图

塔南凹陷三级层序边界主要根据盆地边缘的不整合面及其与之对应的整合面来识别。结合地震反射终止关系以及测井、岩心所反映的地层接触关系，在二级层序内部可分别识别出与 3 个地震反射轴 T31、T3 和 T2 相对应的层序边界，将整个二级层序细分为 4 个三级层序（图 15-4、图 15-5），每个三级层序时间跨度约为 2~5Ma。

1）SQ1

层序 SQ1 与铜钵庙组下部沉积相对应，层序底界为 SB1，顶界为 SB2，分别对应 T5 和

T31 地震反射层（图 15-3）。从地震剖面上看，T5 之下区域地层削截明显，为高角度不整合面，区域上为早期基底风化壳顶面，T5 是一个区域不整合面，同时也是一个二级层序边界。T31 在盆地内部分布局限，界面之上可见地层上超现象。层序 SQ1 在盆地分布相对零散，仅在盆地东部凹陷北洼漕及西部凹陷南洼漕有发育。层序 SQ1 在地震剖面上以楔状杂乱前积反射特征为主，整体呈楔状展布，最大地层厚度位于断层上盘靠近主干断层一侧（图 15-4、图 15-5）。

2）SQ2

层序 SQ2 对应铜钵庙组上部沉积，底界 SB2 为 T31/T5 地震反射层，顶界 SB3 为 T3 地震反射层（图 15-3）。与层序 SQ1 相比，SQ2 分布更广，测井曲线上表现为一先退积再进积的完整旋回，层序顶、底界为进积向退积的转换面。岩性以砂泥互层沉积为主，向上砂岩变粗变厚。SQ2 地震反射特征与 SQ1 相似，以楔状杂乱前积反射特征为主，整体呈楔状展布（图 15-4、图 15-5）。

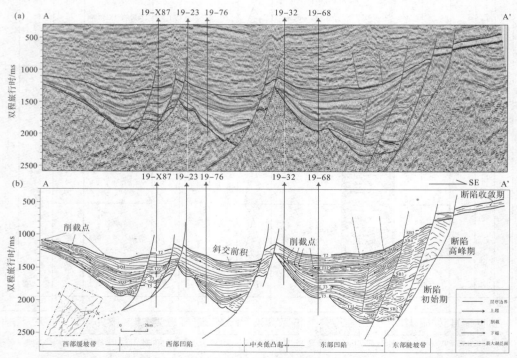

图 15-4　塔南凹陷北部过 19-x87 井—19-68 井地震地质剖面解释（剖面线位置见图 15-2）

3）SQ3

层序 SQ3 对应南屯组沉积，底界 SB3 为 T3 地震反射层，顶界 SB4 为 T22 地震反射层（图 15-3）。从地震剖面上看（图 15-4、图 15-5），T3 界面上下地震相有明显差异，T3 界面之下的地层在西部斜坡带、西次凹有明显削截现象和顶超现象，在东次凹和东部陡坡带与下伏地层呈整合接触。受断块掀斜旋转作用的影响，在盆内中央低凸起区，部分 SQ3 地层抬升出露地表遭受剥蚀，形成 SQ3 顶部的削蚀不整合面，在中央低凸起两侧的东次凹与西次凹内，削截不整合过渡为与之相对应的整合面（图15-4）。从剖面上看，在盆地边缘T22之上地层为连续的反射波组，且发育SQ4的前积结构，但在凹陷中央T22反射特征变弱，上、下地层地震相特征变化不明显，说明该层序界面在凹陷中央为整合面。在层序SQ3内部，最大湖泛面（MFS）对应T23地震反射层，在地震剖面上表现为高阻抗波峰。MFS在西部凹陷及西部斜坡带表现为一下超面，在东部凹陷陡坡带则表现为一典型的退覆面，在地震剖面上呈"视削截"反射特征（19-38井区）（图15-5）。SQ3整体表现为一大规模的楔状沉积，最大沉积厚度位于盆地边界断层下降盘靠近断层面一侧。

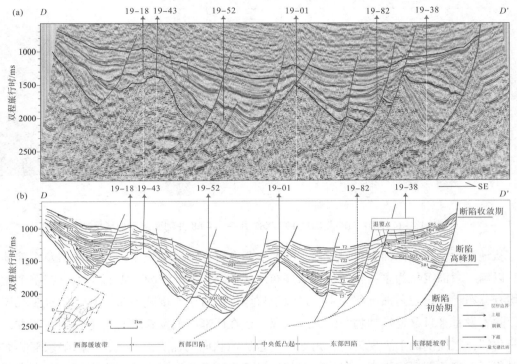

图15-5 塔南凹陷中部过19-18井—19-38井地震地质剖面解释（剖面线位置见图15-2）

4）SQ4

层序SQ4对应大磨拐河组沉积，底界SB4为T22地震反射层，顶界SB5为T2地震反射层（图15-3）。T22之下地层在盆地边部有明显的削截现象和顶超现象，在中央凸起带局部为高角度不整合面。T2为一区域不整合面，也为一个二级层序边界。从地震剖面特征上看，该层序内由西北向东南发育大型S形前积及斜交前积，前积层之上覆有顶积层（图15-4）。单井层序内部特征较为明显，由两套到三套进积式准层序组构成，自然电位及伽马测井曲线由多个漏斗形组成。

2. **层序地层格架建立**

受构造活动影响，盆地不同构造部位的层序结构差异明显。在单井层序地层学分析的基础上，结合地震资料、测井资料及地质资料等进行井间层序对比，通过追踪三级层序边界、四级旋回边界等时间地质单元，完成全盆地的层序划分和对比，从而建立起层序骨干剖面。下面重点选取两条盆地不同构造部位的井震结合层序格架剖面，分析层序结构及内部沉积充填在盆地不同构造部位的变化特征（图 15 – 2、图 15 – 4、图 15 – 5）。

1）塔南凹陷北部过 19 – x87 井—19 – 76 井—19 – 32 井—21 – 12 井层序地层格架

该剖面为一条 NE—SW 向主测线，位于塔南凹陷北部，分别经过塔南西部斜坡带、西次凹、中部低凸起带、东次凹和东部陡坡带（图 15 – 6）。

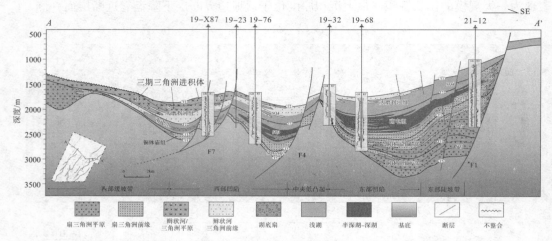

图 15 – 6 塔南凹陷北部过 19 – X87 井—19 – 68 井剖面层序地层格架

从地震地质解释剖面上可以看出，SQ1 主要发育在西部斜坡带、东部次凹及东部陡坡带，以扇三角洲沉积为主，整体呈楔状展布。SQ2 沉积范围较 SQ1 明显扩大，在整个盆地内均有分布，以扇三角洲沉积为主，最大地层厚度发育于东部陡坡带。SQ1 和 SQ2 沉积时期，除了发育来自盆地短轴物源的扇三角洲，还在西部凹陷发育来自盆地长轴物源方向的扇三角洲，在横剖面上表现为扇三角洲砂体呈透镜状向两侧尖灭。SQ3 在凹陷东部陡坡带以退积型扇三角洲沉积为主，向盆地内部，过渡为深湖相泥岩夹浊积岩沉积。在中央断层下降盘一侧，发育有来自东部凹陷扇三角洲前缘砂体滑塌成因的浊积体，呈透镜状。在西部缓坡带，以辫状河三角洲沉积为主，靠近盆地边缘，地层被剥蚀严重，几乎只剩下三角洲前缘沉积。SQ4 在西部斜坡带、西部凹陷带出现由西北向东南方向强烈物源，由于强物源的推进，地震剖面上发育三期 S 形及斜交形前积反射结构（图 15 – 4），单井上由若干个反旋回准层序组组成，测井曲线呈漏斗状叠加（图 15 – 6）。前两期三角洲前集体主要在凹陷西部斜坡及西次凹内发育，第三期可越过中央低凸起，延伸至东次凹内，沉积范围较广。靠近盆地边缘，早期形成的辫状河三角洲平原被剥蚀严重，残余厚度较薄。东次凹处于强物源区之外，地震剖面上显示为中频中振中连亚平行反射序列，地层厚度较稳定，没有明显超覆和剥蚀现象，以滨浅湖泥岩沉积为主。

2）塔南凹陷中部过 19 – 18 井—19 – 43 井—19 – 01 井—19 – 38 井层序地层格架

该剖面为一条 E-W 向主测线，位于塔南凹陷中部偏南，分别经过塔南西部斜坡带、西次凹南洼漕、中部低凸起带、东次凹南洼漕和东部断鼻带（图15-7）。

从地震地质解释剖面上可以看出，SQ1仅在西次凹内有发育，以扇三角洲沉积为主，且在构造高部位置遭受剥蚀。SQ2沉积范围较SQ1明显扩大，在整个盆地内均有分布，以扇三角洲沉积为主，最大地层厚度发育于西部凹陷。SQ3在凹陷东部陡坡带以退积型扇三角洲沉积为主，整体呈楔状，最大地层厚度位于下降盘靠近断层一侧。向盆地内部，在断阶带下降盘一侧主要发育来自扇三角洲前缘滑塌成因的浊积体。在西部缓坡带，以辫状河三角洲沉积为主，靠近盆地边缘，部分地层被剥蚀。SQ4在西部斜坡带、西部凹陷带由于强物源的推进，地震剖面上前积现象明显，单井上由若干个反旋回准层序组组成，测井曲线呈指状漏斗状。东次凹处于强物源区之外，地震剖面上显示为中频中振中连亚平行反射序列，地层厚度较稳定，没有明显超覆和剥蚀现象，以滨浅湖泥岩沉积为主。

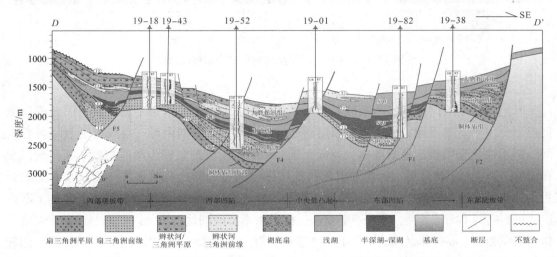

图15-7 塔南凹陷中部过19-18井—19-38井剖面层序地层格架

（三）层序地层发育模式

受构造掀斜作用及盆地差异沉降的影响，不同构造演化阶段所发育的三级层序结构及其内部沉积充填特征变化很大。结合不同构造演化阶段盆地沉积充填特征的差异，可划分出三种层序结构类型。

1. 断陷初始期层序发育模式

铜钵庙组沉积期为塔南凹陷裂谷盆地发育初期，边界断层开始强烈活动，短时期内产生较大的盆地可容空间，同时断陷短轴及长轴方向多物源向盆地内部推进，沉降速度等于沉积速度，沉积充填以扇三角洲、滨浅湖沉积为主，形成断陷初始期层序SQ1和SQ2，此时的盆地结构以箕状断陷为主，层序结构模式如图15-8所示。

1）层序边界特征

在盆地缓坡一侧，层序底界地层上超明显，层序顶界在靠近盆地边缘处削截特征明显。在陡坡一侧，地层以垂向加积为主，层序顶界可见顶超和削截现象。整体而言，在盆地边缘层序界面多为后期局部抬升所形成的剥蚀不整合，在盆地中心位置表现为整合接触关系（图15-8）。

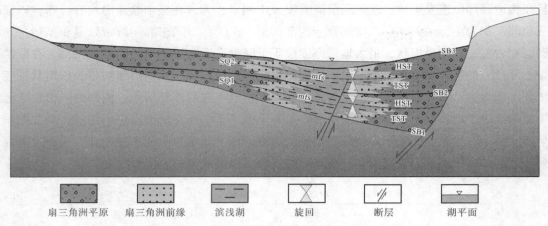

图15-8　塔南凹陷断陷初始期层序结构剖面图

（扇三角洲平原　扇三角洲前缘　滨浅湖　旋回　断层　湖平面）

2）体系域构成

断陷初始期层序由湖侵体系域和高位体系域构成。由于坡折带不易识别，因此低位域很难划分出来。湖侵期，由于边界断层活动时间很短，短时期内可产生较大的盆地可容空间，湖水快速充填至盆地基准面，湖盆性质由早期的闭流湖盆转为敞流湖盆。湖侵域沉积在缓坡一侧上超，整体显示为多个退积式准层序组的叠加样式；在陡坡一侧以垂向加积为主，整体表现为多个加积、退积式准层序组叠加样式。高位域沉积期，随着沉积物的不断供应，可容空间不断被消耗，水深不断变浅，沉积物不断向湖盆进积，以干旱型冲积扇、扇三角洲沉积为主。高位体系域从下向上岩性逐渐变粗，下部以暗色泥岩为主，夹薄层粉、细砂岩，上部以厚层砂岩沉积为主，向上砂岩增厚，GR曲线、电阻率曲线形态以漏斗状为主，反映下细上粗的反粒序变化，整体显示为多个进积式准层序组的叠加样式（图15-8）。

3）层序展布特征

盆地发育的断陷初始期，由于边界断层刚开始活动，规模较小，盆地内部形成多凹分割的构造格局，各凹互不连通，层序发育比较局限。断陷初始期层序整体表现为从陡坡向缓坡一侧呈楔状减薄的特征，陡坡带一侧物源延伸距离短，发育的扇三角洲规模较小但厚度较大。此时盆地的沉积中心与沉降中心均位于陡坡带靠近断层下降盘一侧（图15-8）。

2. 断陷高峰期层序发育模式

南屯组沉积期为塔南凹陷裂谷盆地发育的断陷高峰期，由于边界断层的剧烈活动，导致沉降速度大大增加，使沉降速率大于沉积速率，同时可容空间增大，沉积面积增加，发育断陷高峰期层序（SQ3）。断陷高峰期层序沉积充填以辫状河三角洲—滨浅湖沉积体系和扇三角洲—深湖相—湖底扇沉积体系为主。受盆地边界断层强烈活动影响，盆地不同断块会发生构造掀斜作用，引起断块翘倾形成水下低凸起，造成盆地的差异沉降，在盆地不同构造部位形成的层序结构也有很大的差异。断陷高峰期层序结构模式如图15-9所示。

1）层序边界特征

在盆地缓坡一侧，层序底界地层上超明显，受断块掀斜作用影响，靠近盆地边缘发生局部抬升，层序顶界削截特征明显。在陡坡一侧，沿边界断层可见地层上超现象，层序顶界偶见顶超，削蚀少见。整体而言，层序界面多为构造掀斜所形成的剥蚀不整合，在盆地内部过渡为整合接触（图15－9）。

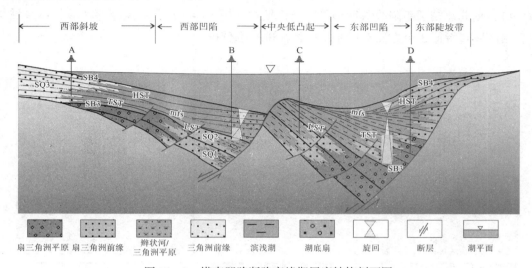

图15－9 塔南凹陷断陷高峰期层序结构剖面图

2）体系域构成

断陷高峰期层序可细分为三个体系域：低位体系域、湖侵体系域、高位体系域。低位体系域形成于断层活动早期，盆地基底沉降速率较大，在断层陡坡带下降盘一侧以扇三角洲或近岸水下扇沉积为主，在盆内坡折带下降盘一侧主要发育一些扇三角洲前缘砂体滑塌形成的远岸水下扇砂体，多呈进积式、加积式准层序组叠置样式。湖侵体系域形成于同生断层活动中期，受断块翘倾作用影响，边界断层与坡折断层之间的一台阶不断反转，扇三角洲沉积体不断向陡坡一侧退积，剖面呈楔状展布。在盆内坡折带下降盘一侧的二台阶可继续沉积远岸湖底扇，呈加积式叠置。高位体系域形成于同生断层活动晚期，断层活动趋于平缓，基底沉降速率较小，盆内断块的构造反转作用停止，由于距物源区较远，以泥岩披覆沉积为主。在盆地两侧，沉积物则不断向盆地推进，准层序组呈进积式叠置样式。整个层序垂向上呈不对称结构，最大湖泛面位于层序的上部（图15－9）。

3）层序展布特征

受构造掀斜旋转作用影响，盆地不同构造部位沉降速率差及其所形成的可容空间差别很大，层序在横向上厚度变化较大。低位体系域分布比较局限，湖侵体系域在中央隆起区两侧分别呈楔状展布。盆地发育多个沉积、沉降中心，沉降中心位于一台阶和二台阶下降盘一侧。在一台阶，沉积中心位于断块翘倾形成的低凸起靠近陡坡一侧；在二台阶，沉积中心与沉降中心重合，位于二台阶下降盘一侧（图15－7、图15－9）。

3. 断陷收敛期层序发育模式

大磨拐河组沉积为塔南凹陷裂谷盆地发育的断陷收敛期，同生断裂活动逐渐减弱，盆地进入缓慢沉降阶段，湖盆演化进入断–坳转换期，发育断陷收敛期层序（SQ4）。早期的多物源演变成单一长轴物源体系，物源供给充足，以大型河流—三角洲、滨浅湖沉积为主，在地震剖面上可见到大型的反映三角洲沉积体的 S 形和斜交型前积反射结构（图15－4），据此总结了断陷收敛期型层序结构模式（图 15－10），并从层序边界、体系域构成、层序展布特征 3 个方面对层序结构特征进行了分析。

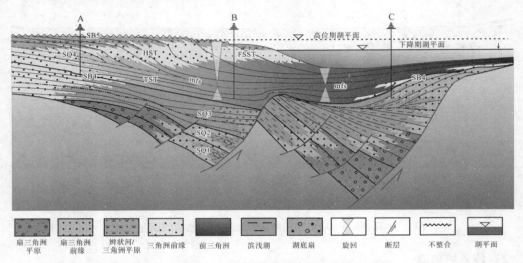

图 15－10　塔南凹陷断陷收敛期层序结构剖面图

1）层序边界特征

在盆地缓坡一侧，层序底界地层上超明显，层序顶界削截特征明显，不整合形成于后期构造抬升或气候干旱引起绝对湖平面下降的过程中，越靠近盆地边缘，不整合持续时间越长。向盆地内部，层序边界过渡为与盆地边缘不整合面向对应的整合面。随着沉积物的不断供应，湖盆不断被充填。断陷收敛期层序的结束也标志着盆地一次断陷期沉积充填的结束。

2）体系域构成

断陷收敛期单一物源型层序可细分为 3 个体系域：湖侵体系域、高位体系域和下降体系域。断层活动早期，盆地基底沉降速率较小，沉积了较薄的湖侵体系域沉积。随着断层活动进一步减弱，在盆地缓坡一侧发育规模较大的长轴物源，辫状河三角洲沉积物不断向盆内推进，准层序组呈加积、进积式叠置样式。三角洲沉积充填在地震剖面上显示 S 形前积反射结构，顶积层代表三角洲平原沉积，前积层代表三角洲前缘沉积（图 15－6）。在断陷收敛期晚期基底沉降趋于停止，伴随着气候向干旱转变，湖盆水体开始萎缩，湖盆由敞流湖盆向闭流湖盆转化，随着绝对湖平面不断下降，强制湖退发育，岸线不断向盆地内部迁移，垂向上不断向下迁移，构成下降域沉积，准层序组呈进积式叠置样式，在地震剖面上呈斜交型前积反射结构（图 15－4）。在盆地缓坡边缘，早期沉积形成的三角洲平原顶积层常常被剥蚀，形成剥蚀型不整合面。整个断陷收敛期层序在垂向上呈不对称结构，最大湖泛面位于层序的下部（图 15－10）。

　　3）层序展布特征

　　由于后期物源供给的差异，断陷收敛期层序整体厚度横向差别较大。早期湖侵体系域沉积横向厚度变化不大，中晚期高位体系域和下降域沉积厚度最大的地方位于有着强物源供应的缓坡一侧，陡坡一侧由于距物源较远，以细粒泥岩沉积为主，地层厚度较小。此时盆地的沉积中心与沉降中心分离，沉降中心位于缓坡一侧，沉积中心则随着沉积物的供应不断向陡坡一侧迁移（图 15－10）。

（四）层序发育主控因素分析

　　塔木察格盆地塔南凹陷盆地结构复杂，既有缓坡带、陡坡带，又有中央隆起带，从早白垩世铜钵庙组到大磨拐河组沉积时期，边界断层活动方式、基底沉降速率、沉积物源供应情况不断发生变化，造成了不同构造演化阶段、同一时期不同构造单元的层序结构的差异性（图 15－11）。下面以三级层序为研究对象，从构造沉降、气候、沉积物供应三个方面入手，通过编制不同构造单元可容空间变化综合曲线，并叠加沉积物供应曲线，综合分析不同构造演化阶段、不同构造部位层序结构的成因。

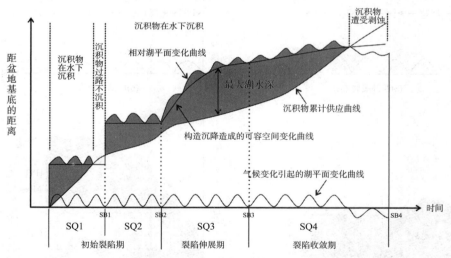

图 15－11　塔木察格盆地塔南凹陷下白垩统可容空间变化与层序结构

　　1. 断陷初始期层序结构成因综合分析

　　图 15－11 是铜钵庙组沉积期形成的断陷初始期层序结构（图 15－8）所对应的湖盆基底构造沉降与气候变化共同引起的可容空间变化曲线图，边界断层活动方式以瞬时断裂为主，湖盆迅速扩张，随着沉积物不断进积充填，可容空间不断被消耗，水体不断变浅，待沉积物充填至基准面后便形成沉积间断面，即层序边界。早期断层停止活动的时间即为层序 SQ1 和层序 SQ2 最大可容空间和最大水深形成的时间，最大湖泛面位于层序中下部。

2. 断陷高峰期层序结构成因综合分析

南屯组沉积期为塔南凹陷断陷活动高峰期，包含一个三级层序 SQ3，受差异构造沉降的影响，该层序横向厚度变化大，剖面上呈楔状展布（图 15 - 9）。图 15 - 12 是南屯组沉积期所对应的湖盆基底构造沉降与气候变化共同引起的可容空间变化曲线图，边界断层活动方式以同生断裂为主，盆地基底呈对数沉降。早期基底快速沉降，形成湖侵体系域沉积，晚期构造沉降速率减慢，形成高位体系域沉积。当沉积物充填至盆地基准面后便停止沉积形成沉积间断面，即层序界面。但在盆地不同部位，受差异构造沉降和沉积物供给速率变化的影响，所形成的层序结构有着很大的差异。

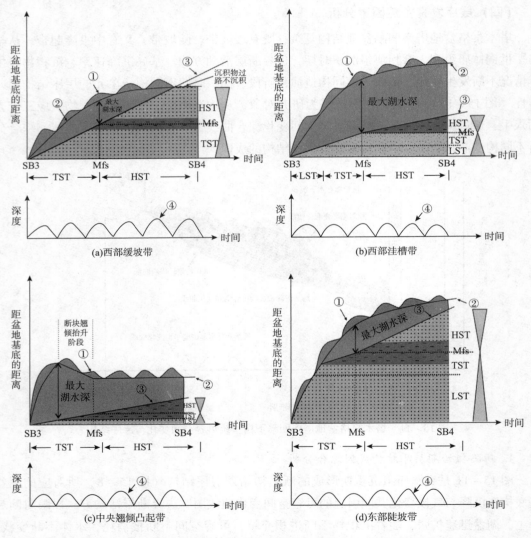

图 15 - 12　塔木察格盆地塔南凹陷南屯组可容空间变化与层序结构
①—相对湖平面变化曲线；②—构造沉降造成的可容空间变化曲线；
③—沉积物累计供应曲线；④—气候变化引起的四级湖平面变化曲线

（1）凹陷西部的斜坡带 A 井处（图 15 – 9）可容空间变化与层序结构关系如图 15 – 12（a）所示。盆地基底呈对数沉降，但整体沉降速率较小。早期断层活动强烈，可容空间增加速率大于沉积物供给速率，形成湖侵体系域沉积，当可容空间增加速率等于沉积物供应速率时形成最大可容空间及最大水深。之后随着断层活动的减弱，可容空间增加速率小于沉积物供应速率，形成高位体系域沉积。晚期断层停止活动后，可容空间逐渐被沉积物所填满，形成沉积间断面，即层序边界。由于沉积物供给速率较大，且可容空间相对较小，盆地被填满所需要的时间较短，层序边界形成时间较早，最大湖泛面一般位于层序的中部。

（2）凹陷西部洼槽带 B 井处（图 15 – 9）可容空间变化与层序结构关系如图 15 – 12（b）所示。受断块翘倾作用的影响，盆地基底沉降速率较大，仍呈对数沉降。此处距离物源较远，整个层序发育过程中，沉积物供应速率较小，早期主要发育一些扇三角洲前缘砂体滑塌形成的远岸水下扇砂体，构成低位体系域和湖侵体系域沉积。晚期随着断层活动的减弱，以浅湖相泥岩沉积为主，构成高位体系域沉积。由于沉积物供给速率较小，直到最后层序边界形成时，仍处于水下沉积环境，湖盆未被填满，层序边界为与不整合相对应的整合面，最大湖泛面位于层序的上部［图 15 – 12（b）］。

（3）凹陷中央的水下低凸起带 C 井处（图 15 – 9）可容空间变化与层序结构关系如图 15 – 12（c）所示。早期盆地基底呈指数沉降，沉降速率较大；后期受断块翘倾活动的影响，基底停止沉降并开始隆升，形成水下低凸起，此时盆地其他部位基底则继续沉降，随着边界断层活动的减弱，断块翘倾作用慢慢减小，并最后停止活动。中央水下低凸起处的最大湖水深形成于基底抬升之前，要早于全区最大湖泛面形成的时间。由于距离物源区较远，沉积物供应速率相对较小，最后直到层序边界形成时，仍处于水下沉积环境，湖盆未被填满，层序边界为与不整合面相对应的整合面，最大湖泛面位于层序的中上部。

（4）凹陷东部的陡坡带 D 井处（图 15 – 9）可容空间变化与层序结构关系如图 15 – 12（d）所示。盆地基底呈对数沉降，整体沉降速率较大，由于近物源，沉积物供给充足。早期，盆地基底快速沉降，沉积物供给速率较大，近似等于可容空间增加速率，湖盆快速被充填，水体很浅。随着断层活动的持续进行，盆地基底持续沉降，湖泊不断扩张，引起物源体系向岸后退，可容空间增加速率大于沉积物供给速率，开始发生湖侵。随着断层活动的减弱，可容空间增加速率不断减小，沉积物开始向湖盆进积充填。当盆地基底最后停止活动时，由于先前形成的可容空间很大，直到最后层序边界形成时，仍处于水下沉积环境，湖盆未被填满，层序边界为与不整合面相对应的整合面，最大湖泛面位于层序的上部。

3. 断陷收敛期层序结构成因综合分析

大磨拐河组沉积期为塔南凹陷的断陷收敛期，包含一个三级层序 SQ4，伴随着同生断裂活动的慢慢减弱，盆地进入缓慢沉降阶段，盆地早期均匀沉降，后期停止活动，湖盆演化进入断 – 坳转换期，物源由盆地周围的短轴物源体系转变为来自西北方向的单一长轴物源体系，形成的层序结构如图 15 – 10 所示。在盆地不同部位构造沉降速率差别不大，但受物源体系演化的影响，沉积物供应速率差别很大，因此形成的层序结构也有很大的差别，可容空间变化曲线如图 15 – 13 所示。

（1）凹陷西北部 A 井处（图 15 – 10），可容空间变化与层序结构关系如图 15 – 13（a）所示，早期盆地基底均匀沉降，后期停止活动。由于近物源，沉积物供应速率较大，早期可容空间增加速率仍大于沉积物供给速率，发生湖侵。后期随着断层活动趋于停止，可容空间停止增长，沉积物不断进积充填，湖盆快速被沉积物充填满，以河流相、三角洲平原相沉积为主，形成沉积间断面。末期，伴随着气候向干旱转变，绝对湖平面不断下降，强制湖退发育，早期形成的沉积物被剥蚀，形成层序边界，最大湖泛面位于层序的中部。

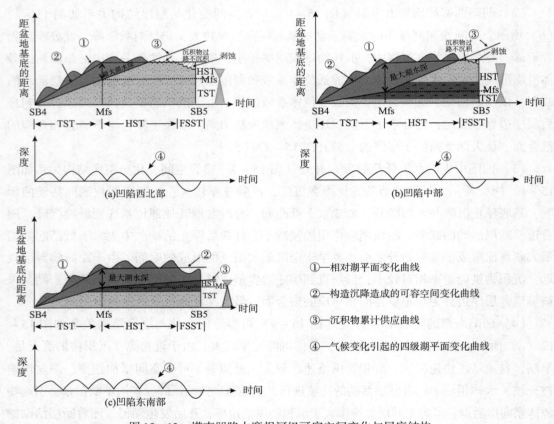

①—相对湖平面变化曲线

②—构造沉降造成的可容空间变化曲线

③—沉积物累计供应曲线

④—气候变化引起的四级湖平面变化曲线

图 15 – 13　塔南凹陷大磨拐河组可容空间变化与层序结构

（2）凹陷中部 B 井处（图 15 – 10），可容空间变化与层序结构关系如图 15 – 13（b）所示。早期盆地基底均匀沉降，后期停止活动，早期沉积物供应速率较低，小于可容空间增加速率，发生湖侵。晚期沉积物供给速率不断增大，加之构造沉降减弱，沉积物供给速率大于可容空间增加速率，沉积物不断进积充填，湖盆快速被沉积物充填满，形成沉积间断面。末期，伴随着气候向干旱转变，绝对湖平面不断下降，强制湖退发育，早期形成的沉积物被剥蚀，形成层序边界，最大湖泛面位于层序的下部。

（3）凹陷东南部 C 井处（图 15 – 10），可容空间变化与层序结构关系如图 15 – 13（c）所示。早期盆地基底均匀沉降，后期停止活动，由于距离物源较远，沉积物供应速率较低，小于可容空间增加速率，湖盆一直处于欠补偿沉积状态，直到最后层序边界形成时，仍处于水下沉积环境，湖盆未被填满，层序边界为与不整合面对应的整合面，最大湖泛面位于层序的上部。

二、冀中凹陷饶阳凹陷下第三系层序地层研究

（一）区域地质背景

饶阳凹陷是渤海湾盆地冀中坳陷中的一个次级构造单元，位于冀中坳陷中部，北接霸县凹陷，南临新河凸起，东与献县凸起相邻，西到高阳低凸起（图 15 – 14），面积约 $6300km^2$，是冀中坳陷最大的凹陷，也是冀中坳陷油气最富集、勘探成效最高的凹陷（张文朝等，2001）。

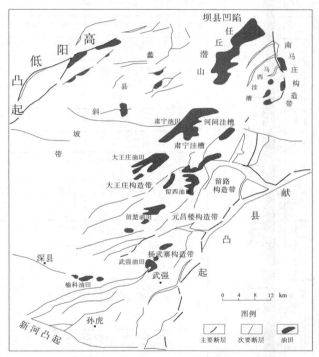

图 15 – 14　饶阳凹陷古近系构造区划图

饶阳凹陷古近纪可划分为五个构造—沉积演化阶段：断陷分割充填期（孔店组—沙四段末期）、断陷扩张深陷期（沙三段下亚段—中亚段）、断陷抬升期（沙三上亚段—沙二段）、断坳扩展期（沙一段早期）、断陷抬升消亡期（沙一段晚期—东营组）。每个演化阶段都经历了由扩张到收缩的过程，不同演化阶段的地形特征、地层发育情况、砂体成因、沉积环境、相带展布和有利聚油层段都有着明显的变化。

（二）层序类型划分

饶阳凹陷古近系自下而上由粗、细、粗三套地层构成一个完整的巨型沉积旋回，可划

分出三个二级层序，十三个三级层序（图15–15）。其中孔店组与沙四段组成第一个二级层序、沙三段与沙二段为第二个二级层序、沙一段与东营组组成了第三个二级层序。三级层序对应关系则为孔店组（层序Ⅰ、Ⅱ）、沙四段（层序Ⅲ、Ⅳ）、沙三下亚段下部（层序Ⅴ）、沙三下亚段上部（层序Ⅵ）、沙三中亚段（层序Ⅶ）、沙三上亚段（层序Ⅷ）、沙二段（层序Ⅸ）、沙一段（层序Ⅹ）、东三段（层序Ⅺ）、东二段（层序Ⅻ）、东一段（层序ⅩⅢ），沉积总厚度可达5000m，发育时间达41Ma。

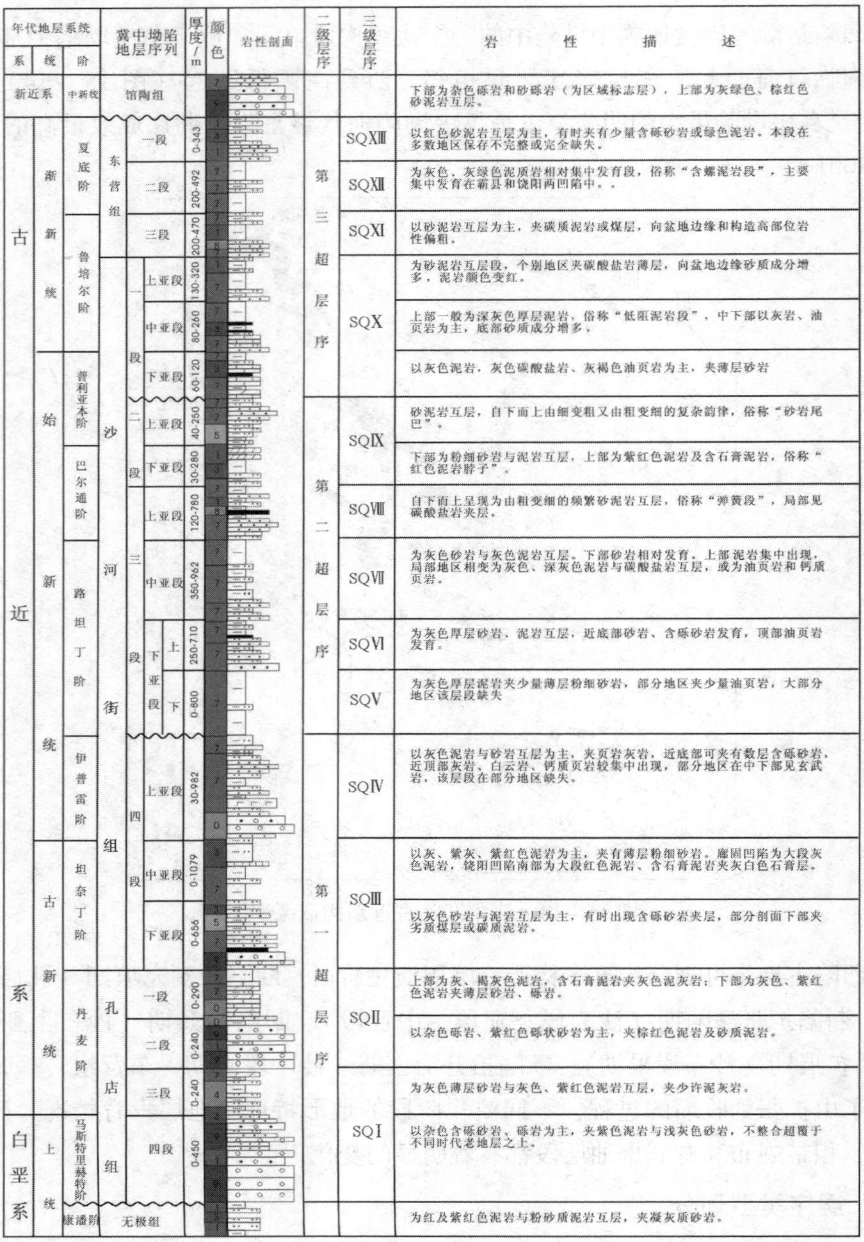

年代地层系统（系/统/阶）			冀中坳陷地层序列		厚度/m	颜色	岩性剖面	二级层序	三级层序	岩性描述
新近系	中新统		馆陶组							下部为杂色砾岩和砂砾岩（为区域标志层），上部为灰绿色、棕红色砂泥互层。
古近系	渐新统	夏底阶	东营组	一段	0-343			第三超层序	SQXIII	以灰色砂泥岩互层为主，有时夹有少量含砾砂岩或绿色泥岩。本段在多数地区保存不完整或完全缺失。
				二段	200-492				SQXII	为灰色、灰绿色泥质岩相对集中发育段，俗称"含螺泥岩段"，主要集中发育在霸县和饶阳两凹陷中。
				三段	200-470				SQXI	以砂碳质泥岩互层为主，夹碳质泥岩或煤层，向盆地边缘和构造高部位岩性偏粗。
		鲁培尔阶	沙河街组 一段	上亚段	130-320				SQX	以砂泥岩互层段，个别地区夹碳酸盐岩薄层，向盆地边缘砂质成分增多，泥岩颜色变红。
				中亚段	80-260					上部一般为深色厚层泥岩，俗称"低阻泥岩段"，中下部以灰岩、油页岩为主，底部砂成分增多。
				下亚段	60-120					以灰色泥岩、灰色碳酸盐岩、灰褐色油页岩为主，夹薄层砂岩。
	始新统	普利亚本阶	沙二段	上亚段	40-250			第二超层序	SQIX	砂泥岩互层，自下而上由细变粗又由粗变细的复杂韵律，俗称"砂岩尾巴"。
		巴尔通阶		下亚段	30-280					下部为粉细砂岩与泥岩互层，上部为紫红色泥岩及含石膏泥岩，俗称"红色泥岩帽子"。
			沙三段	上亚段	120-780				SQVIII	自下而上呈现为由粗变细的频繁砂泥岩互层，俗称"弹簧段"，局部见碳酸盐夹层。
				中亚段	350-962				SQVII	以灰色砂岩与灰色泥岩互层，下部砂岩相对发育，上部泥岩集中出现，局部地区相变为灰色、深灰色泥岩与碳酸盐岩互层，或为油页岩和钙质页岩。
		路塔阶 丁阶		下亚段 上	250-710				SQVI	灰色厚层砂岩、泥岩互层，近底部砂岩、含砾砂岩发育，顶部油页岩发育。
				下亚段 下	0-800				SQV	为灰色厚层泥岩夹少量薄层粉细砂岩，部分地区夹少量油页岩，大部分地区该层段缺失。
		伊普雷阶	沙四段	上亚段	36-982				SQIV	以灰色泥岩与砂岩互层为主，夹页岩灰岩，近底部可夹有数层含砾砂岩，近顶部灰岩、白云岩、钙质页岩较集中出现，部分地区在中下部见玄武岩，该层段在部分地区缺失。
	古新统	组奈丁阶		中亚段	0-1079			第一超层序	SQIII	以灰、紫灰、紫红色泥岩为主，夹有薄层粉细砂岩，廊固凹陷为大段灰色泥岩，饶阳凹陷南部为大段红色泥岩、含石膏泥岩夹大白色石膏层。
				下亚段	0-656					以灰色砂岩与泥岩互层为主，有时出现含砾砂岩夹层，部分剖面下部夹劣质煤层或碳质泥岩。
		丹麦阶	孔店组	一段	0-290				SQII	上部为灰、褐灰色泥岩，含石膏泥岩夹灰色泥灰岩；下部为灰色、紫红色泥岩夹薄层砂岩、砾岩。
				二段	0-240					以杂色砾状砂岩、紫红色砾状砂岩为主，夹棕红色泥岩及砂质泥岩。
				三段	0-240					为灰色薄层砂岩与灰色、紫红色泥岩互层，夹少许泥灰岩。
白垩系	上统	马斯特里赫特阶		四段	0-450				SQI	以杂色含砾砂岩、砾岩为主，夹紫色泥岩与浅灰色砂岩，不整合超覆于不同时代老地层之上。
		康潘阶	无极组							为红及紫红色泥岩与粉砂质泥岩互层，夹凝灰质砂岩。

图15–15　饶阳凹陷古近系层序地层划分综合柱状剖面图（据华北油田勘探开发研究院，1999）

根据层序发育特征的差异，归纳出饶阳凹陷下第三系的层序发育 2 大类、6 小类。第一大类为湖泊层序，第二大类为河流层序。

1. 湖泊层序

湖泊层序在该区发育五种类型（图 15 – 16）。

1）初始裂谷期湖泊层序

湖泊发育早期为简单单断式盆地，层序类型为同生断坳层序，发育低位体系域，湖侵体系域和高位体系域。低位体系域以河流 – 冲积扇相的红层为主，湖侵体系域开始发育湖泊相，并形成退积式准层序组，高位体系域发育扇三角洲及盐湖相沉积，发育进积式准层序组（图 15 – 16、图 15 – 17）。

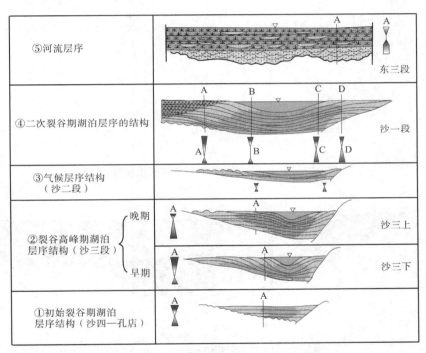

图 15 – 16　饶阳凹陷下第三系的层序类型图

2）裂谷高峰早期湖泊层序

裂谷高峰早期（沙三下亚段沉积期），盆地基底快速沉降，形成大的可容空间，之后沉降速度减慢或逐渐停止。低位域是早期的冲积扇或扇三角洲相的红色砂砾岩，厚度相对较薄，第一次湖泛水体很深，油页岩发育，湖侵体系相对较薄，高位体系域发育三角洲沉积，厚度大，形成多个进积式准层序组，最大湖泛面位于层序的下部（图 15 – 16、图15 – 18）。

3）裂谷高峰晚期湖泊层序

裂谷高峰晚期（沙三上亚段沉积期），盆地基底线性沉降，可容空间逐渐加大，之后沉降速度减慢或逐渐停止。低位域是扇三角洲相、三角洲相为主，多发育加积式准层序

層序地層学

组，厚度相对较大，第一次湖泛水体较浅，灰色泥岩发育，湖侵体系域相对较厚，由一个或两个退积式准层序组组成，最大湖泛面位于层序的上部，油页岩发育，代表饶阳凹陷下第三系最大的湖泛期，高位体系域发育三角洲沉积，形成进积式准层序组，由于侵蚀作用，厚度很小（图 15 – 16、图 15 – 19）。

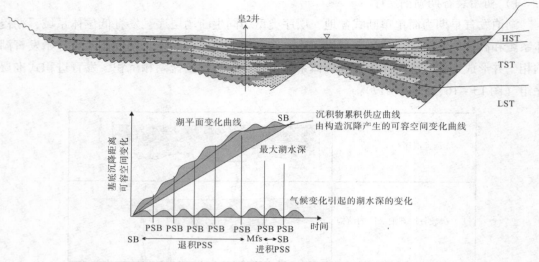

图 15 – 17　皇 2 井孔店组初始裂谷期湖泊层序结构图

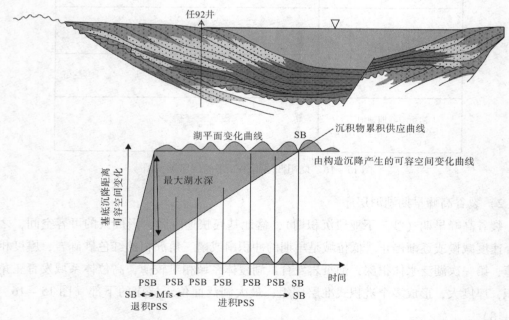

图 15 – 18　裂谷高峰早期（沙三下亚段）湖泊层序结构和
湖盆的基底造沉降引起的可容空间变化曲线图

4）气候层序

主要发育在干旱气候条件下的沙二段，由于气候比较干旱，湖水没有把湖盆充满，形成闭流湖盆，层序的发育主要受气候控制下的湖平面变化的控制，由于受气候控制下的湖平面变化的是周期性的，因此，该层序可以划分三个体系域，既低位体系域，湖侵体系域和高位体系域。层序相对较薄，以河流—三角洲相的红色地层为主，小型湖泊发育在饶阳凹陷的北部地区（图15-16）。

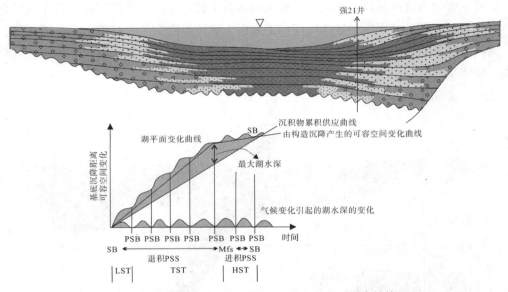

图15-19 裂谷高峰晚期层序（沙三上亚段）层序结构和
湖盆的基底构造沉降引起的可容空间变化曲线图

5）湖侵期强物源型的湖泊层序

沙一段沉积期，饶阳凹陷同渤海湾盆地的其他地区一样，盆地基底快速沉降，形成大的可容空间，形成快速湖侵，盆地的大部分地区在湖侵期形成退积式准层序组［图15-20（a）］，但在物源供应强烈的西部地区，形成进积式准层序组，在之后沉降速度减慢或逐渐停止。高位体系域发育三角洲沉积，厚度大，形成多个进积式准层序组，最大湖泛面位于层序的下部［图15-16、图15-20（b）］。

上述几种湖泊层序都具有如下两方面的特征。

（1）在陡坡带和缓坡带层序下边界都有地层上超现象，上边界缓坡见有顶超或削蚀现象，陡坡偶见顶超，削蚀少见。

（2）层序内部特征是，下部地层较平坦，上超缓慢，中部上超加快，在沉积中心附近地层开始下超，先加剧后又变缓。

2. 河流层序

河流层序的发育主要受基准面变化的控制，可以划分为基准面上升体系域和基准面下降体系域（图15-16）。

1）基准面上升体系域

地层主要为辫状河和曲流河的过渡沉积，剖面上为向内陆后退的退积式准层序组，在工区各井中的响应为各叠加的准层序中砂体粒度向上变细，砂体厚度变小，自然电位曲线底部为箱形曲线，上部为钟形，反映砂砾岩较发育；平面上砂体呈带状分布，横向剖面上砂体呈孤立透镜状。

2）基准面下降体系域

地层主要为曲流河沉积，剖面上表现为向湖盆推进的进积式准层序组，在工区的各井中的响应为各叠加的准层序中砂体粒度向上变粗，砂体厚度变大，自然电位曲线底部为齿状，反映泛滥平原相泥岩夹透镜状河道砂砾岩沉积；平面上河道频繁改道，河道相互切割侵蚀，砂体呈片状分布。

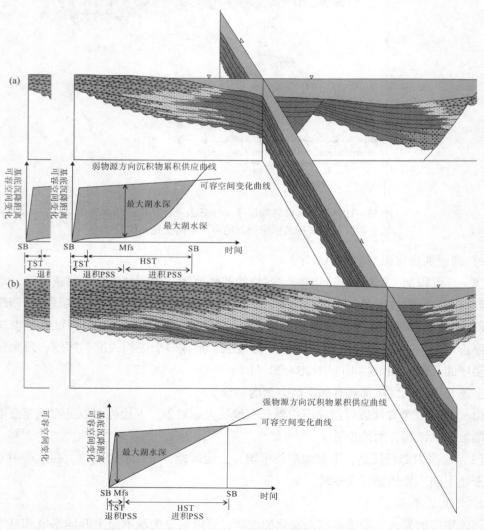

图 15-20　饶阳凹陷层序Ⅶ（沙一段）湖侵域时期物源差异造成的层序结构差异示意图

（三） 层序发育模式

层序的发育模式或层序的构型受盆地的结构的控制，而盆地结构又受盆地的边界的同生断层的控制，饶阳凹陷下第三系在发育过程中，不同时期，或同一时期的不同的位置，控盆的边界断层及盆地内部的断层活动强度不同，造成同一时期，不同的位置，盆地的结构不同，造成了层序构型的差异。结合盆地结构和地层厚度分布特征，总结了饶阳凹陷不同构造部位 6 种层序发育模式。

1. 简单箕状斜坡模式

在第Ⅰ、Ⅱ、Ⅲ、Ⅳ、Ⅴ层序发育时期的整个饶阳凹陷，及第Ⅵ、Ⅶ层序发育期的蠡县—肃宁—河间一带，都为不对称单断陷湖盆沉积，湖盆的沉降、沉积中心在偏东部的区域，在缓坡区发育低位、湖侵及高位体系域，主要以三角洲、浅湖相沉积为主。位于饶阳凹陷的蠡县斜坡带的部位，各层序在地震剖面上显示为向岸超覆的楔状体，延伸距离较远，但总体厚度均较薄。该地区构造运动不强烈，沉积稳定而连续，没有层序缺失。主要由河流相、辫状河三角洲和滨浅湖亚相沉积体系组成，东部靠近任西断层，下部层序可发育扇三角洲相沉积（图 15 − 21）。

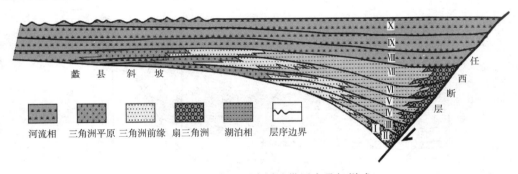

图 15 − 21 饶阳凹陷缓坡带层序叠加样式

层序底界面的上超和顶界面的顶超明显，易形成上倾尖灭油气藏和地层不整合遮挡油气藏。在盆地的陡坡带，低位、湖侵及高位体系域都发育，且湖底扇和三角洲前缘相发育，易形成断层遮挡型的构造岩性油气藏。在高位体系域的顶部，三角洲前缘相和平原相发育，若上部遮挡条件良好，易形成地层不整合遮挡型的油气藏。

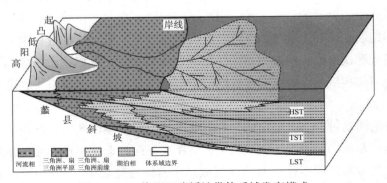

图 15 − 22 饶阳凹陷缓坡带体系域发育模式

以湖泊相层序Ⅶ为对象建立了缓坡带的体系域发育模式（图15－22）。其内可识别出三种体系域类型，即低位体系域、湖侵体系域和高位体系域，但各体系域内部沉积特征差异较大。低位域（LST）主要发育小型的低位三角洲，大部分暴露水上，以三角洲平原为主，在低部位有少量滨浅湖泥岩沉积；湖侵体系域（TST）时期，湖平面上升速度超过沉积物供给速度，或者由于构造沉降增快，可容空间增加，湖域范围增大，地层沿上倾方向层层上超，以滨浅湖沉积的暗色泥岩夹油页岩为主，高部位则发育有辫状河三角洲和少量河流相沉积；高位体系域（HST）早期湖域达到最大，水体稳定，碎屑物供应相对减少，主要以滨浅湖环境为主，后期可容空间减小，碎屑物质大量入湖，形成向湖推进很快的大型辫状河三角洲体系，形成一系列的前积。

在陡坡带，以扇三角洲体系为主，也发育辫状河三角洲沉积，地震剖面上反映为层序厚度在靠岸位置增厚，可识别出低位体系域（LST）、湖侵体系域（TST）、高位体系域（HST）。低位体系域以小型辫状河三角洲沉积为主，分布范围局限，陡坡位置不发育；湖侵体系域则以滨浅湖—半深湖沉积为主；高水位体系域则大量发育辫状河三角洲或扇三角洲沉积体系（图15－23）。

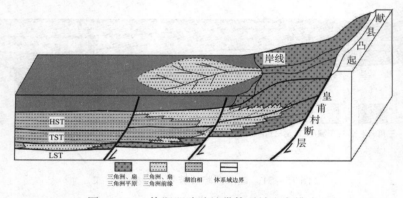

图15－23　饶阳凹陷陡坡带体系域发育模式

2. 早期简单斜坡，后期差异沉降模式

位于饶阳凹陷南部的孙虎—杨武寨地区，第Ⅰ、Ⅱ、Ⅲ、Ⅳ层序发育时期，为简单斜坡盆地，沉积了红层和盐湖地层，形成了裂谷初始期的湖泊层序。在第Ⅴ、Ⅵ、Ⅶ层序发育期及其之后，由于盆地的差异活动，形成了二台阶。在高部位接受剥蚀，与上覆地层不整合接触。后期断陷运动造成急剧沉降，在沉积层序Ⅴ、Ⅵ、Ⅶ的过程中，在孙虎断层下盘发育了大量近源快速堆积的扇三角洲。后期层序则主要发育辫状河三角洲和滨浅湖，东营组时期均为河流相沉积，这些层序在断层上盘均遭受了剥蚀，仅有Ⅰ、Ⅱ、Ⅲ、Ⅳ得以保存（图15－24）。

在二台阶的活动过程中，层序的发育有如下特点：在缓坡区发育低位、湖侵及高位体系域，主要以三角洲、滨浅湖相沉积为主，层序底界面的上超和顶界面的顶超明显，易形成上倾尖灭油气藏和地层不整合遮挡油气藏。在盆地的陡坡带，在二台阶的下降盘低位、湖侵及高位体系域都发育，且湖底扇和三角洲前缘相发育，易形成断层遮挡型的构造岩性油气藏。在二台阶的上升盘仅发育湖侵及高位体系域都发育，三角洲前缘相和平原相发育，若上部遮挡条件良好，易形成地层不整合遮挡型的油气藏。

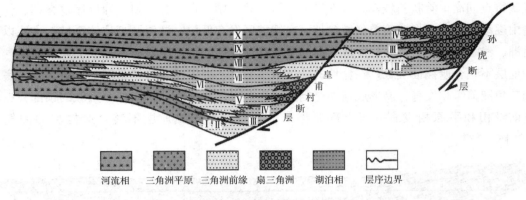

图 15-24　饶阳凹陷陡坡带层序叠加样式

3. 早期简单斜坡，后期凹陷带隆起模式

在饶阳—留楚—元昌楼地区（图 15-25、图 15-26），在第 I、Ⅱ、Ⅲ、Ⅳ、Ⅴ层序发育期为简单断陷盆地沉积，湖盆中央在留楚—元昌楼附近区域，不论是在低位、湖侵还是高位体系域发育时期，沉积砂体向盆地中央尖灭。在缓坡和陡坡的沉积特点与简单斜坡模式相同。但在第Ⅵ、Ⅶ层序发育期及其之后，由于同生断层活动造成滚动背斜影响，造成沉积中心迁移，凹陷部位隆起来，原来下倾尖灭的砂体变为上倾，易形成上倾尖灭油气藏。

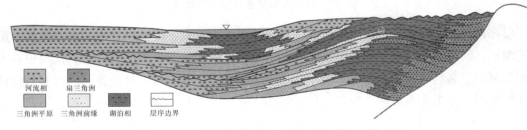

图 15-25　早期简单斜坡，后期凹陷带隆起模式图

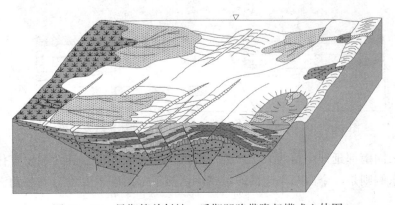

图 15-26　早期简单斜坡，后期凹陷带隆起模式立体图

4. 早期双箕状断陷，后期简单斜坡模式

在雁翎—任丘—南马庄地区，在第Ⅰ、Ⅱ、Ⅲ、Ⅳ层序发育期，由于任丘潜山的存在，将凹陷分割为任西和任东两个不对称单断陷洼槽，每个单断陷洼槽的层序发育特点和成藏特点同简单箕状斜坡模式。在第Ⅴ、Ⅵ、Ⅶ、Ⅷ、Ⅸ、Ⅹ、Ⅺ、Ⅻ层序发育期、任丘潜山逐渐被埋藏，形成简单斜坡盆地。在缓坡区发育低位、湖侵及高位体系域，主要以三角洲、浅湖相沉积为主，层序底界面的上超和顶界面的顶超明显，易形成上倾尖灭油气藏和地层不整合遮挡油气藏。在盆地的陡坡带，低位、湖侵及高位体系域都发育，且湖底扇和三角洲前缘相发育，易形成断层遮挡型的构造岩性油气藏。在高位体系域的顶部，三角洲前缘相和平原相发育，若上部遮挡条件良好，易形成地层不整合遮挡型的油气藏（图15-27）。

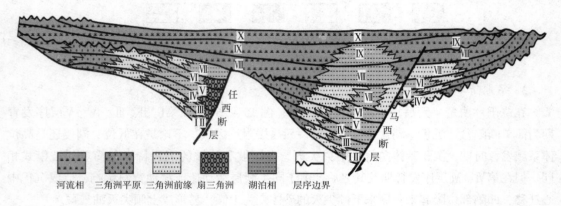

河流相　三角洲平原　三角洲前缘　扇三角洲　湖泊相　层序边界

图15-27　饶阳凹陷隆起带层序叠加样式

层序Ⅳ时期，低位体系域水位较低，有河流相沉积发育，也可发育辫状河三角洲，沉积范围小。湖侵体系域时期地层分别于两侧上超，以辫状河三角洲沉积为主，低部位有少量湖相沉积。高位域时期水体也未能淹没任丘潜山，因此隆起部位只接受剥蚀，起到提供物源的作用，三个体系域都不发育（图15-28）。

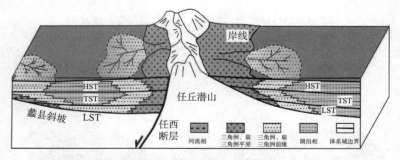

图15-28　饶阳凹陷北部早期双箕状断陷期体系域发育模式图

任丘潜山向南部延伸与留西大王庄地区构成了中央隆起带，其西部发育任西断层构成了陡坡，而东侧则是一个西断东超的缓坡带。西侧下部层序主要发育扇三角洲相，东侧则

以辫状河三角洲为主，至层序Ⅴ末期该区方才逐渐填平补齐，层序Ⅷ、Ⅸ主要以河流相为主，残存有零星湖泊，发育滨浅湖亚相，层序Ⅹ则全部发育河流相沉积。

5. 早期双断，后期单斜，沉积沉降中心迁移模式

在第Ⅴ、Ⅵ层序发育期为不对称双断陷湖盆沉积，湖盆沉积中心在留路附近区域，低位、湖侵还是高位体系域都发育，不同体系域及砂体的发育与成藏特点与简单斜坡模式的陡坡带相同。但在第Ⅶ层序发育期及其之后，由于差异构造活动的影响，造成沉积沉降中心迁移（图15-29）。

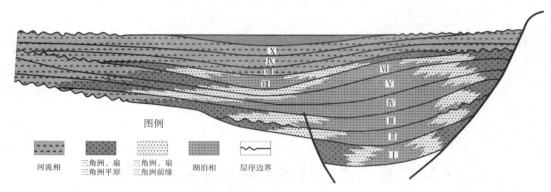

图15-29 饶阳凹陷沉积沉降中心迁移剖面示意图

6. 洼槽带模式

马西洼槽是饶阳凹陷内典型的深洼构造带区域，是断陷盆地中组合特征规律明显的构造位置。各层序在洼槽内均没有缺失且具有厚度大、分布稳定的特点。层序Ⅷ之前在中部位置主要发育滨浅湖—半深湖沉积，洼槽两侧边缘位置则有辫状河三角洲和扇三角洲发育。层序Ⅷ、Ⅸ时期则以河流相为主，区内残存有零星湖泊，层序Ⅹ全部为河流相沉积（图15-30）。

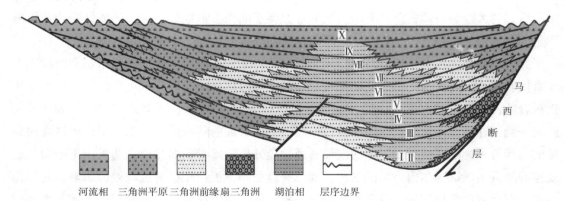

图15-30 饶阳凹陷洼槽带层序叠加样式

早期的层序均可分为低位体系域（LST）、湖侵体系域（TST）和高位体系域（HST），在中部位置地震剖面上表现为席状地震相组合。三种体系域都发育较全，低位体系域滨浅

湖为主，两侧有辫状河三角洲发育；湖侵体系域则是半深湖为主，两侧向盆地边缘上超，水体为还原环境，是湖盆烃源岩系的主要来源；高位体系域前积为滨浅湖亚相，沉积加积式准层序组，后期发育辫状河三角洲向湖盆推进呈进积式，湖盆深处可发育三角洲砂体滑塌形成的重力流沉积（图15-31）。

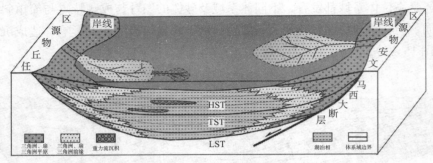

图 15-31　饶阳凹陷洼槽带体系域发育模式

第二节　前陆盆地层序地层研究实例

前陆盆地是指介于造山带前缘与稳定克拉通之间的、平行于造山带展布的沉积盆地，它的形成与构造挤压应力和造山带冲断载荷引起的挠曲沉降有关（A. W. Bally，1980；P. G. De Celles，1996）。

前陆盆地按其形成的构造位置和形成机制可以分为两类：周缘前陆盆地和弧后前陆盆地。周缘前陆盆地位于造山带外侧，与陆—陆碰撞有关，在洋壳消减后，大陆边缘随之俯冲，在向下挠曲的陆壳之上形成沉积盆地，如波斯湾周缘前陆盆地。弧后前陆盆地位于岩浆弧后，与大洋岩石圈的俯冲有关，当断片叠覆于陆壳上形成载荷时，区域性的均衡沉降产生前渊，形成沉积盆地，如加拿大阿尔伯达盆地（A. W. Bally，1980）。

我国中西部中、新生代的造山作用与同期板块俯冲或碰撞作用在成因机制和时间上并无直接联系，前陆盆地的形成受印藏板块不同地质时期碰撞的远程效应控制，一般产生于已拼合的古造山带和古板块的接壤部位，由于板内应力的复活，沿其边缘某一断裂向原始陆块一侧逆冲，在其边缘产生挠曲载荷作用，从而形成前陆坳陷。如第三纪受印藏板块碰撞的远程效应影响，南天山不断向南前展逆冲隆升形成库车前陆盆地，北天山不断向北前展逆冲隆升形成准噶尔南缘前陆盆地；晚三叠世受印藏板块碰撞的远程效应影响，龙门山不断向东南方向前展逆冲隆升形成了川西前陆盆地。由于我国中西部发育的前陆盆地多与后碰撞期陆内造山带或再旋回造山带有关，因此又称"陆内前陆盆地"或"再生前陆盆地"（陈发景等，1996）。本书重点选取准噶尔盆地南缘作为前陆盆地的代表介绍其层序地层发育模式及主控因素。

一、区域地质背景

（一）区域构造背景

准噶尔盆地南缘前陆盆地位于北天山造山带与准噶尔盆地的结合部位，地形起伏较大，南与伊林黑比尔根山—博格达山相邻，北到准噶尔盆地腹部昌吉凹陷。

准噶尔盆地南缘由齐古断褶带、霍玛吐背斜带、阜康断裂带和四棵树凹陷等次级构造单元构成（图15-32）。

准噶尔南缘现今在平面构造带上具有南北分带、东西分段的特征。即自南向北可分为3排雁行式排列的背斜带：第一排背斜带范围为博尔通沟—齐古北断裂之南至北天山北麓古生界露头区，系燕山期—喜马拉雅期形成的巨型扭压冲断构造；第二排背斜带以古近系为构造主体，主要包括霍尔果斯背斜、玛纳斯背斜和吐谷鲁背斜等；第三排背斜带以新近系为构造主体，主要包括西湖背斜、独山子背斜、安集海背斜、呼图壁背斜等。准南自西向东又可分为3段：西段西至艾比湖，东侧是南北走向的红车断裂带；中段为四棵树凹陷以东至乌鲁木齐以西的地区；东段则包括奇台凸起以西、乌鲁木齐以东的地区（图15-32）。

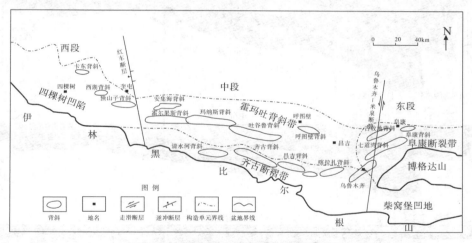

图15-32 准噶尔盆地南缘构造区划图

（二）区域地层特征

准噶尔南缘古近系—新近系自下至上分别发育古近系紫泥泉子组（$E_{1-2}z$）、安集海河组（$E_{2-3}a$），新近系沙湾组（N_1s）、塔西河组（N_1t）及独山子组（N_2d）。古近系—新近系可划分为3个区域性的沉积旋回：第一个旋回由紫泥泉子组和安集海河组构成，第二个旋回由沙湾组和塔西河组构成，第三个旋回由独山子组构成（表15-1）。其中紫泥泉子组和沙湾组主要为冲积扇、扇三角洲和湖泊相沉积，安集海河组和塔西河组湖泊相细粒沉积非常发育，独山子组主要发育冲积扇和河流相沉积。

表 15 – 1 准噶尔盆地南缘第三系地层划分表

系	统	组	主要岩性
第四系	下更新统	西域组	灰色砾岩夹黄色砂泥岩
新近系	上新统	独山子组（N_2d）	黄褐色泥岩、砂岩夹灰黄色、灰绿色砂岩、砾岩
新近系	中新统	塔西河组（N_1t）	灰绿色泥岩、砂岩夹介壳灰岩
新近系	中新统	沙湾组（N_1s）	褐红色泥岩夹灰绿色砾岩及灰白、褐黄色砂岩
古近系	始 – 渐新统	安集海河组（$E_{2-3}a$）	上部：灰绿色、棕色泥岩夹灰色灰岩、棕色砂岩；下部：灰绿色泥岩与棕色砂岩不等厚互层
古近系	古 – 始新统	紫泥泉子组（$E_{1-2}z$）	红色、褐色泥岩及灰色砾岩夹砂岩，底部为灰质砾岩

（三）构造演化特征

准噶尔盆地南缘自二叠纪以来共经历了早期前陆盆地阶段（P）、陆内坳陷阶段（T – K）及晚期再生前陆盆地阶段（E – Q）（图 15 – 33）。

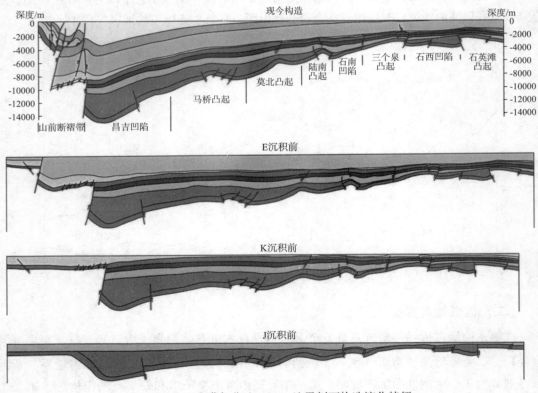

图 15 – 33 准噶尔盆地 99SN6 地震剖面构造演化特征

1. 早期前陆盆地阶段

准噶尔盆地始成于中晚石炭世末，下二叠统是盆地最早的沉积盖层，形成于周边海槽闭合碰撞时多向挤压应力场环境。早二叠世晚期，盆地周缘海槽已全部褶皱成山，火山活动减弱，盆地周缘褶皱山系向盆地冲断推覆作用形成了南缘前陆盆地。

2. 陆内坳陷阶段

三叠纪初，盆地整体抬升遭受剥蚀，随后进入了整体沉降—抬升的振荡发展阶段。三叠纪末的印支运动和侏罗纪中晚期、末期的燕山两幕运动及白垩纪末的准噶尔运动使盆地频繁地抬升，振荡运动极为显著。在盆地边缘，尤其是盆地西北缘、南缘和东部地区，承受了一定的挤压、扭压应力，形成了一系列冲断、褶皱、不整合及超覆等构造组合。

3. 再生前陆盆地阶段

第三纪—第四纪，受喜马拉雅运动的影响，源自特提斯构造域的强大挤压应力使北天山快速、大幅度隆升，并向盆地冲断，故使盆地南缘发育了陆内造山型前陆盆地。盆地以整体抬升为主，特别是盆地腹部、北部抬升最大，呈北升南降的态势，沉积坳陷收缩到南缘沿天山一线，沉积了 4000~6000m 厚的磨拉石建造。同时，扭压应力在盆地南缘形成了喜马拉雅期成排成带的褶皱和断裂。造山带的逆冲构造活动控制了前陆盆地的形成与演化过程，根据造山带推覆载荷的加载过程，可将一幕前陆盆地的构造活动划分为构造活动期和宁静期 2 个大的阶段。

二、层序地层发育模式

由于前陆盆地处于盆山结合的特殊部位，其沉积充填受冲断带逆冲作用、源区古地貌、古气候、隆升程度和搬运通道与方式等的控制，故在研究前陆盆地层序地层时，尤其要注意其所处特殊环境的制约特性。前陆盆地的层序界面、层序内部结构特征、层序叠置样式、可容空间变化及层序地层模式等更多地依赖于区域构造背景及造山带的逆冲构造活动、沉积作用和湖平面的变化及其在不同级别地层旋回中的响应关系。

（一）层序界面

前陆盆地一级层序边界为构造运动面，在冲断带和前缘隆起上常为高角度不整合面，向盆地内部逐渐过渡为大规模区域性低角度不整合面、平行不整合面、沉积间断面、整合面。冲断带发育的构造活动阶段的侵蚀不整合和构造活动宁静阶段应力松弛回弹隆升所造成的不整合叠合在一起，形成同生构造不整合。前缘隆起在逆冲带引起的弹性或黏弹性基底流变变形下形成的侵蚀不整合与应力松弛形成的不整合、挠曲应力形成的张（扭）性断裂形成的不整合可以叠合在一起，形成同生构造不整合。在前陆盆地中，一级层序界面通常代表了分隔非前陆期层序与前陆期层序的界面。非前陆期层序是指前陆盆地发育之前盆地处于坳陷湖盆或者断陷湖盆时期发育的层序。前陆期层序和非前陆期层序可分别作为一个一级层序。

前陆盆地二级构造层序的发育主要受控于邻区造山带的二级幕式构造运动。受造山带逆冲推覆构造作用的影响，在盆地边缘可周期性地出现构造不整合面和大型侵蚀冲刷面（沉积间断面）。如准噶尔盆地南缘古近纪－新近纪存在 3 期逆冲构造幕，可依此划分出 3

个二级层序，每一个二级构造层序都代表了一次逆冲推覆构造旋回内的沉积充填（图15 - 34）。

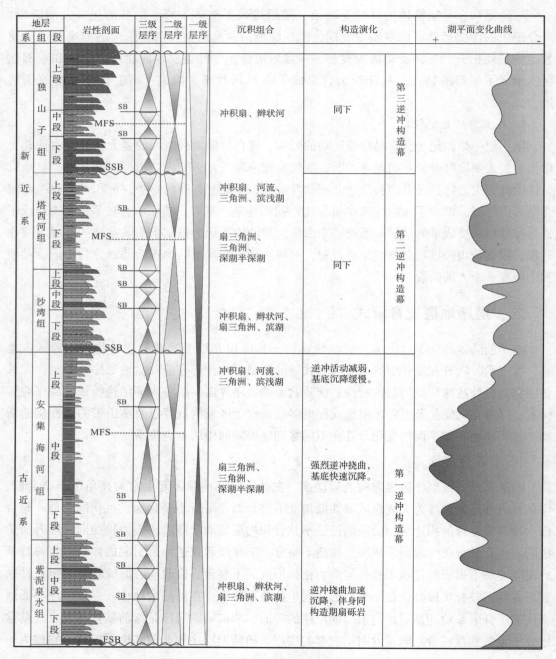

图15 - 34　准噶尔盆地南缘第三系层序划分

前陆盆地三级层序的发育往往是构造和气候共同作用的结果，三级层序对应的不整合面分布范围比较局限，主要分布在盆地边缘的缓坡带，向盆地中部过渡为整合接触。在前陆盆地构造活动期，盆地以挠曲沉降为主，三级层序的发育受构造活动和气候变化共同控制；在构造宁静阶段，盆地以沉积充填为主，三级层序的发育主要受气候变化所控制。

（二）层序划分

准噶尔盆地南缘第三纪为前陆盆地发育期，综合利用地震、测井、岩心等资料，结合区域地质背景，在对不同规模的各级层序界面识别的基础上，将准噶尔盆地南缘第三系划为1个一级层序、3个二级层序、14个三级层序。三个二级层序对应3期逆冲构造幕，第一个二级层序对应古近系紫泥泉子组—安集海河组，可细分为6个三级层序；第二个二级层序对应新近系沙湾组—塔西河组，可细分为5个三级层序；第三个二级层序对应新近系独山子组，可细分为3个三级层序（图15-34）。

（三）层序地层发育模式

1. 一级层序发育模式

前陆盆地造山带的逆冲构造活动控制了前陆盆地的形成与演化过程。根据逆冲推覆构造作用强弱变化的周期性所引起的二级层序叠置样式的不同，可将中国西部陆内前陆盆地一级层序结构划分成3种类型：前展型、叠置型及后退型。

1）前展型一级层序

准噶尔盆地南缘第三系（图15-35）、库车盆地第三系（图15-36）、川西盆地三叠系须家河组前陆盆地形成时，后期逆冲断层较前期逆冲断层向盆地推进，且推覆强度不断增强，形成前展型一级层序结构。在前展型一级层序发育过程中，早期沉积的粗碎屑相带被推覆抬升、遭受剥蚀后为盆地提供物源，山前粗碎屑相带不断向盆地中心方向推进，沉降中心、沉积中心不断向克拉通一侧迁移。一级层序垂向上呈反旋回特征，二级层序向盆地方向呈进积式叠置，后期二级层序发育期的湖盆范围较前期二级层序发育的湖盆范围小，且水体逐渐变浅（图15-37）。

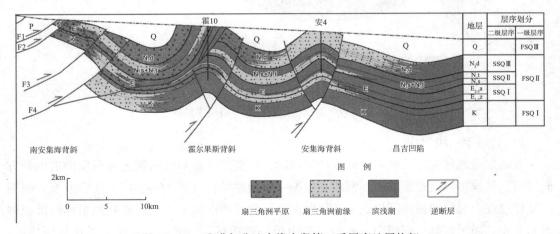

图15-35　准噶尔盆地南缘中段第三系层序地层格架

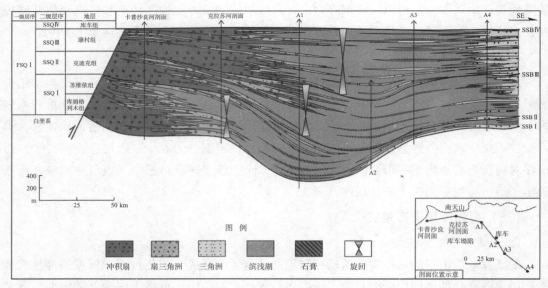

图 15 – 36 库车前陆盆地卡普良河剖面 – A4 井 NS 向第三系层序地层格架（据林畅松，2002 修改）

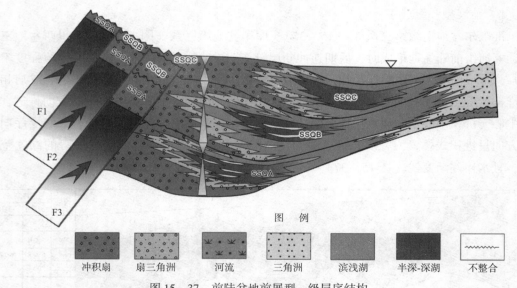

图 15 – 37 前陆盆地前展型一级层序结构

2）后退型一级层序

准噶尔盆地西北缘二叠系前陆盆地形成时，后期逆冲断层较前期逆冲断层向造山带方向后退，且推覆强度逐渐减弱，形成后退型一级层序结构（图 15 – 38）。在后退型一级层序发育过程中，前期逆冲断块区开始挠曲沉降，接受新的沉积，使山前陆源粗碎屑沉积体不断退积，同时沉降、沉积中心不断向造山带一侧迁移。一级层序垂向上呈正旋回特征，二级层序以退积式叠置为主（图 15 – 39）。

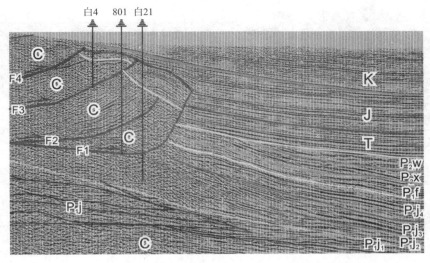

图 15 – 38　准噶尔盆地西北缘 KB200601 测线地震剖面

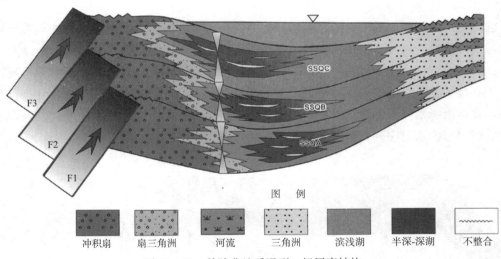

图 例

| 冲积扇 | 扇三角洲 | 河流 | 三角洲 | 滨浅湖 | 半深-深湖 | 不整合 |

图 15 – 39　前陆盆地后退型一级层序结构

3）叠置型一级层序

鄂尔多斯西缘前陆盆地形成时，推覆强度变化也不大，逆冲推覆体以垂向叠加为主，形成叠置型一级层序结构（图 15 – 40）。在叠置型一级层序形成过程中，前期逆冲断块区迅速挠曲沉降接受沉积，沉降中心位于造山带一侧，横向迁移不明显，山前粗碎屑物质在垂向上以加积式叠置为主，前积特征不明显。叠置型一级层序内部二级层序呈加积式叠置。

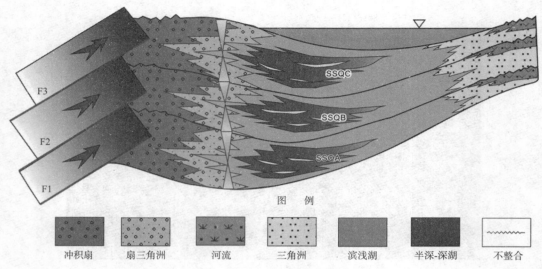

图15-40　前陆盆地叠置型一级层序结构

2. 二级层序发育模式

前陆盆地二级层序的发育明显受逆冲挠曲构造活动控制，一次逆冲推覆加载将导致挠曲快速沉降，逆冲停止后，造山带侵蚀、卸载引起盆地整体回弹隆升，形成层序界面（林畅松，2006）。前陆盆地二级层序界面多为构造应力场转换界面，二级层序由一系列退积和进积式叠置的三级层序构成，垂向上表现为由一区域性的水进—水退沉积旋回所组成。准噶尔盆地南缘第三系每个二级层序从底部的区域性不整合向上形成水进序列，顶部表现为反旋回，形成水退序列，最大湖侵面往往发育在二级层序的上部（图15-41）。

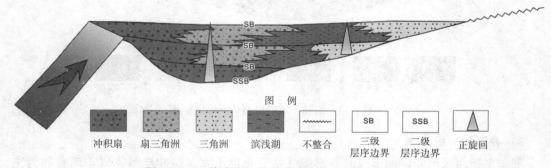

图15-41　前陆盆地强烈活动早期二级体系域特征

1）二级层序体系域构成

一个二级层序的形成受控于一次从初始逆冲加快挠曲沉降、强烈逆冲快速挠曲沉降、逆冲减弱缓慢挠曲沉降至应力松弛、回弹隆起的逆冲构造演化过程，据此可将二级层序划分为4个二级体系域：即强烈活动早期二级体系域、强烈活动高峰早期二级体系域、强烈活动高峰晚期二级体系域和构造宁静期二级体系域（图15-34）。

（1）强烈活动早期二级体系域。

在逆冲活动早期，造山带推覆作用较弱，冲断负载引起的挠曲沉降作用相对较弱，前渊带可容空间增加速率较小，而沉积物供给速率相对较快，以粗粒冲积扇、河流相沉积为主；在前隆斜坡带以细粒河流—三角洲沉积为主，物源来自造山带一侧。末期，由于造山带强烈隆升，山前带则开始快速挠曲沉降，在一个三级层序边界发育之后，形成二级层序的初始湖泛面。该二级体系域总体显示正旋回结构，内部发育一个或多个呈加积—退积式叠置的三级层序（图15－34、图15－41）。

（2）强烈活动高峰早期二级体系域。

在强烈活动高峰早期，随着造山带逆冲推覆活动的增强，冲断负载引起前渊带快速挠曲沉降，可容空间迅速增加，水体不断加深，以扇三角洲、深湖泥沉积为主，沉积中心位于临近造山带一侧。前隆带则由于地壳均衡作用的影响而不断抬升，甚至出露水面，为斜坡区提供物源。该二级体系域总体显示为正旋回结构，内部发育一个或多个呈退积式叠置的三级层序（图15－34、图15－42）。

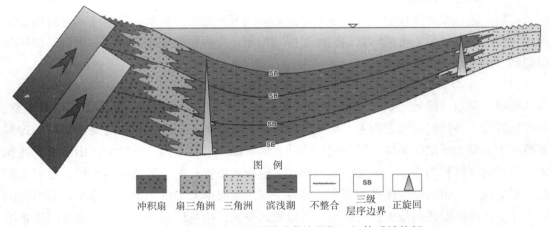

图 例

冲积扇　扇三角洲　三角洲　滨浅湖　不整合　三级层序边界　正旋回

图15－42　前陆盆地强烈活动高峰早期二级体系域特征

（3）强烈活动高峰晚期二级体系域。

在强烈活动高峰晚期，造山带逆冲推覆活动开始减弱，冲断负载引起前渊带挠曲沉降速率开始减小，可容空间增加速率减慢，而沉积物供应速率相对较大，湖盆开始萎缩，但水体仍较深，以扇三角洲、深湖泥沉积为主。末期，由于造山带持续隆升，形成剥蚀面，前隆带则继续抬升，遭受剥蚀，范围较强烈活动高峰早期要广，可作为三级层序界面。该二级体系域总体显示反旋回结构，内部发育一个或多个呈进积式叠置的三级层序（图15－34、图15－43）。

（4）构造宁静期二级体系域。

在构造活动相对静止期，由于逆冲推覆作用停止，山前带受侵蚀卸载而发生弹性回跳，可容空间减小，主要表现为沉积物剥蚀、搬运过路带。前渊带为主要的沉积区，但可容空间也不断减小，由于沉积物供给速率较大，湖盆快速萎缩，水体变浅，以河流—三角洲沉积为主，且沉积中心不断向克拉通一侧迁移。该二级体系域总体显示反旋回结构，内部发育一个或多个呈进积式叠置的三级层序（图15－34、图15－43）。

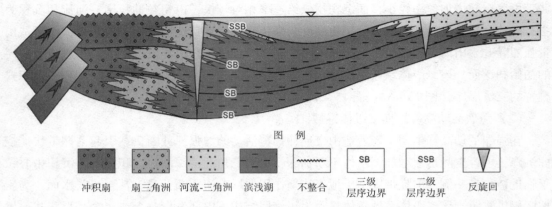

图 例

冲积扇　扇三角洲　河流-三角洲　滨浅湖　不整合　三级层序边界（SB）　二级层序边界（SSB）　反旋回

图15－43　前陆盆地强烈活动高峰晚期－宁静期二级体系域特征

2）二级层序发育模式

前陆盆地二级层序代表了一个逆冲构造幕内的沉积充填，根据二级层序发育时构造活动与气候的配置关系，将前陆盆地二级层序结构划分为两种类型：干旱型二级层序结构和湿润型二级层序结构。

（1）干旱型二级层序结构。

准噶尔盆地南缘第三系（图15－35）和库车盆地第三系（图15－36）沉积以紫红色、褐红色砂岩、砂砾岩夹泥岩为主，反映气候干旱，湖盆水体较浅，在构造逆冲活动的控制下形成干旱型二级层序结构。强烈逆冲活动早期阶段，可容空间开始增大，山前带以冲积扇、扇三角洲沉积为主，三级层序呈加积式、退积式叠置；逆冲活动高峰阶段，可容空间增加速率较大，山前带扇体规模变小，可容空间增加速率大于沉积物供给速率，湖泊范围扩大并于逆冲末期达到最大，三级层序呈退积式叠置；构造活动宁静期，可容空间停止增长，沉积物供给速率大于可容空间增加速率，三级层序呈进积式叠置。由于干旱气候条件下降水较少，水体较浅，加之沉积物供应较少，逆冲活动早期和逆冲活动高峰期形成的退积式层序组在二级层序中占较大的比重，逆冲构造活动相对宁静阶段所形成的进积式层序组所占比例较小，整个干旱型二级层序表现为不对称结构，最大湖泛面往往发育在二级层序的上部（图15－35、图15－36、图15－44）。

（2）湿润型二级层序结构。

川西前陆盆地三叠系须家河组沉积以灰色、灰绿色泥岩夹砂岩为主，反映气候较湿润，水体较深，在构造逆冲活动的控制下形成湿润型二级层序结构（图15－45）。强烈逆冲活动早期阶段，山前带以辫状河三角洲沉积为主，由于气候湿润，湖盆水体较深，可容空间增加速率大于沉积物供给速率，三级层序呈加积－退积式叠置。逆冲活动高峰阶段，早期可容空间快速增大，山前带扇体规模变小，可容空间增加速率大于沉积物供给速率，三级层序呈退积式叠置，湖泊范围扩大；逆冲活动高峰晚期—构造宁静期，随着构造活动减弱，可容空间增加速率减小，沉积物供给速率大于可容空间增加速率，三级层序呈进积式叠置。由于湿润气候条件下降水充沛，湖盆水体较深，加之沉积物供应充足，逆冲活动早期和逆冲活动高峰早期形成的退积式层序组在二级层序中占较小的比重，逆冲活动高峰晚期和逆冲构造活动相对宁静阶段所形成的进积式层序组所占比例较大，整个湿润型二级层序表现为不对称结构，最大湖泛面往往发育在二级层序的下部（图15-45）。

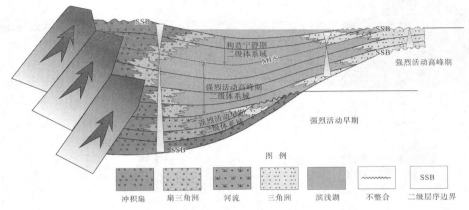

图15-44　前陆盆地干旱型二级层序结构剖面图

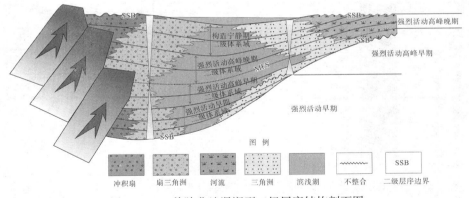

图15-45　前陆盆地湿润型二级层序结构剖面图

3. 三级层序发育模式

前陆盆地三级层序是二级层序内部以三级构造运动产生的不整合面为界面的地层序列，三级层序的形成受构造活动和气候共同影响。前陆盆地一幕逆冲推覆构造活动可简单地划分为两个阶段：强烈活动期和构造宁静期，在不同构造演化阶段，构造活动方式差别很大，所发育的三级层序结构也不相同。

1）强烈活动期三级层序结构

前陆盆地强烈活动期，可容空间的增加主要受构造活动和气候影响下的湖平面变化控制。造山带逆冲推覆产生盆地可容空间，水深变化则主要受气候控制。在强烈活动期，逆冲推覆强度大，山前带沉积物供应迅速，持续形成进积式准层序组；在前隆带和斜坡带，有物源供应，早期形成退积式准层序组，晚期构造活动减弱时，形成进积式准层序组，之后形成层序边界（图 15 - 46）。靠近造山带一侧最大湖泛面位于层序的下部，而前隆斜坡带一侧则位于层序的中上部 [图 15 - 46 （b）]。由于逆冲推覆强烈，盆地以挠曲沉降为主，只在局部发生轻微的削截，不整合分布范围较局限 [图 15 - 46 （a）]。

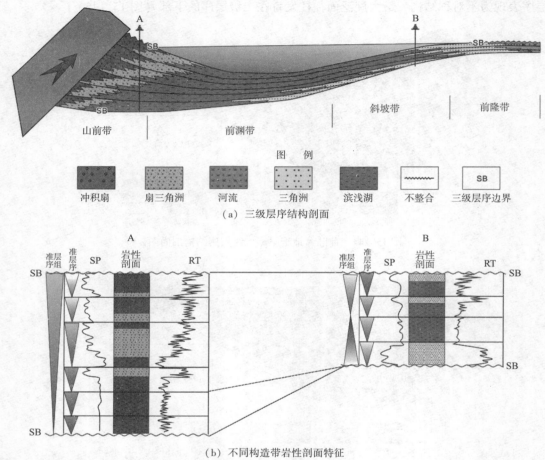

（a）三级层序结构剖面

（b）不同构造带岩性剖面特征

图 15 - 46　前陆盆地强烈活动期三级层序结构特征

2）构造宁静期三级层序结构

在构造相对静止期，由于逆冲造山作用停止，山前高差减小，盆地沉降变缓，山前带沉积物供应量减少，可容空间的增加主要受气候影响下的湖平面变化控制，水深变化也受气候控制，沉积中心相对稳定（吴因业，2008）。山前带早期形成退积式准层序组，后期形成进积式准层序组；斜坡带物源来自前隆带，早期形成退积式准层序组，晚期构造活动减弱时，形成进积式准层序组（高位体系域或下降体系域），之后形成层序边界（图 15 - 47）。构造相对静止期充填的三级层序受气候影响较大，呈明显对称性，最大湖泛面位于层序的中部（图 15 - 47）。由于晚期造山带卸载，导致前陆盆地基底发生弹性回跳而抬升，盆地处于过补偿状态，因此削截作用占主导，不整合面广泛分布 [图 15 - 47 （a）]。

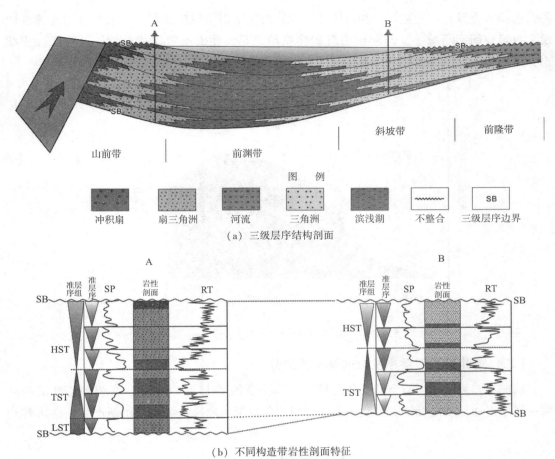

图 15 - 47　前陆盆地构造宁静期三级层序结构特征

三、前陆盆地层序发育主控因素

前陆盆地层序的发育明显受构造活动的控制，岩石圈的挠曲作用造成盆地不同构造部位差异沉降和隆升，从而导致可容空间发育的不协调性（图 14 - 27、图 14 - 28），不同气候条件下、不同构造部位的沉积物供给速率又有着很大的差异，因此形成的层序结构也有很大的不同。下面以二级层序为研究对象，从构造活动、气候、沉积物供应三个方面入手，通过编制不同构造单元可容空间变化综合曲线，并叠加沉积物供应曲线，综合分析不同类型二级层序结构的成因。

（一）山前带二级层序发育的综合效应分析

山前带二级层序可容空间变化与层序结构关系如图 15 - 48 所示。在强烈逆冲活动早期—强烈逆冲活动高峰期，山前带快速挠曲沉降，不断快速产生新的可容空间，水深持续增加。但由于山前高差大，剥蚀作用强烈，因此沉积物供给充足，能迅速充填新产生的可容空间，使山前带保持补偿 - 过补偿沉积状态，故其剩余可容空间为 0，三级层序呈加积—进积式叠置。在构造活动相对宁静阶段，由于造山带侵蚀卸载和应力松弛引起弹性回跳，可容空间不断减小，同时山前沉积物供给充足，使山前带保持补偿—过补偿沉积状态，后期抬升至基准面以上后遭受剥蚀，形成二级层序边界，三级层序呈进积式叠置。

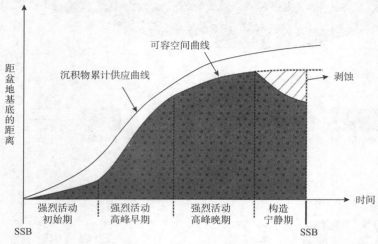

图15－48　前陆盆地山前带可容空间变化与二级层序结构

（二）前渊带二级层序发育的综合效应分析

前渊带二级层序可容空间变化与层序结构关系如图15－49所示。在强烈逆冲活动早期—强烈逆冲活动高峰期，强烈逆冲活动引起前渊带快速挠曲沉降，不断产生新的可容空

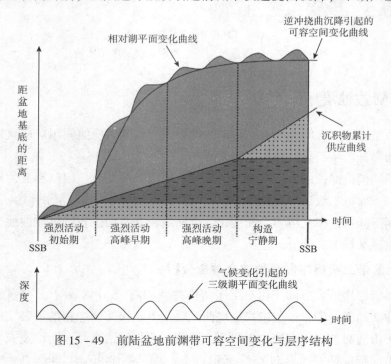

图15－49　前陆盆地前渊带可容空间变化与层序结构

间，但产生速率较山前带更快，水深快速增大。由于该区距离物源区较远，因此沉积物供给速率较低，剩余可容空间持续快速增加，三级层序呈退积式叠置。在构造活动相对宁静阶段，前渊带沉降速率减小，逆冲带和山前带遭受剥蚀产生的沉积物可以搬运至前渊带沉积，沉积物供给速率相对增大，剩余可容空间逐渐减小，未被沉积物充填的可容空间形成湖泊，三级层序呈进积式叠置。

（三）前隆斜坡带二级层序发育的综合效应分析

若前陆盆地基底岩石圈性质符合弹性流变模型，发育的二级层序结构如图 14 – 31 所示，前隆斜坡带可容空间变化曲线与层序结构关系如图 15 – 50 （a）所示。在强烈逆冲活动早期阶段，斜坡带向造山带迁移，剩余可容空间逐渐减小，三级层序呈进积式叠置。在强烈逆冲活动高峰期，斜坡带向克拉通方向迁移，可容空间逐渐增加，三级层序呈退积式叠置。在构造活动相对宁静期，沉积物供给充足，剩余可容空间逐渐减小，三级层序呈进积式叠置。

若前陆盆地基底岩石圈性质符合黏弹性流变模型，发育的二级层序结构如图 14 – 34 所示，前隆斜坡带可容空间变化曲线与层序结构关系如图 15 – 50 （b）所示。在强烈逆冲活动早期—强烈活动高峰期阶段，斜坡带向造山带迁移，可容空间逐渐减小，加之前隆区剥蚀，沉积物供给充足，三级层序呈进积式叠置。在构造活动相对宁静期，造山带侵蚀卸载引起山前带岩石圈弹性回跳，导致斜坡带向克拉通一侧迁移，可容空间开始增大，处于水上的前隆仍可提供沉积物，但沉积物供给速率不断减小，三级层序呈退积式叠置。

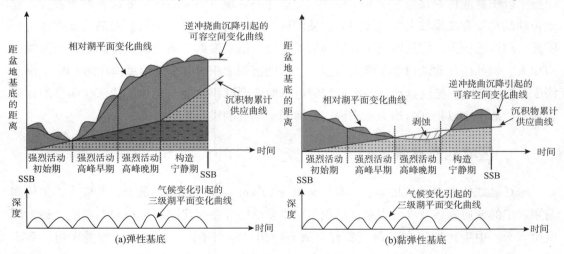

图 15 – 50 前陆盆地前隆斜坡带可容空间变化与层序结构

（四）前隆带二级层序发育的综合效应分析

前隆带二级层序可容空间变化与层序结构关系如图 15 – 51 所示。在强烈逆冲活动早期 – 强烈逆冲活动高峰期和构造相对宁静阶段，前隆由于重力均衡隆升，出露地表以前，其剩余可容空间不断减小；出露地表之后，遭受剥蚀向隆后盆地和前陆盆地提供物源，其可容空间为负，不接受沉积。

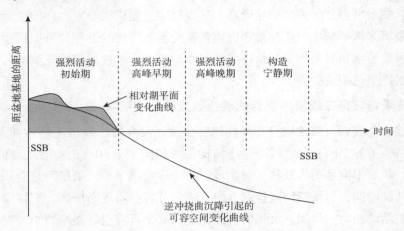

图 15-51 前陆盆地前隆带可容空间变化与层序结构

第三节 坳陷湖盆层序地层研究实例
——以松辽盆地为例

坳陷湖泊盆地以坳陷式构造为特征，其往往是裂后盆地深部均一整体沉降而成的，因而整个沉积盆地地形较为平缓和简单。盆地边缘斜坡缺少活动的同生断层，地形较缓，盆地长轴端常发育规模较大的宽缓斜坡，使湖区相对远离物源区。坳陷型湖泊水域整体特征明显，湖泊面积大，深湖区位于坳陷湖泊的中央，虽湖泊深度不及断陷型湖泊，但深湖区面积大，例如松辽盆地白垩系青山口组一段深湖沉积面积占整个湖泊总面积的80%，湖水深度一般为30m。松辽盆地是一个典型的近海坳陷型沉积盆地，充填了旋回性明显的碎屑岩地层，故本文以松辽盆地为例来说明近海坳陷湖盆的层序地层特征。

一、区域地质背景

松辽盆地位于中国东北部，总面积逾 $26 \times 10^4 km^2$，呈北北东向展布，基底为古生代和前寒武纪的变质岩系及火成岩系；沉积盖层主要由中、新生代碎屑沉积岩系组成，最大厚度逾万米。中生代地层自下而上发育有火石岭组、沙河子组、营城组、登娄库组、泉头组、青山口组、姚家组、嫩江组、四方台组和明水组。火石岭组、沙河子组、营城组沉积时期为典型的断陷期，泉头组、青山口组、姚家组、嫩江组、四方台组和明水组沉积时期为坳陷期，而登娄库组沉积时期处于盆地断坳转化时期。在青山口组到嫩江组沉积时期，松辽盆地处于深水坳陷湖盆阶段。

大量研究成果表明，在深水坳陷湖盆阶段的青山口组和嫩江组沉积时期，松辽盆地遭受了2次大规模的海侵（高瑞祺、萧德铭，1995；叶淑芬等，1996；高瑞祺、蔡希源等，

1997）形成了青山口期和嫩江期水域宽阔的松辽深水坳陷湖盆。在深水坳陷湖盆阶段，松辽盆地的湖平面变化曲线表现为明显的两进一退特征（蔡希源，2004）。青山口组沉积末期发生了构造整体抬升。与此同时，全球海平面大幅度下降，造成松辽盆地湖平面大规模下降，湖区面积大幅度萎缩（高瑞祺、蔡希源等，1997），到姚家组一段沉积时期，湖区面积萎缩到不足 $10000km^2$，青山口组与姚家组的分界面是深水坳陷湖盆阶段一个明显的不整合面。姚家组二三段沉积时期，湖泊再次扩展，到嫩江组沉积早期，达到第二次湖区发育的鼎盛时期。

二、层序发育特征

1. 层序界面特征

确定坳陷型湖盆层序地层样式的关键是如何准确地将相互嵌套的不同级次层序界面划分开来。在覆盖区，如松辽盆地，常以钻测井和地震资料，综合考虑构造运动界面、岩性岩相突变以及不整合等标志，来识别不同级次的层序边界（表15-2）。在层序边界识别过程中，应遵循下述几个原则，即界面间断原则，即所划分的各级层序内部不应存在比层序边界更为重要的沉积间断面；等时性原则，即所划分的各级层序均为同期沉积物的组合体；统一性原则，即所划分的层序应在盆地范围内统一（池英柳，1995）。不同资料层序识别的一致性原则，即据不同资料划分的层序边界是一致的，能相互验证。

表15-2 坳陷型湖盆层序边界的识别标志

资料类别	层序边界识别标志
构造资料	构造运动界面；构造应力场转换界面；大面积侵蚀不整合界面；大面积超覆界面
古生物资料	古生物组合类型和含量的突变；古生物的断带
岩心资料	古土壤层或根土层；颜色和岩性突变界面；底砾岩；湖泛滞留沉积；沉积旋回类型的转化界面；深水沉积相突然上覆浅水沉积相；煤层；准层序组或体系域突变；有机质类型和含量的突变；地化指标的突变
测井资料	自然电位和自然伽马测井曲线突变接触界面；视电阻率的突然增大或降低；地层倾角测井的杂乱模式；密度测井的突变界面
地震资料	地震反射终止现象剥蚀、顶超、上超和下超；地震反射波组的产状；不同的地震反射的动力学特征；不同的地震反射的旋回特点

1）层序界面在构造和古生物资料上的响应特征

近年来，人们已认识到大地构造背景与地层堆砌样式之间的密切关系，认为阶段性的构造运动是形成高级别层序或称之为构造层序的主控因素。沉积盆地演化过程中的构造运动可划分为两个级别。一级构造运动控制了盆地形成和消亡，构造作用持续时间长、波及范围广，相应的沉积记录为构造层序；二级构造运动是指导致沉降速率变化的构造事件，相应的沉积记录为层序（解习农，1996），并以松辽盆地为例将上侏罗统至第四系划分成三个构造层序和11个层序（图15-52）。层序边界在构造资料上的响应分别为古构造运动面、构造应力场转换面、大面积侵蚀不整合面和地层超覆界面。古构造运动代表盆地的基底面或盆地消亡阶段的古风化剥蚀面，通常代表一定规模的构造运动形成的区域不整合面，该不整合面可以在同一区域地质背景的盆地中进行等时对比，如松辽盆地上侏罗统与下伏变质古生界之间的区域不整合面。构造应力场转换面是由于盆地应力作用方式改变导致盆地沉降速率、盆地充填物发生变化的界面，该界面常与盆地内部的局部不整合界面相一致，如松辽盆地下白垩统登娄库组与泉头组之间的不整合界面（图15–52）。大面积侵蚀和超覆界面是在盆地边缘出现沉积间断、遭受侵蚀，后期又被上覆地层上超的界面，这种界面往往是个局部性的不整合界面，有时与构造应力转换面相一致。

与较大规模的构造活动界面相一致，古生物化石也会出现较为明显的断带现象，例如松辽盆地上白垩统嫩江组发育的较咸水沟鞭藻 Dinogymniopsis 到了四方台组沉积时期已灭绝，并被淡水沟鞭藻 Adinium 所代替。这种古生物化石种属的断带现象反映了沉积环境的突然变化。

2）层序边界在岩心资料上的响应特征

岩心资料是分辨率很高的识别层序边界的可靠依据，它可以提供肉眼可以辨认的层序边界识别标志（图15–53），也可以提供经室内分析化验所获得的层序边界地球化学识别标志（表15–2）。

通过详细的岩心观察，人们可以在岩心上识别反映层序边界的特征，例如几厘米到几十厘米厚的棕褐色、浅灰白色古土壤层或灰白色根土层；由于湖泛面形成的滞留沉积砾岩和钙质结核；辫状河流棕红色砂砾岩与下伏浅湖浅灰色粉砂质泥岩直接接触，反映了岩性和颜色的突变以及相向盆地方向的迁移；鲕粒灰岩和生屑灰岩与深湖相灰色深灰色泥岩接触（松辽盆地J17井1876.4m，据魏魁生，1996）；与层序暴露界面对应的较深水区发育可用鲍玛序列描述的浊积岩等等（图7–5）。在岩心的室内分析化验资料上也可见到地球化学指标的突变，例如古生物化石种属和含量的突然变化；低值有机碳的灰褐色泥岩与下伏高值有机碳灰色泥岩接触层序边界上下地层微量元素含量发生明显的变化等。

3）层序边界在地球物理资料上的响应特征

不同类型的测井资料可以从不同的角度反映层序边界的位置。在建立了岩电关系的前提下，若利用测井资料进行层序地层分析时，一般考虑地层的突变接触方式、测井曲线垂向上的叠置样式的转变、地层倾角矢量模式的无序特点、井下电阻和微电阻率扫描成像识别不整合界面等等。例如松辽盆地肇源2井下白垩统登娄库组层序界面处，电阻率值及其地层旋回的测井响应样式均发生了变化。

地震资料是识别层序边界最好的一种资料，它能通过识别削蚀、顶超、上超和下超地震反射终止关系，地震波动力学特征和地震反射同相轴的产状在盆地范围识别层序边界位置、层序不整合面的分布范围、层序边界湖岸上超点的迁移规律以及层序的厚度和空间展布，层序界面之上的深切谷规模和位置等，进而可在地震剖面上划分层序和体系域，例如，可将松辽盆地白垩系划分成五个层序。

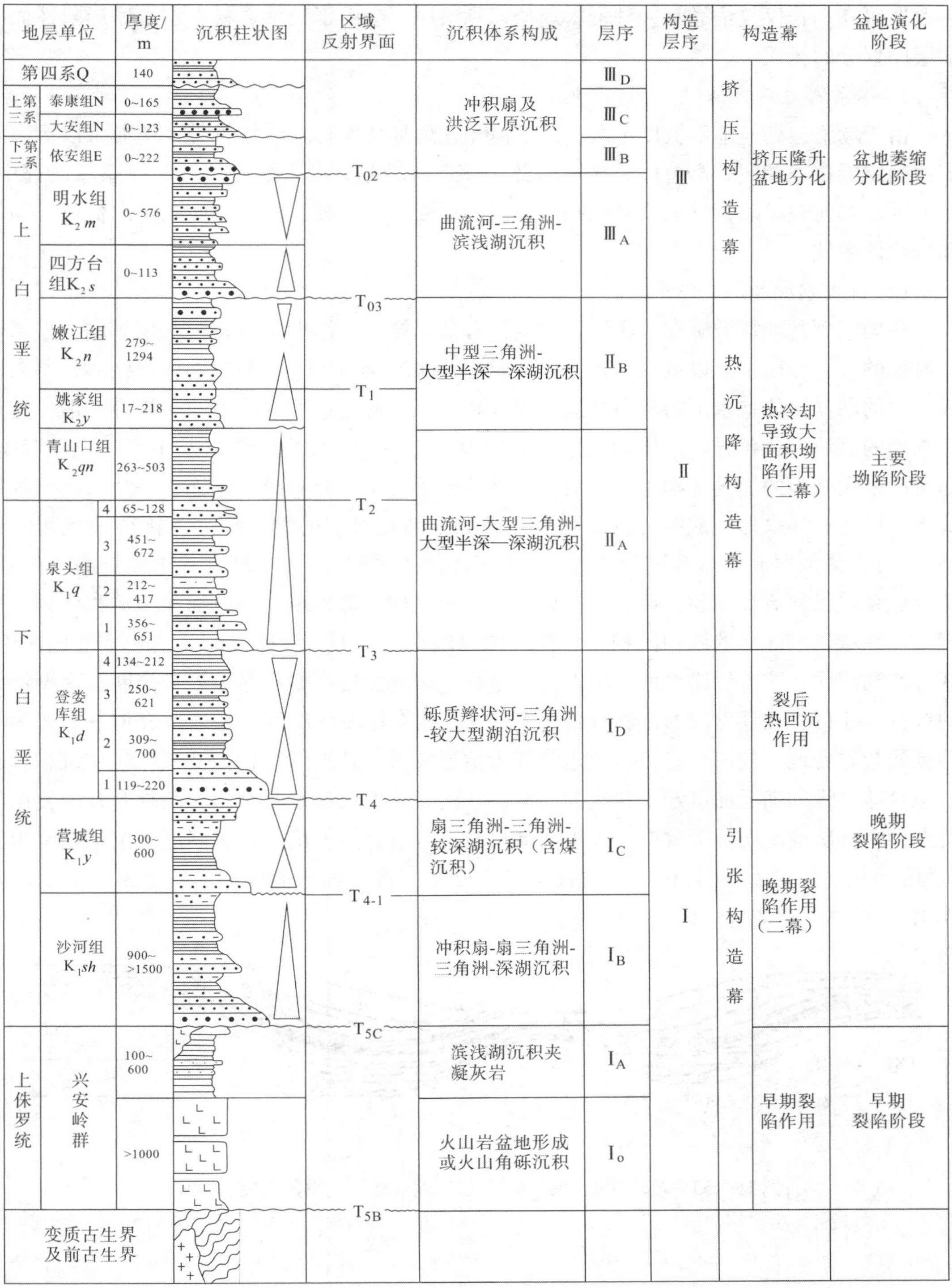

地层单位		厚度/m	沉积柱状图	区域反射界面	沉积体系构成	层序	构造层序	构造幕		盆地演化阶段
第四系Q		140			冲积扇及洪泛平原沉积	ⅢD		挤压构造幕	挤压隆升盆地分化	盆地萎缩分化阶段
上第三系	泰康组N	0~165				ⅢC				
	大安组N	0~123								
下第三系	依安组E	0~222		T02		ⅢB	Ⅲ			
上白垩统	明水组 K2m	0~576			曲流河-三角洲-滨浅湖沉积	ⅢA				
	四方台组K2s	0~113		T03						
	嫩江组 K2n	279~1294			中型三角洲-大型半深—深湖沉积	ⅡB	热沉降构造幕	热冷却导致大面积坳陷作用（二幕）	主要坳陷阶段
	姚家组 K2y	17~218		T1						
	青山口组 K2qn	263~503				Ⅱ				
下白垩统	泉头组 K1q	4	65~128		T2	曲流河-大型三角洲-大型半深—深湖沉积	ⅡA			
		3	451~672							
		2	212~417							
		1	356~651		T3					
	登娄库组 K1d	4	134~212			砾质辫状河-三角洲-较大型湖泊沉积	ⅠD	裂后热回沉作用		
		3	250~621							晚期裂陷阶段
		2	309~700							
		1	119~220		T4			引张构造幕		
	营城组 K1y	300~600			扇三角洲-三角洲-较深湖沉积（含煤沉积）	ⅠC		晚期裂陷作用（二幕）	
	沙河组 K1sh	900~>1500		T4-1	冲积扇-扇三角洲-三角洲-深湖沉积	ⅠB	Ⅰ		
上侏罗统	兴安岭群	100~600		T5C	滨浅湖沉积夹凝灰岩	ⅠA		早期裂陷作用	早期裂陷阶段
		>1000			火山岩盆地形成或火山角砾沉积	Ⅰ0			
变质古生界及前古生界				T5B					

图15-52 松辽盆地中新生代层序地层划分（据解习农，1996）

在实际工作中，应充分利用各种资料来识别层序的边界，并进行不同资料层序划分的一致性研究。若仅仅依靠某一种资料划分识别层序，会由于某种资料识别层序局限性而导致层序划分的错误。

2. 体系域边界特征

由于坳陷型湖盆地形坡度平缓，不像海相盆地那样发育陆棚坡折带，从而难以像海相那样确定低位、湖侵和高位体系域。因此，在近海坳陷型湖盆层序地层和体系域研究中，重要的是如何在坳陷型盆地缓坡识别出首次湖泛面和最大湖泛面，进而确定出低位、湖侵和高位体系域。

1）首次湖泛面

在坳陷型盆地缓坡确定首次湖泛面或像海盆那样的"陆棚坡折带"是困难的。根据松辽盆地的沉积特征，可以从以下几方面来确定首次湖泛面。①当湖泊水位很低时，原来连成一片的湖盆水体被水下隆起所分隔，形成相对孤立的、连通性较差的小规模湖泊，这些小规模的湖泊形态各异、水体深浅不同、规模大小不一，发育河流以及小型三角洲沉积，随着后来湖平面的上升，湖岸上超向陆迁移并趋于使相对分隔的水体连成一片，在这种情况下，可将相邻水体连成一片的同相轴之下的上超点对应的界面称之为首次湖泛面（图15-53）。②根据低位体系域和湖侵体系域准层序的叠置样式来确定首次湖泛面的位置。低位体系域以河流沉积为特征，具有典型的二元结构，常表现出垂向加积或退积序列，而湖侵体系域以较深水的湖相沉积为特征，常表现出向上泥岩厚度加大的退积式准层序组。③首次湖泛面往往与层序界面-不整合面重合，因此，可根据层序边界来推断首次湖泛面的位置。④可将松辽盆地西部斜坡带中下部含油组合中发育的鲕粒灰岩及介屑灰岩作为小型碳酸盐岩台地，故而可将该台地边缘作为地形坡折，其下的沉积为低位体系域沉积，越过该台地边缘的湖泛面可定为首次湖泛面。⑤松辽盆地白垩系首次湖泛面具有几个突出的特点，即首次湖泛面附近常存在火山活动物质，常发育根土层、首次湖泛面沉积物常由混杂堆积的生物碎屑、炭屑和钙质结核组成，反映了首次湖泛面期间，较强水动力的湖泛作用。

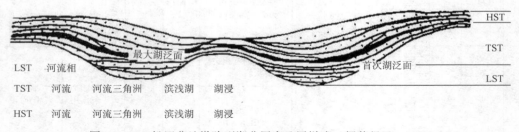

图15-53 松辽盆地坳陷型湖盆层序地层样式（据萧得民，1997）

2）最大湖泛面

最大湖泛面是指湖盆演化过程中，海平面达到最高时期，湖岸上超点达到向陆最远时期对应的湖泛面，常形成分布范围广的、色暗质纯的、反映较深水环境的凝缩层。由最大湖泛面时期形成的松辽盆地凝缩层具备以下特征（据魏魁生，1996）：①凝缩层由深灰色、灰黑色泥页岩、油页岩组成。暗色泥岩多由伊利石构成，含莓状黄铁矿和白云石等自生矿物。②凝缩层内微体和超化石丰度高且分异度大。微体化石的纵向分布具有规律性和对称性，即自下而上依次为介形虫灰岩—小型叠锥状叠层石—化石丰度低值带—介形虫富集带—介形类与叶枝介混生—叶枝介富集到混生带—介形类—藻类及叠锥状叠层石—超微化石高值带。③在测井曲线上，生油密集段常以高自然伽马、低电阻率、平直自然电位为特征。④在地震反射剖面上，密集段响应于强振幅高连续分布广泛的地震反射，其上往往存在上覆层的系列下超点（图15-53）。⑤密集段有机碳含量高，自盆地中央向陆地方向有机碳含量有减少趋势等。

3. 体系域类型及特征

在确定了首次和最大湖泛面之后，便可在坳陷型湖泊层序中识别出低位、湖侵和高位体系域（图15-53、图15-54）。

低位体系域是在湖平面下降速率大于盆地构造沉降速率时，湖平面下降到较低部位，以至于连成一片的水体出现分隔状态时形成的体系域。在低位湖平面一侧，出露地表的盆地缓坡发育冲积扇、河流沉积，可形成深切谷；在低位湖岸线附近可出现小规模的三角洲或扇三角洲沉积；而在低位湖盆水体中，可发育由洪水作用形成的洪水型浊积扇或由三角洲前缘滑塌形成的浊积扇，进而构成了类似于具陆棚坡折海相盆地低位体系域的盆地扇、斜坡扇、低位楔状体及陆上暴露不整合界面（图15-54）。

湖侵体系域是在气候温暖潮湿、洪水频繁发生、湖平面升降速率大于沉积物供给速率或由于盆地基底快速沉降、可容空间不断增大的情况下形成的。湖侵体系域可形成于两种沉积背景。一是湖平面缓慢上升，可容空间增加的速度略大于沉积物供给的速度，此时发育滨浅湖滩坝沉积体系和水进型三角洲沉积体系；二是湖平面快速上升，可容空间增加的速度明显大于沉积物供给速度，盆地处于缺氧饥饿状态，此时，可发育洪水型浊积扇、广泛分布的较深水暗色泥岩以及可能的湖侵期碳酸盐岩（生物碎屑灰岩）（图15-54）。

高位体系域是在湖平面上升速度变缓、保持静止不动和开始下降时期形成的，此时沉积物的供给速度不断增加，因而可容空间逐渐变小，形成了一系列进积式沉积（图15-54）。在高位体系域发育的早期，可容空间仍旧较大，因而携带陆源碎屑物质的洪水入湖后快速沉积，形成浊积扇。但是，高位体系域中最典型的沉积体系是水退型三角洲沉积，由于湖平面相对下降，可容空间减小，三角洲快速向湖盆中央推进，在其前方可发育三角洲前缘滑塌成因的浊积扇。到了高位体系域发育的晚期可出现河流和冲积扇沉积（图15-54）。

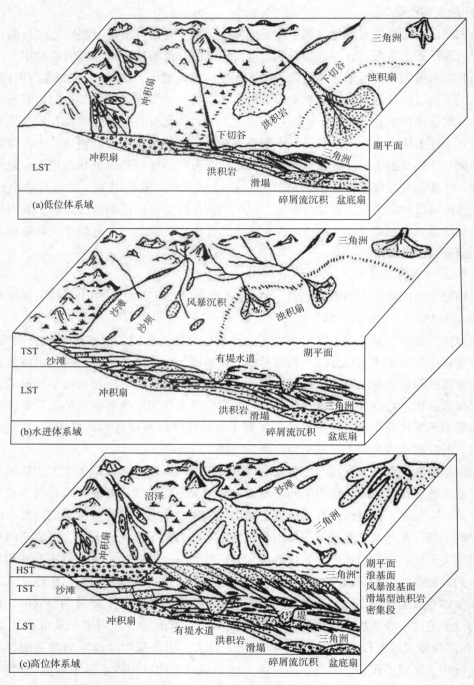

图 15-54　松辽盆地坳陷型湖泊体系域特征（据魏魁生，1996）

三、层序发育模式

坳陷型盆地三级层序界面的暴露和侵蚀特征仅发育于盆地的边缘地带，在盆地内部，不同边坡条件三级层序界面的表现特征明显不同，发育的层序结构样式也不同。

1. 缓坡背景层序发育模式

在盆地内部缓坡条件下，三级层序界面主要表现为沉积相带的迁移，地震剖面上的超削反射终止特征不明显。图 15－55 是盆地缓坡部位青山口组上部和姚家组层序格架分析剖面，图中可见，在青山口组的上部、青山口组与姚家组之间及姚家组层序界面（SB—层序界面，SSB—超层序界面）附近存在明显沉积相带迁移，三级层序界面附近河流—三角洲体系明显向湖区推进，在三级层序界面之间的层序内部存在明显的湖区扩展。

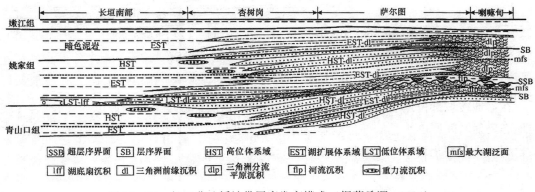

图 15－55　松辽盆地缓坡带层序发育模式（据蔡希源，2004）

盆地缓坡部位，多数层序体系域由河流—三角洲体系明显向湖区推进的高位体系域和湖区向外扩展的湖扩展体系域构成，在高位体系域三角洲前方可发育小规模的重力流沉积。在超层序界面之上，湖平面大幅度下降至三角洲前缘斜坡之下，在盆地的长轴缓坡方向的深水湖区，发育低位域三角洲和湖底扇。

在盆地缓坡部位地震剖面上，深水坳陷期沉积地层地震反射时间厚度近等，内部反射结构为平行、亚平行和波状，超削反射终止特征不明显。因此在地震剖面上识别三级层序界面较为困难（蔡希源，2004）。

2. 陡坡背景层序发育模式

在盆地内部的陡坡条件下，三级层序界面不仅表现为沉积相带的迁移，而且可在层序内部识别出低位体系域、湖扩展体系域和高位体系域，在地震剖面上的超削反射终止特征十分明显。图 15－56 是盆地陡坡部位青山口组上部和姚家组层序格架分析剖面。图中可见，在青山口组的上部、青山口组与姚家组之间及姚家组内部层序界面 SB—层序界面，SSB—超层序界面）附近存在明显沉积相带迁移。三级层序的高位域的河流—三角洲体系明显向湖区推进，三级层序的湖扩展域存在明显的湖区扩展。青山口组上部层序主要由湖扩展体系域三角洲和高位域三角洲构成，低位域仅为局部发育的低位楔。姚家组的 2 个层序均由低位体系域、湖扩展体系域和高位体系域构成，其低位体系域，深湖区发育大量的湖底扇沉积，在斜坡部位发育有低位体系域三角洲，湖扩展体系域和高位体系域主要由三角洲构成。各层序的高位体系域三角洲前方可发育小规模的重力流沉积。

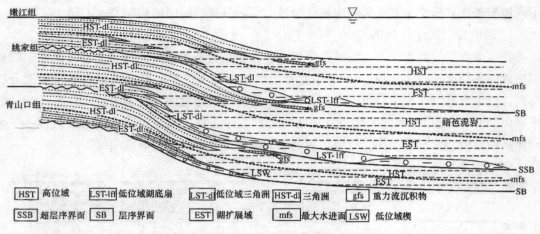

图 15 – 56　松辽盆地陡坡带层序发育模式（据蔡希源，2004）

在盆地缓坡部位地震剖面上，深水坳陷期沉积地层地震反射时间厚度变化较大，高部位地震反射时间厚度小，低部位地震反射时间厚度大，呈明显的楔形体。内部反射结构多变，超削反射终止特征十分明显（蔡希源，2004）。